江苏“十四五”普通高等教育本科省级规划教材

新能源科学与工程专业系列教材

燃料电池与燃料电池汽车

（第三版）

主编　钱　斌　王志成

参编　张　岩　张惠国

韩志达　施　涛

科学出版社

北　京

内 容 简 介

本书结合燃料电池的最新发展概况，系统地介绍燃料电池种类和原理，燃料电池用氢能的制取、纯化和储存，以及燃料电池汽车等方面的知识，使读者对燃料电池及其在汽车方面的应用有全面的认识。全书分为5章，主要内容包括燃料电池概述、燃料电池的电化学基础、燃料电池类型(第1～3章)，燃料电池用氢燃料的制备、纯化与储存(第4章)，以及燃料电池汽车(第5章)。

本书可作为应用型本科院校的新能源科学与工程专业的教材，也可供从事燃料电池和新能源汽车应用研究的科技工程人员阅读。

图书在版编目(CIP)数据

燃料电池与燃料电池汽车 / 钱斌，王志成主编. -- 3版. -- 北京 : 科学出版社，2025. 5. -- (江苏“十四五”普通高等教育本科省级规划教材)(新能源科学与工程专业系列教材). -- ISBN 978-7-03-082304-5

Ⅰ. TM911.4；U469.72

中国国家版本馆CIP数据核字第2025EZ8037号

责任编辑：余 江 / 责任校对：王 瑞
责任印制：师艳茹 / 封面设计：马晓敏

科学出版社 出版
北京东黄城根北街16号
邮政编码：100717
http://www.sciencep.com

北京华宇信诺印刷有限公司印刷
科学出版社发行 各地新华书店经销
*
2016年12月第 一 版 开本：720×1000 1/16
2021年 8 月第 二 版 印张：16 1/4
2025年 5 月第 三 版 字数：325 000
2025年 5 月第九次印刷

定价：59.80元

(如有印装质量问题，我社负责调换)

前　言

燃料电池是一种高效、环境友好的电化学发电装置，它可以直接将燃料和氧化剂的化学能转化为电能，在环境污染和能源短缺等问题日益严峻的今天，燃料电池技术的研发和应用越来越受到各国政府与科技人员的重视。相对于其他类型的新能源汽车，燃料电池汽车有着明显的优势。因此，随着氢气的制取、储运、应用等方面的研发和工程化的进展及燃料电池相关技术的突破，燃料电池汽车在未来新能源汽车的发展中有着更加重要的地位和广阔的前景。

随着燃料电池汽车的逐步实用化和市场化，对从事燃料电池汽车的设计制造、运行维护以及销售推广等工作的人员需求会越来越多，因此急需培养出适应产业快速发展的工程技术人才，本书就是基于此背景而编写的。

为了保持教材的先进性，本书已经修订两版，除了更新燃料电池与燃料电池汽车领域的最新研究成果和技术进展外，还融入了课程思政内容和数字化资源。本书先后入选“十三五”江苏省高等学校重点教材（编号：2019-1-088）、苏州工学院“十四五”规划教材和江苏“十四五”普通高等教育本科省级规划教材。

全书共 5 章，第 1 章由王志成编写，主要介绍燃料电池的工作原理、分类、发展历史、特性和应用。第 2 章由钱斌编写，主要介绍燃料电池的电化学基础，包括燃料电池热力学、动力学与极化及其测试方法。第 3 章由王志成和上海攀业氢能源科技股份有限公司的施涛编写，主要介绍六种类型的燃料电池，并对 PEMFC、SOFC 和 AFC 进行重点阐述。第 4 章由王志成和韩志达编写，主要介绍燃料电池用氢燃料的制备、纯化与储存。第 5 章由张惠国和王志成编写，主要介绍燃料电池汽车的相关知识与基础配套设施。部分视频由苏州中欧氢能技术创新中心的张岩提供，全书由王志成负责统稿。

在本书的编写过程中，得到了苏州工学院和苏州中欧氢能技术创新中心的大力支持；冯金福教授和 University of East Anglia 的巢毅敏研究员审阅了书稿，他们花费了很多时间，并提出大量宝贵意见。编者在此一并表示衷心的感谢！

编者在本书的编写过程中查阅了大量的书籍、文献和资料，参考了一些网上资料和文献中的部分内容，在此特向其作者表示真诚的谢意。

由于编者水平有限，书中难免存在疏漏和不足之处，恳请读者批评指正。

编　者

2025 年 4 月

目　　录

第 1 章 燃料电池概述

能源是人类赖以生存的物质基础，是国民经济发展的动力。世界化石燃料的储量与快速消耗的矛盾迫使各国政府千方百计地寻求新能源和提高现有资源的利用率，以确保社会的繁荣昌盛与国家的长治久安；同时，随着环境污染问题越来越受到重视，环境保护已成为人类社会可持续发展的核心。而 20 世纪所建立起来的庞大的能源系统已无法适应未来社会对高效、清洁、经济、安全的能源体系的要求。能源发展正面临着巨大的挑战。

从目前世界能源发展的趋势来看，在未来 50 年，世界能源结构仍然以化石燃料为主，以可再生能源和新能源为补充。一般而言，化石燃料都通过燃烧将其化学能转化为热能，或直接利用，或继续转化为电能，也有通过合成如汽油、乙醇等二次能源被利用。化石燃料在上述的利用过程中，除了由于转化效率低，造成严重的能源浪费，还会产生大量的粉尘、碳氧化物、氮氧化物、硫氧化物等有害物质和噪声，严重污染人类的生存环境。

为了实现可持续发展，必须保护人类赖以生存的自然环境和自然资源，这是人类进入 21 世纪面临的严峻挑战。对此，科学家提出了资源与能源最充分利用和环境最小负担的概念。其中，开发洁净的新能源及新能源材料是这一概念的重要组成部分。作为 21 世纪世界范围内大力发展和推广的燃料电池技术，通过电化学反应过程使燃料中的化学能直接转化为电能，可以极大地降低污染，同时由于其能量的转化不受卡诺循环的限制，能量的利用率也得以极大地提高，高达 40%～60%，如果通过热电共生同时利用其热能，则能量的转化率可以达到 80%以上。因此，清洁、安静、高效的燃料电池不仅是解决化石类燃料污染环境最有效的途径之一[1]，也可以缓解人类越来越紧张的能源危机，是我国《新能源和可再生能源发展纲要》中优先支持的项目。

1.1 燃料电池简介

1.1.1 燃料电池的工作原理

燃料电池(Fuel Cell，FC)是一种将燃料和氧化剂的化学能直接转换成电能的电化学反应装置。单节燃料电池由阳极、阴极和电解质隔膜构成。燃料在阳极氧化，氧化剂在阴极还原，从而完成整个电化学反应。电解质隔膜的功能为分隔燃料和氧化剂并起到离子传导的作用。在阳极一侧持续通以燃料气，如氢气、甲烷、煤气等，在阴极一侧通入氧气或空气，通过电解质离子传导，在阴极和阳极发生电子转移，即在两极之间产生电势差，从而形成一个电池。连接两极，在外电路中形成电流，便可带动负载工作。图 1.1 为不同类型燃料电池的工作原理[2]。

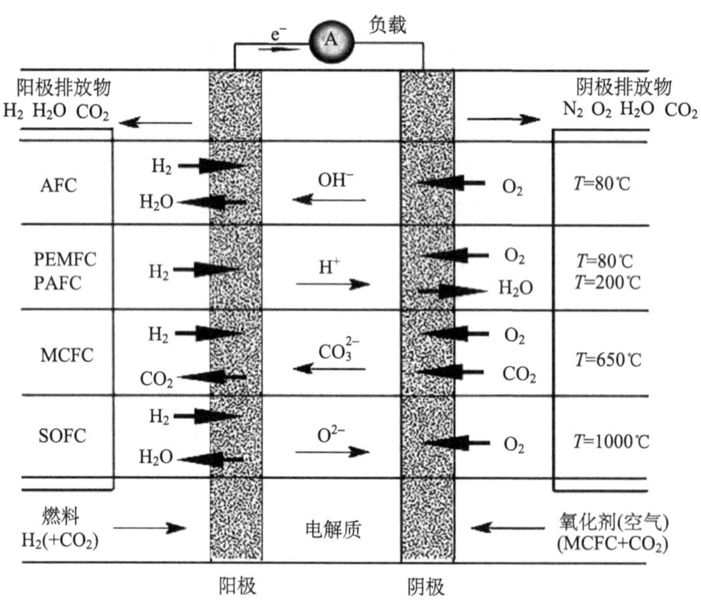

图 1.1　不同类型燃料电池的工作原理

虽然燃料电池的工作原理和常规的化学电源一样都是利用电化学反应产生电能，但是其工作方式又与常规的化学电源不同，常规化学电源利用电池内的反应物之间的化学反应产生电能，其电池容量取决于电池内所含反应物的物质的量，而燃料电池利用外部提供的燃料和氧化剂在燃料电池的内部发生电化学反应而产生电能，从理论上讲，只要不断给燃料电池提供燃料即可实现连续发电，电池容量不受限制。

1.1.2　燃料电池的分类

迄今已研发出多种类型的燃料电池，燃料电池可以从其工作原理、使用燃料、工作温度以及电解质种类等进行分类。根据燃料电池的工作原理不同可分为酸性燃料电池和碱性燃料电池；根据使用燃料的不同可以分为氢燃料电池和碳氢燃料电池；根据燃料电池的工作温度不同可以分为低温燃料电池(工作温度低于100℃)、中温燃料电池(工作温度为 100～300℃)和高温燃料电池(工作温度高于

600℃)；而根据电解质种类的不同，燃料电池可以分为碱性燃料电池(Alkaline Fuel Cell，AFC)(一般以氢氧化钾为电解质)，磷酸型燃料电池 (Phosphoric Acid Fuel Cell，PAFC)，熔融碳酸盐燃料电池(Molten Carbonate Fuel Cell，MCFC)，固体氧化物燃料电池(Solid Oxide Fuel Cell，SOFC)，质子交换膜燃料电池(Proton Exchange Membrane Fuel Cell，PEMFC)，以及直接以甲醇为燃料的质子交换膜燃料电池，通常称为直接甲醇燃料电池(Direct Methanol Fuel Cell，DMFC)[3,4]，这也是目前最常用的燃料电池分类方法。表 1.1 是各种燃料电池的特征状态。

表 1.1　各种燃料电池的特征状态

种类	AFC	PAFC	PEMFC	MCFC	SOFC
电解质	KOH	H_3PO_4	质子交换膜	Li_2CO_3，Na_2CO_3	陶瓷
导电离子	OH^-	H^+	H^+	CO_3^{2-}	O^{2-}
工作温度/℃	50～200	180～200	室温～150	600～700	600～1000
燃料	纯氢	重整氢气	重整氢气	氢气、天然气、生物燃料	氢气、天然气、碳氢气体
氧化剂	纯氧	空气	空气	空气	空气
优点	启动快，材料成本低，常温常用下工作	电解质价廉，对 CO_2 不敏感，技术成熟，可靠性高，长期运行性能好	功率密度最高，室温工作，启动快，低操作温度使其更适应便携式应用	燃料适应性广，可使用非贵金属催化剂，高品位余热，可热电联供	较高的功率密度，燃料适应性广，采用非贵金属作为催化剂，高品位余热，可热电联供
缺点	必须使用纯的 H_2 和 O_2，需周期性更换 KOH 电解质，电解质容易 CO_2 中毒	效率较低，启动时间长，对 CO 和 S 中毒敏感，电解质有腐蚀性，运行时须及时去除燃料与氧化剂中的 CO_2	材料昂贵，成本高，电堆经常需要水管理，CO 和 S 容许度非常差	CO_2 必须再循环，熔融碳酸盐电解质具有腐蚀性，电池材料性能的退化导致电池的寿命受到影响	工作温度高导致一系列材料和密封问题，电池部件制造成本高

1.1.3　燃料电池的发展历史

燃料电池的历史可以追溯到 19 世纪，1839 年 William Robert Grove 使用两个铂电极电解硫酸时发现，析出的氢气和氧气具有电化学活性，并在两极间产生约 1V 的电势差，在此基础上成功研制了第一台氢氧燃料电池。到 20 世纪 50 年代以前，燃料电池一直处于理论与应用基础的研究阶段。燃料电池理论和类型也不断丰富，1952 年 Bacon 型碱性氢氧燃料电池出现。

20 世纪 60 年代由于载人航天对于大功率、高比功率与高比能量电池的迫切需求，燃料电池才引起一些国家与军工部门的高度重视。正是在这种背景下，Pratt & Whitney 公司研制成功 Apollo 登月飞船的主电源——Bacon 型中温氢氧燃料电池。1965 年，双子星座宇宙飞船也采用了美国通用的 PEMFC 为主电源。同时，兆瓦级燃料电池研制成功。

20 世纪 70～80 年代，能源危机和航天军备竞赛极大地推动了燃料电池的发展。以美国为首的发达国家开始大力支持民用燃料电池的开发，PC25（200kW）磷酸燃料电池电堆经过维护和升级后至今还有数百台在世界各地运行。实践证明，它们的运行高度可靠，能作为各种应急电源与不间断电源广泛使用。在此期间熔融碳酸盐燃料电池也有了很大的发展，当时已有 2000kW 实验电站在运行。固体氧化物燃料电池采用固体氧化物膜电解质，在 800～1000℃工作，直接采用天然气、煤气和碳氢化合物作为燃料，余热与燃气、蒸汽轮机构成联合循环发电，当时已在进行数十和数百千瓦的固体氧化物燃料电池电站试验。

进入 20 世纪 90 年代以来，人类日益关注环境保护。以质子交换膜燃料电池为动力的电动汽车，直接甲醇燃料电池的便携式移动电源，高温燃料电池电站，用于潜艇和航天器的燃料电池等蓬勃发展。

我国自 20 世纪 60 年代起，即开始从事燃料电池的研究。1969 年起，中国科学院大连化学物理研究所承担了航天氢氧燃料电池的研制任务，此后，中国科学院长春应用化学研究所和中国科学院上海硅酸盐研究所等陆续承担国防军工上的燃料电池研究任务。在国家“863”电动汽车重大专项和“973”氢能相关项目的支持下，国内燃料电池上中下游研究均取得很大进展。近年来，随着技术进步和政策扶持，中国燃料电池产业快速发展，形成了较为完整的产业链和产业集群。目前中国燃料电池产业已建立了以企业为主体、市场为导向、产学研相结合的创新体系。在关键材料、核心部件和系统集成等方面取得了一系列重要突破，形成了具有自主知识产权的燃料电池技术体系。同时，中国燃料电池产业在基础设施建设、标准制定和人才培养等方面也取得了显著进展，截至 2024 年底，我国氢能相关企业已经达到 3648 家。

1.1.4　燃料电池的特性

燃料电池的工作原理使其具备了其他发电装置和供电设备不可比拟的特性和优点。

（1）高转化效率。由于燃料电池的原理系经由化学能直接转换为电能，它不通过热机过程，不受卡诺循环的限制，现今利用碳氢燃料的发电系统电能的转换效率可达 40%～50%；直接使用氢气的系统效率更可超过 50%；目前各类燃料电池的能量转化效率均为 40%～60%，如图 1.2 所示[5]；对于高温燃料电池，若实现热电联供，则燃料能量的利用率高达 80%以上[6]。

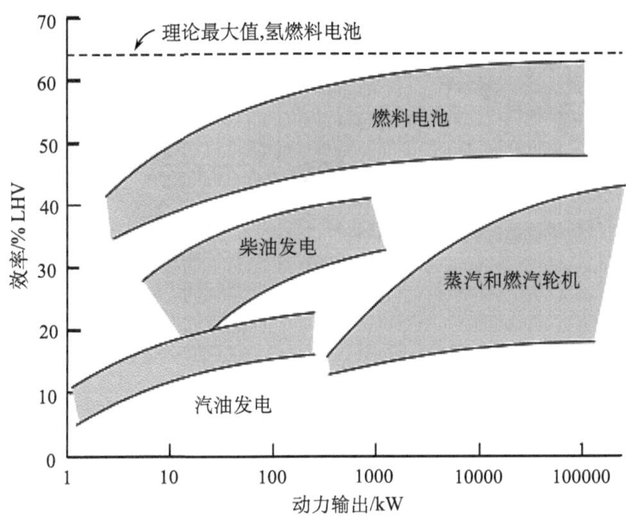

图 1.2　不同发电系统的效率比较图

(2) 环境友好。燃料电池以纯氢为燃料时，燃料电池的化学反应物仅为水，可以从根本上消除氮氧化物、硫氧化物及碳氧化物等导致环境污染和温室效应的有害气体的排放；当以矿物燃料制取的富氢气体为燃料时，由于燃料电池的高转化效率，其二氧化碳的排放量比热机过程减少 40%。此外，由于燃料电池运动部件很少，工作时安静，噪声很小。

(3) 燃料多样性。燃料电池虽然仍以氢气为主要燃料，但配备燃料重整装置的电池系统可以从碳氢化合物或醇类燃料中制备出氢气来利用。例如，垃圾掩埋场、废水处理厂中厌氧微生物分解产生的沼气也是燃料的一大来源。而一些燃料电池如 MCFC 和 SOFC 可以直接利用天然气和低分子的碳氢气体作为燃料。此外，利用自然界的太阳能及风力等可再生能源提供的电力，可用来将水电解产生氢气，再供给燃料电池，如此亦可将水作为未经转化的燃料，实现完全零排放的能源系统，图 1.3 为日本本田公司于 2012 年 3 月在埼玉县建立的首座太阳能加氢站。

(4) 可靠性高。与燃烧涡轮及循环系统和内燃机相比，燃料电池的转动部件很少，因而系统更加安全可靠。目前在世界各地连续运行的 AFC 和 PAFC 等均证明燃料电池的运行高度可靠，可以作为应急电源或不间断电源使用。

(5) 组装简单灵活。燃料电池的制造一般采用模块结构，因此它可以像常规电池一样通过多个模块串联或并联的组合方式向外供电，并根据用途和容量进行调节。

图 1.3　本田公司在埼玉县建立的太阳能加氢站

虽然燃料电池存在诸多的优点，但就目前的实际来看，燃料电池仍然存在许多不足之处，限制了燃料电池的大规模应用和商业化。燃料电池制造成本高是限制其应用的瓶颈，此外燃料的可用性和存储也是其面临的重要难题，燃料电池以氢气为燃料时性能最佳，但氢气不是一次能源，同时体积能量密度较低，难以存储。另外，燃料电池的启/停循环中的耐久性、高温时寿命和稳定性不理想，对环境毒性的敏感性等技术问题亟待解决，燃料电池技术的普及程度不高以及没有完善的燃料供应体系等都是现阶段燃料电池发展所面临的难题。

1.2　燃料电池的应用

燃料电池既适宜用于集中发电，建造大、中型电站和区域性分散电站，也可作为各种规格的分散电源、电动车、不依赖空气推进的潜艇动力源和各种可移动电源，同时也可作为手机、笔记本式计算机等供电微型便携式电源。图 1.4 为燃料电池在各方面应用的实例图。

在燃料电池发展的进程中，燃料电池经历了碱性、磷酸、熔融碳酸盐和固体氧化物等类型的发展阶段，燃料电池的研究和应用正以极快的速度在发展。在所有燃料电池中，碱性燃料电池(AFC)发展速度最快，在 20 世纪 60 年代已成功应用于 Apollo 宇宙飞船，包括为航天飞机提供动力和饮用水，但目前看来 AFC 的应用基本局限在航天领域；磷酸燃料电池(PAFC)由于其成本较低、性能优良而受到高度重视，发展迅速，已步入商业化阶段，PAFC 既可用于大规模发电，也可

图 1.4　燃料电池的各种应用

用于区域供电，作为汽车动力以及不间断电源等，其中同时提供电和热水是 PAFC 的最佳应用方式，目前全球大功率实用的燃料电池站基本都是 PAFC；质子交换膜燃料电池(PEMFC)是美国通用电气(GE)公司发明的，最早被美国国家航空航天局(National Aeronautics and Space Administration，NASA)用来为其 Gemini 项目提供动力，后来由于其输出电性能高，作为汽车驱动源而备受关注，其商业化的可能性也逐渐增大，此外 PEMFC 还为绝大多数军事装置(如潜艇等)提供动力；在 PEMFC 基础上发展起来的直接甲醇燃料电池(DMFC)由于直接利用液态甲醇为燃料，大幅简化了发电系统和结构，因而特别适合作为小功率的微型便携式电源，如笔记本式计算机、手机、数码相机的电源；熔融碳酸盐燃料电池(MCFC)可采用净化煤气或天然气作为燃料，适宜建造区域性分布式电站，将它的余热发电与利用均考虑在内，燃料的总利用率可达 60%～70%，目前已经进入商业运行化阶段；起步较晚的固态氧化物燃料电池(SOFC)工作温度高，可与煤的气化构成联合循环用于联合发电[7]，特别适宜建造大中型电站，其热电共用的效率达到 70%～80%，甚至更高，作为发电领域最有应用前景的燃料电池，是未来大规模清洁发电站的优选对象。

1.3　车载储氢技术的现状

随着油气资源的日益匮乏，人们日益增长的能源需求以及日益严峻的环境问题，发展、使用高效、清洁、可持续使用的能源成为21世纪人类面临的首要问题。氢气作为一种清洁、安全、高效、可再生的能源，是人类摆脱对“三大能源”依赖的最经济、最有效的替代能源之一。随着氢能利用和燃料电池技术发展逐渐成熟，燃料电池汽车在新能源汽车领域崭露头角。然而氢在常温常压下为气态，密度仅为空气的7.14%，因此氢的储存是关键。储氢技术作为氢气从生产到利用过程中的桥梁，是指将氢气以稳定的形式储存起来以方便使用的技术。其关键点在于如何提高氢气的能量密度。常以氢气的质量密度，即释放出的氢气质量与总质量之比，来衡量储氢技术的优劣。基于氢燃料电池车必须满足高效、安全、低成本等要求，车载储氢技术的改进是氢燃料电池车发展的重中之重。为了达到并超过柴汽油车的性能参数，众多研究机构和部门对车载储氢技术提出了新标准，其中美国能源部(Department of Energy，DOE)公布的标准最具权威性，先后提出车载储氢技术研发目标，其终极目标达到质量储氢密度为7.5%，体积能量密度为70g/L，操作温度为40～60℃。

目前，氢燃料电池车车载储氢技术主要包括高压气态储氢、低温液态储氢、高压低温液态储氢、金属氢化物储氢及有机液体储氢等。衡量储氢技术的性能参数有体积储氢密度、质量储氢密度、充放氢速率、充放氢的可逆性、循环使用寿命及安全性等，其中质量储氢密度、体积储氢密度及操作温度是主要评价指标。

车载储氢技术取得了快速发展，高压气态储氢、低温液态储氢、高压低温液态储氢、金属氢化物储氢及有机液体储氢已在车载储氢技术中有应用案例，其中气态储氢技术已经大规模商业化应用。但车载储氢技术仍存在着一些不足：从技术成熟方面分析，高压气态储氢技术最成熟、成本最低，是现阶段主要应用的储氢技术，在汽车行驶里程、行驶速度及加注时间等方面均能与柴汽油车相媲美，但如果对氢燃料电池汽车有更高要求时，该技术不再适合；从质量储氢密度分析，液态储氢和有机液体储氢的质量储氢密度最高，能达到DOE要求的目标，但两种技术均存在成本高等问题，且操作、安全性等较之气态储氢要差；从成本方面分析，液态储氢、金属氢化物储氢及有机液体储氢的成本均较高，不适合目前小批量化推广。表1.2为不同车载储氢技术的质量储氢密度和主要优缺点。

表 1.2　不同车载储氢技术的质量储氢密度和主要优缺点

车载储氢技术	质量储氢密度/%	主要优点	主要缺点
高压气态储氢	5.7（70MPa）	技术成熟，充放氢速度快	质量储氢密度低，安全性能较差
低温液态储氢	5.1（20K）	比气态储氢高效	易挥发，能耗大，成本高
高压低温液态储氢	7.4（20K，23.7MPa）	储氢密度高	成本高，安全性差
金属氢化物储氢	1～4.5	安全好，体积储氢密度大	质量储氢密度低，充放氢效率低
有机液体储氢	7.2（萘）	储氢密度高	成本高，操作条件苛刻

未来，储氢技术还要继续向着 DOE 目标发展。同时，还需不断探索开发新的储氢技术，如碳纳米管、石墨烯、有机骨架材料、纳米结构陶瓷[8]等纳米材料储氢。随着研究的不断深入，车载储氢技术将会向高水平、低成本方向等发展，为新能源汽车领域开拓新的局面。

1.4　燃料电池汽车的未来

在过去的一百年里，汽车产业对支撑全球社会经济的发展和人民生活水平的提高都发挥了重要作用。但随着全球汽车保有量的快速增加，车用能源消耗及连带的环境问题逐渐显现，受到了各方的关注。目前世界上许多国家或地区已经相继出台了禁售燃油车时间表，如表 1.3 所示，时间最早的为 2024 年（意大利罗马），最晚的是 2040 年（法国等）。作为全球汽车保有量第二高的中国也在研究和制定相关政策，据我国石油消费总量控制和政策研究项目组对外公开发布的《中国传统燃油车退出时间表研究报告》显示：我国在 2025 年引导公务车退出燃油市场，主要以纯电动和混合动力车型进行替代；2025～2030 年，在中大型城市及功能性特色区域启动强制性退出机制；2035 年扩展至东部发达地区；2040 年前后可引导全国范围全面退出，在 2050 年完成实施。

表 1.3　世界上明确燃油车禁售计划的国家/地区汇总表

禁售时间	禁售国家/地区	禁售范围
2024 年	意大利罗马	柴油车
2025 年	法国巴黎，西班牙马德里，希腊雅典，墨西哥	柴油车
	挪威	汽油/柴油车
2029 年	美国加州	燃油公交车

续表

禁售时间	禁售国家/地区	禁售范围
2030 年	中国海南，英国，印度，爱尔兰，丹麦，冰岛，斯洛文尼亚，瑞典	汽油/柴油车
	德国	内燃机车
	荷兰	汽油/柴油乘用车
	日本东京	汽油车
	以色列	进口汽柴油乘用车
2032 年	英国苏格兰	汽油/柴油车
2035 年	日本，加拿大魁北克省	汽油动力乘用车
2040 年	法国，西班牙，加拿大不列颠哥伦比亚省，中国台湾	汽油/柴油车

随着全球各国禁售燃油车时间表陆续敲定，各大车企也纷纷转型布局新能源车。如表 1.4 所示，沃尔沃、菲亚特已于 2019 年开始停售燃油车，本田、大众等车企也将停售燃油车的计划提上日程，陆续公布自家的新能源计划。我国的北汽和长安也明确到 2025 年，全面停售传统燃油车。

表 1.4　全球车企传统燃油车停售时间表

时间	企业	具体措施
2019 年	沃尔沃	2019 年起，沃尔沃不再推出燃油车，所有新款车型都为纯电动或混合电动车
2019 年	菲亚特克莱斯勒集团	2019 年开始，玛莎拉蒂只生产电动和混动车型； 2021 年 Jeep 品牌车型全部采用电动版本
2020 年	斯巴鲁	2020 年全面停止生产柴油引擎车款与销售，将重心转投入新型水平对置汽油引擎与电动车型的研发
2020 年	捷豹路虎	2020 年起，捷豹路虎所有新发布车型均实现电动化，包括纯电动、插电混动和轻度混动
2022 年	戴姆勒	2022 年停产停售旗下全部燃油车； Smart 品牌率先停售燃油车
2022 年	福特	林肯 2022 年全面停售燃油车； 2025 年末，福特将推出福特及林肯品牌电动车型 15 款 到 2026 年年中，在欧洲的所有乘用车系列将实现零排放，到 2030 年将完全实现全电动
2025 年	本田	2025 年，在欧洲市场的新能源车型占比提升到三分之二

续表

时间	企业	具体措施
2025 年	长安	2020 年，完成三大新能源专用平台的打造； 2025 年，全面停售传统燃油车，实现全谱系产品的电气化
2025 年	北汽	2025 年，停止自主品牌传统燃油乘用车在中国的生产和销售
2030 年	大众	最迟 2030 年前，将实现所有车型电动化，传统燃油车彻底停止销售
2050 年	丰田	2030 年在中国、欧洲、北美地区实现 100%纯电动化，但全面停售传统燃油车最晚将至 2050 年开始执行

在当前汽车电动化发展的浪潮中，随着纯电动汽车的充电速度慢，电池更换成本高，续航里程低等缺点的逐步显现，凭借高效率、零排放、低噪声以及在中长距离输运方面的优势（图 1.5），氢燃料电池汽车已成为实现能源结构变革、节能减排以及汽车产业升级的重要工具，并将成为世界各国社会和经济可持续发展的重要解决方案。在过去的几年里，全球主要国家陆续把发展氢能提升到国家经济和能源发展战略的重要位置。相关国家已就氢经济发展路线图进行规划，构建便利可靠的氢能供应体系及完善的应用市场，为大规模发展氢经济提供战略支撑。2019 年，韩国、欧盟和日本相继发布氢经济路线图，在以燃料电池为动力的移动出行领域、发电领域、氢气供应体系及安全监管领域做出了面向未来的发展规划。同时，国家间的相互合作日益强化，在 2019 年 6 月召开的第二届 G20 环境能源部长级会议上，氢能成为各国关注的焦点，会议在联合声明中强调日本、欧洲、

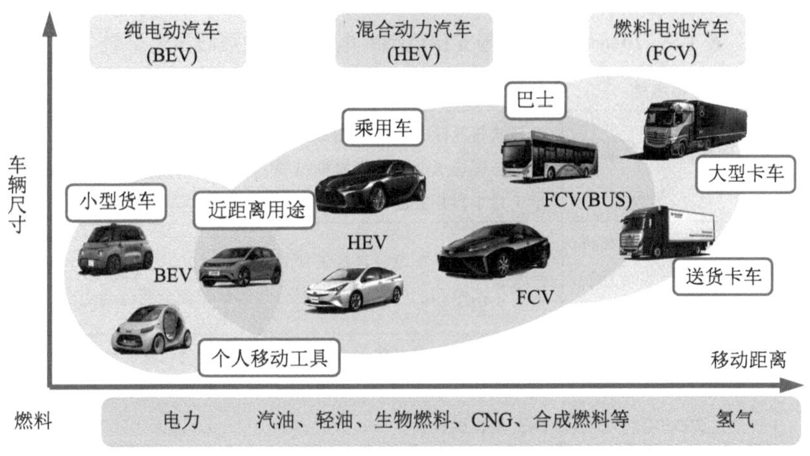

BEV：近距离；HEV：乘用车；FCV：中长距离

图 1.5　不同类型新能源汽车的使用划分图

美国将加强凝聚力，以加速氢能与燃料电池技术的发展，降低成本，扩大使用范围，并在氢能技术领域展开广泛合作。会上，国际能源署(International Energy Agency, IEA)发布首份氢能发展报告，从政策、市场等角度指出当前氢能已达到规模化应用、大幅降低成本的关键时期。随后， 2019 年 9 月举行的第二届氢能源部长级会议发布了一个雄心勃勃的目标：全球 10 年内建设 1 万座加氢站和投入包括货车、飞机和汽车在内的 1000 万辆燃料电池交通工具。氢能和燃料电池汽车产业迈入快速成长期[9]。

作为新能源汽车领域的世界领跑者，中国充分认识到了发展新能源汽车对中国汽车产业整体发展的重要性。通过加大新能源汽车的发展力度，中国汽车产业从追求“弯道超车”转换到追求“换道超车”，实现产业的整体赶超。根据工业和信息化部 2025 年 1 月发布的数据，2024 年，我国新能源汽车年产销量迈上千万辆级台阶，新能源汽车产销量连续 10 年位居全球第一。

与其他国家相比，中国新能源汽车产业发展具有显著优势。除了拥有完整的产业链，国家战略及相关政策也对产业发展起到了关键的引导与帮扶作用。近年来，我国政府对新能源汽车技术研发和推广给予了高度重视和大力支持，从提出新能源汽车“三纵三横”的研发布局，到明确将燃料电池汽车纳入国家战略性新兴产业规划，进而系统推进燃料电池研发与产业化，如表 1.5 所示，各项政策不断提出燃料电池汽车相关的发展思路和产业引导方向，加快氢能及燃料电池汽车的大规模推广应用，促进燃料电池汽车产业发展。

氢能中国

表 1.5　2016 年以来我国支持氢燃料电池汽车发展政策汇总表

时间	政策名称	涉及燃料电池部分的主要内容
2024.11	中华人民共和国能源法	首次将氢能明确纳入能源管理体系，明确国家积极有序推进氢能开发利用，促进氢能产业高质量发展。《中华人民共和国能源法》于 2025 年 1 月 1 日正式施行
2024.7	深入实施以人为本的新型城镇化战略五年行动计划	推动公共停车场，具备条件的加油（气）站在确保安全的前提下配建快充、换电和加氢设施，开展公共领域车辆全面电动化试点
2023.8	新产业标准化领航工程实施方案(2023—2035 年)	制修订电动汽车传导充电连接装置、互操作性、传导充电性能、无线充电通信一致性要求、燃料电池汽车加氢枪、加氢通信协议、充放电双向互动标准

续表

时间	政策名称	涉及燃料电池部分的主要内容
2023.7	氢能产业标准体系建设指南(2023 版)	系统构建了氢能制、储、输、用全产业链标准体系，涵盖基础与安全、氢制备、氢储存和输运、氢加注、氢能应用五个子体系。在氢能应用方面，主要包括燃料电池、氢内燃机、氢气锅炉、氢燃气轮机等氢能转换利用设备与零部件以及交通、储能、发电、工业领域氢能应用等方面的标准，推动氢能相关新技术、新工艺、新方法、安全相关标准的制修订
2022.5	财政支持做好碳达峰碳中和工作的意见	大力支持发展新能源汽车，完善充换电基础设施支持政策，稳妥推动燃料电池汽车示范应用工作
2022.3	氢能产业发展中长期规划(2021—2035 年)	到 2025 年，形成较为完善的氢能产业发展制度政策环境。燃料电池车辆保有量约 5 万辆，部署建设一批加氢站。可再生能源制氢量达到 10～20 万吨/年。再经过 5 年的发展，到 2030 年，形成较为完备的氢能产业技术创新体系、清洁能源制氢及供应体系，产业布局合理有序，可再生能源制氢广泛应用。到 2035 年，形成氢能产业体系，构建涵盖交通、储能、工业等领域的多元氢能应用生态
2022.1	“十四五”现代能源体系规划	适度超前部署一批氢能项目，着力攻克可再生能源制氢和氢能储运、应用及燃料电池等核心技术，力争氢能全产业链关键技术取得突破，推动氢能技术发展和示范应用
2021.10	绿色交通“十四五”发展规划	加快新能源和清洁能源运输装备推广应用。加快推进城市公交、出租、物流配送等领域新能源汽车推广应用，国家生态文明试验区、大气污染防治重点区域新增或更新的公交、出租、物流配送等车辆中新能源汽车比例不低于 80%。鼓励开展氢燃料电池汽车试点应用
2021.9	中共中央 国务院关于完整准确全面贯彻新发展理念做好碳达峰碳中和工作的意见	统筹推进氢能“制储输用”全链条发展，推动加氢站建设，推进可再生能源制氢等低碳前沿技术攻关，加强氢能生产、储存、应用关键技术研发、示范和规模化应用
2021.3	中华人民共和国国民经济和社会发展第十四个五年规划和 2035 年远景目标纲要	在氢能与储能等前沿科技和产业变革领域，组织实施未来产业孵化与加速计划，谋划布局一批未来产业。在科教资源优势突出、产业基础雄厚的地区，布局一批国家未来产业技术研究院，加强前沿技术多路径探索、交叉融合和颠覆性技术供给。实施产业跨界融合示范工程，打造未来技术应用场景，加速形成若干未来产业
2020.10	新能源汽车产业发展规划(2021—2035 年)	深化“三纵三横”研发布局。开展正负极材料、电解液、隔膜、膜电极等关键核心技术研究，加强高强度、轻量化、高安全、低成本、长寿命的动力电池和燃料电池系统短板技术攻关。攻克氢能储运、加氢站、车载储氢等氢燃料电池汽车应用支撑技术。提高氢燃料制储运经济性，推进加氢基础设施建设
2020.4	关于完善新能源汽车推广应用财政补贴政策的通知	将新能源汽车推广应用财政补贴政策实施期限延长至 2022 年底，原则上 2020—2022 年补贴标准分别在上一年基础上退坡 10%、20%、30%。调整补贴方式，开展燃料电池汽车示范应用。2019 年 6 月 26 日至 2020 年 4 月 22 日推广的燃料电池汽车按照财建〔2019〕138 号规定的过渡期补贴标准执行

续表

时间	政策名称	涉及燃料电池部分的主要内容
2019.3	关于进一步完善新能源汽车推广应用财政补贴政策的通知	2019 年 3 月 26 日至 2019 年 6 月 25 日为过渡期，过渡期期间销售上牌的燃料电池汽车按 2018 年对应标准的 0.8 倍补贴。燃料电池汽车和新能源公交车补贴政策另行公布
2019.3	政府工作报告	稳定汽车消费，继续执行新能源汽车购置优惠政策，推动充电、加氢等设施建设
2018.12	柴油货车污染治理攻坚战行动计划	优化运输车队结构。推广使用新能源和清洁能源汽车。加快推进城市建成区新增和更新的公交、环卫、邮政、出租、通勤、轻型物流配送车辆采用新能源或清洁能源汽车，重点区域使用比例达到 80%。积极推广应用新能源物流配送车，鼓励各地组织开展燃料电池货车示范运营，建设一批加氢示范站
2018.9	推进运输结构调整三年行动计划(2018—2020 年)	加大新能源城市配送车辆推广应用力度。加快新能源和清洁能源车辆推广应用，到 2020 年，城市建成区新增和更新轻型物流配送车辆中，新能源车辆和达到国六排放标准清洁能源车辆的比例超过 50%，重点区域达到 80%
2018.2	关于调整完善新能源汽车推广应用财政补贴政策的通知	根据成本变化等情况，调整优化新能源乘用车补贴标准，合理降低新能源客车和新能源专用车补贴标准。燃料电池汽车补贴力度保持不变，燃料电池乘用车按燃料电池系统的额定功率进行补贴，燃料电池客车和专用车采用定额补贴方式。鼓励技术水平高、安全可靠的产品推广应用
2017.5	“十三五”交通领域科技创新专项规划	深入开展电堆关键材料和部件的创新研究及产业化研发，大幅提高燃料电池电堆产品性能、寿命，降低成本。加大燃料电池发动机辅助系统研发力度，重点突破空压机、氢循环泵等关键部件及其系统集成技术。优化升级燃料电池动力系统技术，重点突破高功率密度乘用车燃料电池发动机和长寿命商用车燃料电池发动机技术，燃料电池/动力电池混合动力集成控制与能量优化管理技术。实现燃料电池整车批量化生产，初步实现商业化
2017.4	汽车产业中长期发展规划	加强燃料电池汽车、智能网联汽车技术的研发，支持汽车共享、智能交通等关联技术的融合和应用。加快新能源汽车技术研发及产业化。利用企业投入、社会资本、国家科技计划（专项、基金等）统筹组织企业、高校、科研院所等协同攻关，重点围绕动力电池与电池管理系统、电机驱动与电力电子总成、电动汽车智能化技术、燃料电池动力系统、插电/增程式混合动力系统和纯电动力系统等 6 个创新链进行任务部署
2016.12	关于调整新能源汽车推广应用财政补贴政策的通知	除燃料电池汽车外，各类车型 2019—2020 年中央及地方补贴标准和上限，在现行标准基础上退坡 20%
2016.6	中国制造 2025—能源装备实施方案	依托《能源科技发展十三五规划》及相关能源中长期战略规划，确定示范工程，推动燃料电池装备的试验示范

续表

时间	政策名称	涉及燃料电池部分的主要内容
2016.3	能源技术革命创新行动计划(2016—2030年)	研究基于可再生能源及先进核能的制氢技术、新一代煤催化气化制氢和甲烷重整/部分氧化制氢技术、分布式制氢技术、氢气纯化技术，开发氢气储运的关键材料及技术设备，实现大规模、低成本氢气的制取、存储、运输、应用一体化，以及加氢站现场储氢、制氢模式的标准化和推广应用。研究氢气/空气聚合物电解质膜燃料电池（PEMFC）技术、甲醇/空气聚合物电解质膜燃料电池（MFC）技术，解决新能源动力电源的重大需求，并实现 PEMFC 电动汽车及 MFC 增程式电动汽车的示范运行和推广应用。研究燃料电池分布式发电技术，实现示范应用并推广

随着我国氢能开发、利用技术日趋成熟，氢能产业发展逐渐上升为国家能源战略，氢能在中国构建新型能源体系和实现碳达峰、碳中和目标的进程中具有举足轻重的作用[10]。2025 年 1 月 1 日正式施行的《中华人民共和国能源法》首次将氢能明确纳入能源管理体系，明确国家将积极有序推进氢能开发利用，促进氢能高质量发展。氢能正成为保障国家能源安全、构建生态文明社会、优化能源消费结构的战略选择。近年来，各地抢抓机遇，国内有多个省/市将氢能产业作为先导产业重点谋划，发布地方政策大力支持氢能和氢燃料电池汽车的发展[11]，如表 1.6 所示。

表 1.6　部分省/市支持氢燃料电池汽车发展政策汇总表

省/市	政策文件	主要内容
江苏省	江苏省氢燃料电池汽车产业发展行动规划	到 2021 年，氢能及氢燃料电池汽车相关产业主营收达到 500 亿元，整车产量超过 2000 辆，建设加氢站 20 座以上。至 2025 年，基本建立完成的氢燃料汽车产业体系，力争全省整车产量突破 1 万辆，建设加氢站 50 座以上，基本形成布局合理的加氢网络，产业整体技术水平与国际同步，成为我国氢燃料电池汽车发展的重要创新策源地
	江苏省氢能产业发展中长期规划(2024—2035 年)	到 2027 年，氢能产业规模力争突破 1000 亿元。氢能基础设施不断完善，建成商业加氢站 100 座左右。氢能应用示范取得成效，氢燃料电池车辆推广量超过 4000 辆，在发电、储能、工业等领域试点示范应用取得突破
海南省	海南省氢能产业发展中长期规划(2023—2035 年)	到 2025 年，燃料电池汽车保有量约 200 辆，部署建设加氢站 6 座。可再生能源制氢量达到 10 万吨/年。允许在化工园区外建设可再生能源电解水制绿氢生产项目和制氢加氢一体站等
山东省	山东省氢能产业中长期发展规划(2020—2030 年)	到 2025 年，氢能产业总产值规模突破 1000 亿元。到 2030 年，燃料电池汽车应用规模达到 5 万辆，加氢站数量达到 200 座
河北省	河北省推进氢能产业发展实施意见	到 2030 年，氢能产业链年产值突破 2000 亿元。至少建成 100 座加氢站，燃料电池汽车运行超 5 万辆，其中乘用车不少于 3 万辆

续表

省/市	政策文件	主要内容
上海市	上海市燃料电池汽车发展规划	到 2025 年，建成加氢站 50 座，乘用车不少于 2 万辆、其他特种车辆不少于 1 万辆。到 2030 年，实现上海燃料电池汽车全产业链年产值突破 3000 亿元，带动全国燃料电池产品的多元化应用
重庆市	重庆市氢燃料电池汽车产业发展指导意见	在示范推广层面，到 2022 年，建成加氢站 10 座，探索推进公交车、物流车、港区集卡车等示范运营，氢燃料电池汽车运行规模力争达到 800 辆。到 2025 年，建成加氢站 15 座，在区域公交、物流等领域实现批量投放，氢燃料电池汽车运行规模力争达到 1500 辆
广州市	广州市氢能产业发展规划(2019—2030 年)	到 2025 年，公交、环卫领域燃料电池汽车占比不低于 30%，燃料电池乘用车实现千辆级规模的商业化推广应用。到 2030 年，建成集制取、储运、交易、应用一体化的氢能产业体系，建成加氢站 100 座以上，实现产值超 2000 亿元
苏州市	苏州市氢能产业发展白皮书	到 2035 年，苏州氢能及燃料电池产业将突破千亿元产值，培育具有国际竞争力的企业 10 家以上，建成加氢站 70 座
郑州市	郑州市氢能产业发展中长期规划(2024—2035 年)	到 2025 年，郑州市氢能产业总产值达 200 亿元，形成以工业副产氢为主体，可再生能源电解水制氢为辅的氢气供应保障体系，低碳氢供应能力达到 1 万吨/年。布局加氢站 200 座，其中制加氢一体站 10 座，开展管道掺氢试点，规划 1 条纯氢管道。建成绿氢示范项目 1～2 个、液示范项目不少于 1 个。推广燃料电池车辆不少于 2500 辆

由此可见，作为实现氢能发展愿景的关键突破口，抓住燃料电池汽车产业发展契机是引领全球氢能产业发展的重中之重。自 2014 年以来，以丰田、本田和现代等汽车公司陆续推出商业化燃料电池汽车产品为标志，燃料电池汽车产业化进程加快。近年来，随着示范推广力度的持续加大，燃料电池汽车可靠性、耐久性和稳定性有了进一步提升，成本进入下降通道，全球燃料电池汽车产业市场发展正迎来新局面[8]。

思 考 题

1. 简述燃料电池的特性。
2. 简述燃料电池的分类方法。

参 考 文 献

[1] Dufour A U. Fuel cells-a new contributor to stationary power. J. Power Sources, 1998, 71: 19-25.

[2] Joon K. Fuel cells-a 21st century power system. J. Power Sources, 1998, 71: 12-18.

[3] Stambouli A B, Traversa E. Fuel cells, an alternative to standard sources of energy. Renewable

and Sustainable Energy Reviews, 2002, 6: 297-306.

[4] Stolten D, Emonts B. Fuel Cell Science and Engineering: Materials, Processes, Systems and Technology. Weinhein: Wiley-VCH, 2012.

[5] US Department of Energy. Hydrogen fuel cell engines and related technologies course manual. http://www1. eere. energy. gov/hydrogenandfuelcells/tech_validation/pdfs/fcm04r0. pdf.

[6] Damberger T A. Fuel cells for hospitals. J. Power Sources, 1998, 71: 45-50.

[7] Stannard J H. Poised for growth at fuel cell technologies. Fuel Cells Bulletin, 2004, 7: 11-14.

[8] Rahman M A, Taher A, Mia R, et al. Deciphering the mechanisms and contributions of ceramic-based materials in hydrogen storage applications: a contemporary outlook. Chemical Papers, 2024, 78: 7685-7705.

[9] 中国汽车工程学会. 世界氢能与燃料电池产业发展报告(2019). 北京: 机械工业出版社, 2019.

[10] 陈洪波, 杨来. 碳中和目标下中国氢能产业发展的路径选择. 中国人口·资源与环境. 2024, 34(10): 94-105.

[11] 洪晏忠, 邓波. 我国氢燃料电池汽车发展现状及前景分析. 科技风, 2021, 2: 5-6.

第 2 章　燃料电池的电化学基础

2.1　燃料电池热力学

热力学是研究能量和能量转换的科学。燃料电池是一种能量转化装置，因此可以通过热力学来得出燃料电池的各项参数的理论边界值。

2.1.1　Gibbs 自由能与电池电动势的关系

Gibbs 自由能的物理含义是在等温等压过程中，除了体积变化所做的功，从系统所能获得的最大功。换句话说，在等温等压过程中，除了体积变化所做的功，系统对外界所做的功只能等于或者小于 Gibbs 自由能的减小。根据热力学中 Gibbs 自由能的定义，在等温等压条件下，热力学温度时，Gibbs 自由能 ΔG 与反应的焓变 ΔH 和熵变 ΔS 之间的关系为

$$\Delta G = \Delta H - T\Delta S \tag{2.1}$$

由于燃料电池的工作原理是在等温条件下将燃料和氧化剂的化学能直接转化为电能，因此燃料电池中的“Gibbs 自由能”定义为：在等温、等压过程中，可用于外部工作的非体积功。“外部工作”包括沿外部电路移动电子。对于一个燃料电池的氧化还原反应，可以将其分解为两个半反应：还原剂的阳极氧化和氧化剂的阴极还原，并与适宜的电解质构成电池，以电化学方式进行反应[1]。根据化学热力学原理，该过程的可逆电功(即最大功)为

$$\Delta G = -nFE \tag{2.2}$$

式中，E 为电池的电动势(可逆电压)；ΔG 为反应的 Gibbs 自由能变化；F 为法拉第常数(F=96485.3365C/mol)；n 为反应转移的电子数。该方程是电化学的基本方程，它建立了电化学和热力学之间的联系。

由化学热力学可知，当化学反应在恒压条件下进行时，Gibbs 自由能的变化随温度的变化关系为

$$\left(\frac{\partial \Delta G}{\partial T}\right)_p = -\Delta S \tag{2.3}$$

结合 Gibbs 自由能与电池电动势的关系：

$$\left(\frac{\partial E}{\partial T}\right)_p = \frac{\Delta S}{nF} \tag{2.4}$$

式(2.4)给出了电池电动势随温度变化的关系，其中$\left(\frac{\partial E}{\partial T}\right)_p$称为电池电动势的温度系数。根据热力学第二定律，对于恒温过程，其吸收或放出的热量为

$$Q_R = T\Delta S = nFT\left(\frac{\partial E}{\partial T}\right)_p \tag{2.5}$$

因而，根据$\left(\frac{\partial E}{\partial T}\right)_p$的符号可以判断电池工作时是吸热还是放热。

在常压下，对于任意温度 T 时的电池电动势 E_T 可以表示为

$$E_T = E^0 + \frac{\Delta S}{nF}(T - T_0) \tag{2.6}$$

从式(2.6)可以看出，在假定 ΔS 不是温度函数的前提下，如果该反应的 ΔS 为正值，则 E_T 将随着温度的升高而增加；而当该反应的 ΔS 为负值时，则 E_T 将随着温度的升高而减小。对于燃料电池的电化学反应而言，ΔS 大多数为负值，因此随着温度的升高燃料电池的电动势将会下降，但这并不表明燃料电池要在尽可能低的温度下工作，这是因为燃料电池的动力学损耗会随着温度的升高而降低，而计算表明，一般的氢氧燃料电池温度每升高 100K，电池电动势大约只下降 23mV，因此，燃料电池实际性能随着温度的升高而明显提高。

同样，当化学反应在恒温条件下进行时，Gibbs 自由能的变化随压力的变化关系为

$$\left(\frac{\partial \Delta G}{\partial p}\right)_T = \Delta V \tag{2.7}$$

结合 Gibbs 自由能与电池电动势的关系：

$$\left(\frac{\partial E}{\partial p}\right)_T = -\frac{\Delta V}{nF} \tag{2.8}$$

由此可见，燃料电池的电动势随压强的变化与反应的体积变化有关。结合理想气体状态方程可以得出电池的电动势会随着压强的增大而增加，其中$\left(\frac{\partial E}{\partial p}\right)_T$称为电池电动势的压力系数。然而与温度一样，压强的变化对燃料电池电动势的影响也很小，计算表明，对于一般的氢氧燃料电池，氢气增压 3atm（$1\text{atm}=1.01325\times10^5\text{Pa}$），氧气增压 5atm，电池电动势仅增加 15mV。

2.1.2　能斯特方程

燃料电池的电化学反应通常都发生在多相多组分系统中，因此在使用热力学判据来判断反应过程时，一般通过偏摩尔量——化学势(chemical potential)来进行相关计算。根据化学势的定义，体系中组分 B 的化学势 μ_B 与体系的 Gibbs 自由能的关系为

$$\mu_B = \left(\frac{\partial G}{\partial n_B}\right)_{T,p,n_i}, \quad i \neq B \tag{2.9}$$

式中，n_i 是指体系中组分 i 的物质的量。根据热力学定义，μ_i 可表示为

$$\mu_i = \mu_i^0(T) + RT\ln a_i \tag{2.10}$$

式中，a_i 是体系中组分 i 的活度。

对于任一化学反应过程：

$$\sum_i \nu_i n_i = 0 \tag{2.11}$$

式中，ν_i 是化学式中的计量系数(stoichiometric factor)，生成物取正值，反应物取负值。随着反应的进行，各组分物质的量均会发生变化，系统的 Gibbs 自由能亦会随之改变，对于燃料电池系统而言，一般认为在恒温恒压下运行，则有

$$\mathrm{d}G = \sum_i \mu_i \mathrm{d}n_i \tag{2.12}$$

即

$$\Delta G = \sum_i \nu_i \mu_i = \sum_i \nu_i \mu_i^0(T) + RT\sum_i \nu_i \ln a_i \tag{2.13}$$

式中，$\sum_i \nu_i \mu_i^0(T)$ 称为反应的标准 Gibbs 自由能变化，用 ΔG^0 表示：

$$\Delta G^0 = -RT\ln K \tag{2.14}$$

式中，K 为化学反应的平衡常数，则化学反应过程 Gibbs 自由能的变化可以表示为

$$\Delta G = \Delta G^0 + RT\sum_i \nu_i \ln a_i \tag{2.15}$$

代入式(2.2)中，可得

$$E = E^0 - \frac{RT}{nF}\sum_i \nu_i \ln a_i \tag{2.16}$$

$$E^0 = \frac{RT}{nF}\ln K \tag{2.17}$$

式中，E^0 称为电池标准电动势。E^0 仅是温度的函数，与反应物的浓度、压力无关。

对于理想气体而言，活度 a_i 等于气体的压力 P_i，则有

$$\Delta G = \Delta G^0 + RT\sum_i \nu_i \ln P_i \tag{2.18}$$

$$E = E^0 - \frac{RT}{nF}\sum_i \nu_i \ln aP_i \tag{2.19}$$

式(2.19)即反应电池电动势与反应物、生成物活度关系的能斯特(Nernst)方程。能斯特方程说明：对于整个电池反应，其总的电势随着反应物活度或浓度的提高而增加，燃料电池的理想性能随着产物活度或浓度的增加而降低。它是根据能斯特方程定义所得到的理想电势 E。如果已知电池在标准条件下的标准电势，则电池在其他温度和分压力下的理想电压即可由能斯特方程求得[2]。

对于一般的电池反应：

$$\alpha A + \beta B \longrightarrow \gamma C + \delta D$$

自由能的变化表示如下：

$$\Delta G = \Delta G^0 + RT\ln\frac{a_C^{\gamma}\cdot a_D^{\delta}}{a_A^{\alpha}\cdot a_B^{\beta}} \tag{2.20}$$

因此，可以得到

$$E = E^0 - \frac{RT}{nF}\ln\frac{a_C^{\gamma}\cdot a_D^{\delta}}{a_A^{\alpha}\cdot a_B^{\beta}} \tag{2.21}$$

2.1.3　燃料电池效率

效率是衡量任何能量转换装置的一个非常重要的指标。对于燃料电池而言，由于燃料电池是将燃料的化学能经电化学反应直接转化为电能，不受卡诺(Carnot)极限效率的限制，因此如果燃料电池在可逆情况下运行，其理想效率可以达到 100%，即在可逆条件下，所有的 Gibbs 自由能都将转化为电能。对任一燃料电池的热力学最大效率(可逆效率，理想效率)为

$$\eta_{\mathrm{id}} = \frac{\Delta G}{\Delta H} = 1 - T\frac{\Delta S}{\Delta H} \tag{2.22}$$

由此可见，在可逆条件下，燃料电池的热力学效率与其熵变的大小和符号有关，可能会出现效率大于、等于或小于 100%的情况。熵是表征体系的“混乱度”的状态函数，一般来说，体系的物质的量越大，体系越大，则混乱度越大，对于燃料电池而言，经过电化学反应后体系的 $\Delta S < 0$，其效率小于 100%。但也有例

外，如碳的氧化反应。表 2.1 为燃料电池中发生的典型反应在 298K(25℃)、0.1MPa 下的热力学与可逆电化热力学数据。

表 2.1　典型燃料电池反应的热力学与可逆电化热力学数据(298K、0.1MPa)

燃料电池反应	ΔH^0 /(kJ/mol)	ΔS/(J/mol)	ΔG/(kJ/mol)	n	E/V	η_{id}/%
$H_2+1/2O_2 \longrightarrow H_2O(l)$	−285.1	−163.2	−237.2	2	1.23	83
$CH_4+2O_2 \longrightarrow CO_2+2H_2O(g)$	−802.4	−4.8	−800.9	8	1.04	100
$CH_3OH+3/2O_2 \longrightarrow CO_2+2H_2O(l)$	−726.8	−81.2	−702.6	6	1.21	97
$CO+1/2O_2 \longrightarrow CO_2$	−282.9	−86.6	−257.1	2	1.33	91
$C(s)+1/2O_2 \longrightarrow CO$	−110.5	89.5	−137.3	2	0.71	124
$C(s)+O_2 \longrightarrow CO_2$	−393.5	2.9	−394.4	4	1.02	100

然而燃料电池的实际运行并非在理想的可逆条件下，使得燃料电池的实际效率总是要低于其可逆效率，这主要是由电压损失与燃料利用不完全导致的[3]，因此燃料电池的实际效率(η_{real})可以表示为

$$\eta_{real}=\eta_{id}\cdot\eta_{voltage}\cdot\eta_{fuel} \tag{2.23}$$

式中，$\eta_{voltage}$ 为燃料电池的电压效率；η_{fuel} 为燃料的利用率。

(1)燃料电池的电压效率 $\eta_{voltage}$ 主要表现为燃料电池在不可逆动力学影响所引起的损失导致的效率下降。要使燃料电池在可逆条件下运行的首要条件是电池的输出电流无穷小，这显然是不可能的，因此燃料电池的输出电压要低于其理论电动势，这部分电压损失使得其实际工作效率有所下降。燃料电池的实际电压效率是由实际工作电压(V)和可逆电压(E)的比值决定的：

$$\eta_{voltage}=\frac{V}{E} \tag{2.24}$$

由于燃料电池的实际工作电压是输出电流的函数，因此 $\eta_{voltage}$ 会随着电流的变化而变化，电流负载越高，电压效率越低。

(2)燃料利用率 η_{fuel} 是指完全参与电化学反应的燃料占供给电池的燃料的比例，因为在燃料电池实际运行时，或多或少会有部分燃料参与副反应，还有部分燃料流经电池电极而未参与电化学反应并随尾气排出燃料电池系统。

以 v_{fuel} (mol/s)的速率为燃料电池提供燃料，完全反应，即 η_{fuel} 为100%时产生的电流为 i，则

$$v_{\text{fuel}} = \frac{i}{nF} \tag{2.25}$$

实际运行时，由于燃料利用不完全，往往会给燃料电池提供更多的燃料。实际为燃料电池提供的燃料量是根据电流来调节的，一般用化学当量因子 λ 来衡量，即

$$\lambda = \frac{v_{\text{fuel}}}{i/(nF)} \tag{2.26}$$

根据燃料电池的电流，就可以确定化学当量因子与供气速率的关系，一般而言对氢氧燃料电池，氢气的化学当量因子控制在 1.1～1.5，而氧化剂就大得多了，那么燃料的利用率则表示为

$$\eta_{\text{fuel}} = \frac{1}{\lambda} = \frac{i/(nF)}{v_{\text{fuel}}} \tag{2.27}$$

综合热力学影响、不可逆动力学损失以及燃料的利用率，可以得到燃料电池的实际效率为

$$\eta_{\text{real}} = \frac{\Delta G}{\Delta H} \cdot \frac{V}{E} \cdot \frac{i/(nF)}{v_{\text{fuel}}} \tag{2.28}$$

由此可见，燃料电池的实际效率与发生在电池内部的化学反应、导电性以及燃料的质量传输都有关系，这些问题在接下来的电极动力学中探讨。

2.2　电极过程动力学

电化学是研究电与化学反应相互关系的学科，电化学过程必须借助电化学池才能实现。在化学反应中，电荷的转移直接发生在参与化学反应物质之间，没有自由电子的释放，而电化学则包含电极与化学物质之间的电荷传输，这是电化学反应和化学反应的本质区别。

对于氢气氧化反应这一电化学过程而言：

$$H_2 \longrightarrow 2H^+ + 2e^- \tag{2.29}$$

如图 2.1 所示，由于氢气和氢离子不能存在于电极中，同样电子又不能存在于电解质中，氢气的氧化反应只能发生在电极与电解质的界面上，并产生电荷的传输，因此，电化学过程必然是异相的。

燃料电池反应作为一种电化学反应，同样包含着在电极表面与邻近电解质表面的化学物质之间的电子传输，而单位时间传输的电子数(电池电流)则取决于电化学反应的速率(单位时间的反应数)，因此提高电化学反应的速率对于燃料电池

性能的改善至关重要。

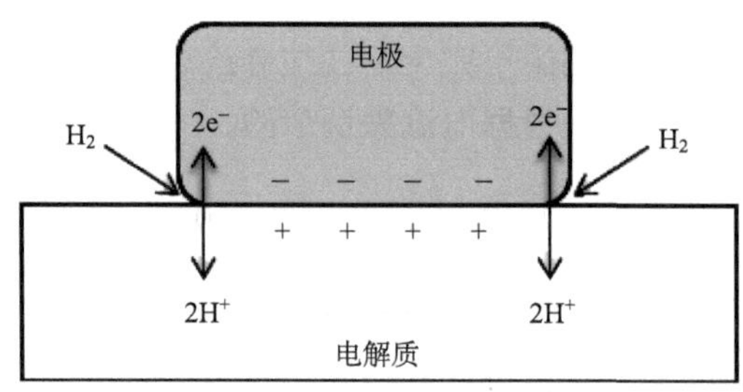

图 2.1　氢气氧化反应过程示意图

2.2.1　法拉第定律与电化学过程速率

当燃料电池工作时，消耗燃料对外输出电能，理想状态下，燃料电池的燃料和氧化剂的消耗量与输出电量之间的定量关系服从法拉第定律。

法拉第第一定律：燃料和氧化剂在 FC 内的消耗量Δm 与电池输出的电量 Q 成正比，即

$$\Delta m = k_e \cdot Q = k_e \cdot I \cdot t \tag{2.30}$$

式中，m 和 Q 分别是反应物的消耗量和产生的电量(C)；I 是电流强度；t 是时间；k_e 为比例系数，是产生单位电量所需的反应物的量，称为电化当量[4]。

2.2.2　电化学反应速率

同化学反应速率定义一样，电化学反应速率 v 也定义为单位时间内物质的转化量：

$$v = \frac{d(\Delta m)}{dt} = k_e \cdot \frac{dQ}{dt} = k_e \cdot I \tag{2.31}$$

即电流强度 I 可以表示电化学反应的速率，这也适合于燃料电池。

由于电化学反应都是在电极与电解质的界面上进行的，所以电化学反应速度与界面的面积有关。电流强度 I 与反应界面的面积 S 之比即电流密度 i，它反映了单位电极面积上的电化学反应速率。

$$i = \frac{I}{S} \tag{2.32}$$

由于燃料电池都采用多孔气体扩散电极，反应是在整个电极的立体空间内的三相(气、液、固)界面上进行的。对任何形式的多孔气体扩散电极，由于电极反应界面的真实面积是很难计算的，通常以电极的几何面积来计算电池的电流密度，

用所得到的电流密度(称为表观电流密度)来表示燃料电池的反应速率[1]。

2.3　极　化

当燃料电池运行并输出电能时，输出电量与反应物的消耗量之间服从法拉第定律。而燃料电池的电压也从电流密度为零时(i=0)的静态电势 E_s 降为 V，V 值与电化学反应速度有关。将静态电压 E_s 与燃料电池工作时的电压 V 之差定义为极化，即

$$\eta = E_s - V \tag{2.33}$$

由此可见，极化是电极由静止状态(i=0)转入工作状态(i >0)所产生的电池电压、电极电位的变化。

由于电压与电流的乘积等于功率，再乘以电池运行的时间即输出电能，所以极化表示电池由静止状态转入工作状态能量损失的大小。因此，要减少极化来降低能量损失。

通常将 V 与 I 的关系曲线称为极化曲线，即伏-安特性曲线(V-I 曲线)。图 2.2 是典型的燃料电池极化曲线。从图中可以看出，燃料电池的极化主要包括活化极化、欧姆极化和浓差极化。

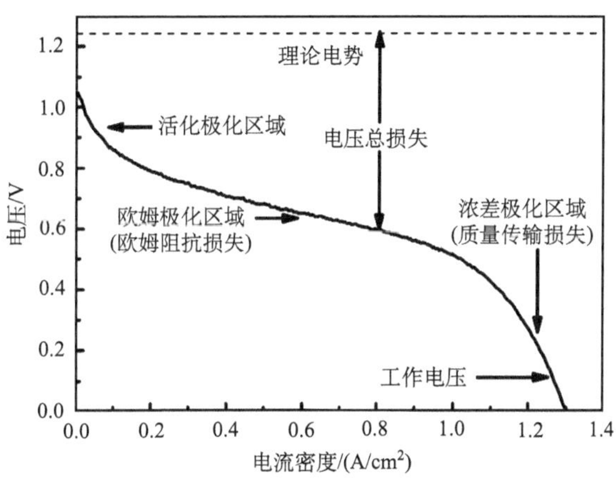

图 2.2　燃料电池极化曲线

2.3.1　电化学极化

电化学过程发生在电极表面上，当电化学反应由缓慢的电极动力学过程控制时，电化学极化(也称活化极化)与电化学反应速度有关。与一般化学反应一样，

电化学反应的进行也必须克服称为活化能的能垒，即活化过电位。

基于过渡态理论的巴特勒-沃尔默(Butler-Volmer)方程是电化学动力学的基本方程，它给出了电化学反应产生的电流密度与活化过电位之间的关系：

$$i = i_0\left[\mathrm{e}^{\frac{\alpha nF\eta}{RT}} - \mathrm{e}^{-\frac{(1-\alpha)nF\eta}{RT}}\right] \tag{2.34}$$

式中，i_0为交换电流密度，代表在平衡条件下，正向反应的电流密度与反向反应的电流密度一致，均为i_0。α为传输系数，表示反应界面电势的改变对正向和逆向的活化能垒大小的影响，其值取决于活化能垒的对称性，α的值介于0～1，对于“对称”的反应，α的值取0.5；而对于大部分电化学反应而言，α的取值为0.2～0.5。η是活化过电位，它代表为克服电化学反应相关的活化能垒而损失的电压，为区别于其他电压损失，一般用η_{act}代表Butler-Volmer方程中的活化过电位。Butler-Volmer方程表明了电化学反应产生的电流随活化过电位呈指数增加。

对于燃料电池而言，在燃料电池运行并输出电流时，其电极反应的输出电压与开路电压发生了偏离，输出电压降低，这个偏移的大小称为燃料电池的活化损失。研究燃料电池的活化损失时，用Butler-Volmer方程过于复杂，一般采用近似来简化活化动力学。

(1) $i \ll i_0$。此时活化过电位η_{act}非常小，对Butler-Volmer方程进行指数项的泰勒展开，可近似得到

$$i = i_0\frac{nF}{RT}\eta_{\text{act}} \tag{2.35}$$

由此可见，电化学反应产生的电流密度与活化过电位呈线性关系，电子通过电化学反应在电极传输时，伏安特性与纯电阻时的行为类似。式(2.35)可以改写为

$$\frac{\eta_{\text{act}}}{i} = \frac{RT}{nFi_0} = R_{\text{act}} \tag{2.36}$$

式中，R_{act}为电化学反应电阻，交换电流密度越大，电化学反应电阻越小。

在所有的燃料电池类型中，固体氧化物燃料电池的操作温度很高，因此交换电流密度很大，可以满足$i \ll i_0$，可以直接使用式(2.36)直接探讨其活化损失。

(2) $i \gg i_0$。此时活化过电位η_{act}非常大，此时逆向反应产生的电流密度可以忽略，则Butler-Volmer方程可以表示为

$$i = i_0\,\mathrm{e}^{\frac{\alpha nF\eta_{\text{act}}}{RT}} \tag{2.37}$$

取对数，整理得

$$\eta_{\text{act}} = -\frac{RT}{\alpha nF}\ln i_0 + \frac{RT}{\alpha nF}\ln i \tag{2.38}$$

令 $a = -\frac{RT}{\alpha nF}\ln i_0$，$b = \frac{RT}{\alpha nF}$，即可得到 Tafel 公式：

$$\eta_{\text{act}} = a + b\ln i \tag{2.39}$$

式中，b 为 Tafel 斜率。图 2.3 是典型的 Tafel 极化曲线，从图中也可以看出降低电极的 Tafel 斜率是降低活化过电位的重要途径。式(2.39)在工作温度较低的燃料电池中使用较多，因为在较低温度下，电极反应的速率常数比较小，电极过电位比较大。

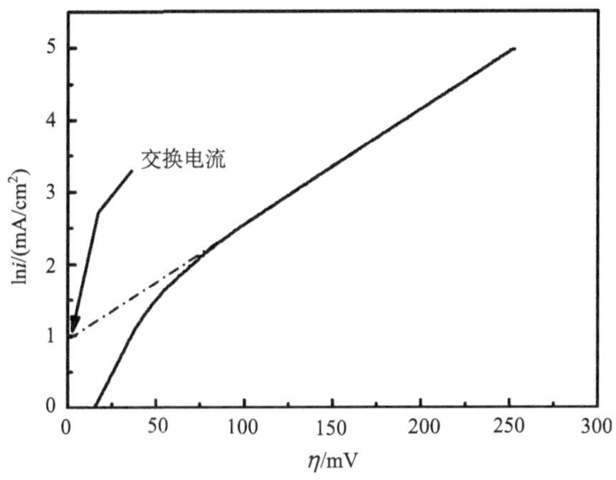

图 2.3　典型的 Tafel 极化曲线

从上述的讨论中可以发现，交换电流密度 i_0 是降低活化过电位的关键因素，改善动力学性能的根源在于增加 i_0。根据交换电流密度的定义，正向反应的交换电流密度为

$$i_0 = nFv_1 = nFc_R^* f_1 P_{\text{act}} = nFc_R^* f_1 \mathrm{e}^{-\frac{\Delta G_1^+}{RT}} \tag{2.40}$$

式中，v_1 表示正方向的反应速率；c_R^* 是反应物表面浓度；f_1 是衰变速率，由活化物质的寿命和它转化为生成物而非反应物的可能性决定；P_{act} 表示反应物处于活化态的概率；ΔG_1^+ 表示反应物与活化态之间的势垒。根据式(2.40)可以看出，可以通过以下方法来提高交换电流密度。

(1) 提高反应物浓度 c_R^*。反应物浓度和交换电流密度之间呈线性关系，因此增加反应物浓度对反应的动力学改善是显著的。对燃料电池而言，使其在较高的压力下工作，就可以相应提高气体反应物的浓度，从而增加交换电流密度 i_0。

(2) 降低活化能垒 ΔG_1^{+}。降低活化能垒 ΔG_1^{+} 可以使反应物在相同的温度下达到活化态的概率增加，从而提高交换电流密度 i_0。在电极中引入催化剂，通过改变反应表面的自由能，可以有效降低反应的活化能垒，由于活化能垒在指数项上，ΔG_1^{+} 略微降低就可以导致交换电流密度显著提高。

(3) 提高反应温度 T。一般情况下，提高反应温度，可以使反应物获得足够的能量以达到活化态，从而增加反应速率，提高交换电流密度。但是温度的影响在实际情况中比较复杂，在高过电位时，升高反应温度反而会降低交换电流密度。

(4) 增加反应活化点。增加电极的比表面积，从而为电化学反应提供更多的反应活化点，使得交换电流密度明显提高。在燃料电池中多采用多孔电极来扩大反应面积，使表面电流密度显著增大。

2.3.2　浓差极化

迁移和纯化学转变均能导致电极反应区参加电化学反应的反应物或产物浓度发生变化，结果使电极电位改变，即产生浓差极化，因此浓差极化主要发生在传质 (mass transfer) 过程中，书中用 η_{conc} 表示。就燃料电池而言，以最常见的氢氧化电极过程为例，其电极反应为

$$H_2 \xrightarrow{\text{催化剂}} 2H^+ + 2e^- \tag{2.41}$$

具体反应过程可分为以下几个步骤：

$$H_2(g) \xrightarrow{\text{扩散}} H_2(\text{催化剂表面}) \tag{2.42}$$

$$H_2 \longrightarrow 2H_a \tag{2.43}$$

$$H_a \longrightarrow H^+ + e^- \tag{2.44}$$

$$H^+ \xrightarrow{\text{电迁移}} H^+(\text{电解质}) \tag{2.45}$$

从上述步骤可以看出，燃料氢气在流场经对流，然后经过在电极的扩散等传质过程，迁移至催化剂表面，氢气先经过解离生成氢原子，然后吸附在催化剂表面的氢原子在催化剂和电极电位的推动下发生电化学反应，生成氢离子与电子，电子经外电路输出，而生成的氢离子经定向电迁移离开反应活化点进入电解质中。

根据化学反应速率中的复合反应速率近似处理方法，对于一个多步骤的电极过程，往往存在一个最慢的步骤，整个电极反应速率主要由这个最慢步骤的速率决定，此步骤称为控制步骤，此时整个电极反应所表现出的动力学特征与控制步骤的动力学特征相似。对于有控制步骤的电极过程，控制步骤必须用动力学参数

来处理，而其他非控制步骤则用热力学参数来处理。因此可以看出，对氢氧化电极过程而言，只有当电化学反应为控制步骤时，才能忽略浓差极化作用，此时的电化学反应速度很小，电流密度也很低。

高性能的燃料电池必然具有较高的电流密度，因此在这种情况下，浓差极化是不能忽略的。从氢氧化电极反应过程来看，燃料电池中传质过程主要包括反应物扩散到电极反应区和反应产物经定向电迁移离开，此过程则主要是通过对流、分子扩散和电迁移三种方式实现的。

(1) 对流，是指流体(气态或液态)中各部分的相对运动，包括因密度差(浓度差、温度差)而产生的自然对流和因外力推动(搅拌、压力差)而产生的强制对流。

(2) 分子扩散(简称扩散)，是指在化学位差或其他推动力的作用下，由于分子、原子等的热运动所引起的物质在空间的迁移现象。最普遍的推动力为化学位梯度，可近似视为浓度梯度。

(3) 电迁移，是指带电粒子在电场作用下的定向移动，其推动力为电位梯度。

2.3.3　欧姆极化

燃料电池中的欧姆极化(η_Ω)主要是由电解质中的离子或电极中的电子导电阻力引起的，其主要来源包括燃料电池部件本身的电阻、电解质的离子导电电阻以及部件之间的接触电阻，即

$$\eta_\Omega = IR_{\mathrm{ohm}} \tag{2.46}$$

式中，I 为燃料电池的输出电流；R_{ohm} 为燃料电池的总电阻，包括电子、离子和接触电阻。由于燃料电池一般输出电压较小，而输出电流较大，即使一个很小的电阻也会造成相当可观的电压降，从而阻碍了燃料电池性能的提高。

综上所述，燃料电池的极化可以表示为

$$\eta = \eta_{\mathrm{act}} + \eta_{\mathrm{conc}} + \eta_\Omega \tag{2.47}$$

由此可见，影响极化的因素除了温度、压力和电流密度，还有电极材料、电极的表面状态、电解质的性质等。对于燃料电池而言，在阳极和阴极上均有极化的存在，因此燃料电池的极化还可以表示为

$$\eta = \eta_{\mathrm{a}} + \eta_{\mathrm{c}} + \eta_\Omega \tag{2.48}$$

式中，η_{a} 和 η_{c} 分别为阳极与阴极的过电位，由电极反应决定。在有电流输出的情况下，端电压由下式决定：

$$E = E_{\mathrm{s}} - \eta_{\mathrm{a}} - \eta_{\mathrm{c}} - IR_{\mathrm{ohm}} \tag{2.49}$$

则燃料电池的等效电路如图 2.4 所示。

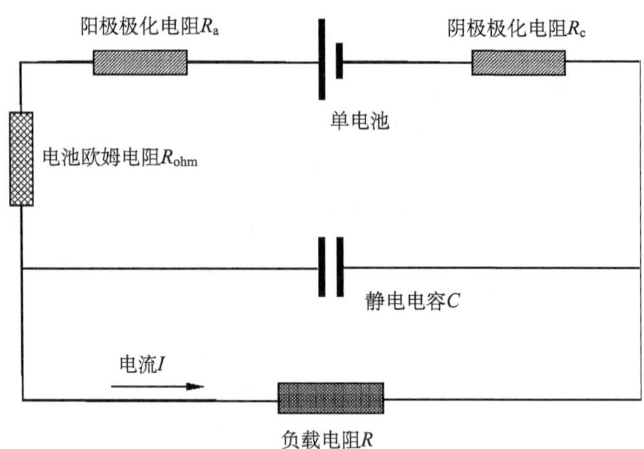

图 2.4　燃料电池的等效电路图

2.4 极化测试

电化学阻抗谱(Electrochemical Impedance Spectroscopy，EIS)，早期又称为交流阻抗谱(AC Impedance Spectroscopy)，是一种以小振幅的正弦波电位(或电流)为扰动信号的电化学测量方法。EIS 又是一种频率域的测量方法，它以测量得到的频率范围很宽的阻抗谱来研究电极系统，可以比其他常规的电化学方法得到更多的动力学信息和电解界面结构信息，因而是研究电极反应动力学及电极界面现象的重要电化学方法[5]。根据测量的 EIS 图，可以确定等效电路或数学模型，并与其他的电化学方法相结合，从而推测电极系统中包含的动力学过程及其机理。

所谓等效电路是指以电工学元件电阻、电容和电感为基础，通过串联和并联组成电路来模拟电化学体系中发生的过程，其阻抗行为与电化学体系的阻抗行为相似或等同，可以帮助电化学研究者考察真实的电化学问题。当然，电极的电化学反应是一个相当复杂的体系，在电极表面进行着电荷的转移，体系中同时还有着化学变化和组分浓度的变化等，这种体系对应的显然是复杂的等效电路[6]。

阻抗可以表示为电位与电流的复数比

$$Z=\frac{\tilde{U}}{\tilde{I}} \tag{2.50}$$

对于反应电路而言，其阻抗公式为

$$Z=R_e+\frac{R}{1+\mathrm{j}\omega RC} \tag{2.51}$$

或者

$$Z = R_e + \frac{R}{1+(\omega RC)^2} - \mathrm{j}\frac{\omega CR^2}{1+(\omega RC)^2} \tag{2.52}$$

式中，ω 为角频率。

因此阻抗的测试实际上是将时域的输入、输出信号转换为具有频域性质的复数。阻抗数据的表示方法一般有三种。

1) Nyquist 图

Nyquist 图是在复平面上表示阻抗数据，所有数据点构成一个轨迹，其中每个数据点对应不同的测量频率。对于阻抗的复平面图，其缺点是忽略了与频率的相关性。但可以通过标注特征频率来克服这一缺点，通过对特征频率的标注可以更好地理解相关现象的时间常数。

阻抗复平面的应用广泛，通过观察点的轨迹形状，就可以判断出可能的机理和关键的现象。例如，如果电的轨迹是一个理想的半圆弧，那么阻抗响应对应的是一个活化控制的过程；如果是一个收缩的半圆弧，则说明需要更详细的模型才能解释；如果在阻抗复平面上出现多个峰，则清楚地表明需要多个时间常数描述过程。然而阻抗复平面图的显著缺点是忽略了频率相关性，并且低阻抗值也被忽略。除此之外，还有可能因模型和实验数据在阻抗复平面图上的一致性而忽略在频率和低阻抗值方面的巨大差异。

2) Bode 图

Bode 图表示阻抗模量、相位角与频率的函数。通常频率轴以对数形式表示，这样就可以揭示在低频下的重要行为。需要说明的是，在数学建模时一般采用的是角频率 ω，与测试频率存在如下关系：$\omega = 2\pi f$ 。

在电路分析上，Bode 图的应用很多。相位角对体系参数很敏感，因此是一个将模型和测试结果相比较的好工具。尽管阻抗模量对体系参数不敏感，但在高频区和低频区，其渐近线的值分别表示直流条件下的电阻值和电解质的电阻值。但对于电化学系统而言，Bode 图由于其缺点(电解质电阻的影响)，相位角图混淆。若能够准确地估计电解质电阻，则可以对 Bode 图进行校正。

3) 阻抗图

阻抗图是以阻抗的实部和虚部对频率作图。阻抗图的显著优点就是易于识别特征频率。由于阻抗的实部和虚部的随机误差的方差都是相等的，所以以阻抗实部和虚部对频率作图的另一个优点是，可以很容易地进行数据和随机噪声水平之间的对比研究。

在燃料电池测试上，使用较多的是带特征频率标注的 Nyquist 图和 Bode 图[7, 8]。

对于燃料电池而言，由于涉及动力学过程的起因不同，各种极化表现出不同的响应时间关系。欧姆极化的响应时间为零，而浓差极化的响应时间与相关的传质参数有关，如扩散系数，根据等效电路，Warburg 型元件就可以用来描述多孔电极中的气体传输。同样，活化极化的时间常数与电荷迁移过程的具体细节有关。因此电化学电池在恒电位的前提下，对电池施加较小的交流偏压，在很宽的频率范围内测定不同频率下的响应电流相角、相位的改变，从而可以揭示出动力学体系中各种过程的弛豫时间和弛豫幅度。

EIS 是一种暂态电化学测量技术，属于交流信号测量范畴，具有测量速度快，对研究对象表面状态干扰小的特点，可以快速检测燃料电池的各种阻抗变化，与不同电极过程相联系，则可准确地反映多步反应过程以及对应吸附过程。图 2.5 是理想状态下的燃料电池 Nyquist 图。从图中可以看出燃料电池的内阻可分为两个部分：由电池内部的电极、电解质和连接体等组成的电阻为欧姆内阻 R_{ohm}；由电化学反应体系的性质决定的活化极化电阻 R_{act} 和由反应离子浓度变化产生的浓差极化电阻 R_{con} 构成的极化内阻 R_{pol}。

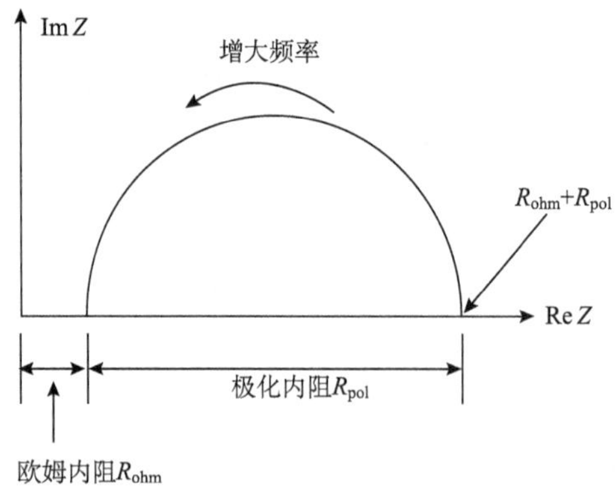

图 2.5　理想状态下的燃料电池 Nyquist 图

由于在燃料电池等效电路中，电容在高频时具有“通交流阻直流”的特性，此时电路短路，则阻抗谱交于横坐标的阻抗为燃料电池 R_{ohm}。利用该特点测出燃料电池在不同频率交流电流作用下的阻抗 Z，作 Z 的平面曲线图，从曲线与实轴的交点即可得到 R_{ohm} 和 R_{pol}。为了保证燃料电池的正常安全运行和测试有效地进行，正弦交流电流幅值要控制在燃料电池直流电流的 10%之内（以 5%为最佳），否则对燃料电池的扰动太大，影响其正常工作。

思　考　题

1. 什么是极化？燃料电池的极化主要由哪些极化组成？如何定义？画出典型的燃料电池极化曲线。

2. 如何测试极化？

3. 如何利用电化学阻抗的 Nyquist 图分析燃料电池的内阻？

参　考　文　献

[1] 衣宝廉. 燃料电池——原理·技术·应用. 北京: 化学工业出版社, 2003.

[2] 天津大学物理化学教研室. 物理化学(上册). 5 版. 北京: 高等教育出版社, 2009.

[3] O'Hayre R, 车硕源, Colella W, et al. 燃料电池基础. 王晓红, 黄宏, 译. 北京: 电子工业出版社, 2007.

[4] 天津大学物理化学教研室. 物理化学(下册). 5 版. 北京: 高等教育出版社, 2009.

[5] Orazem M E, Tribollet B. 电化学阻抗谱. 雍兴跃, 张学元, 译. 北京: 化学工业出版社, 2014.

[6] 张鉴清. 电化学测试技术. 北京: 化学工业出版社, 2010.

[7] Huang Q A, Hui R, Wang B W, et al. A review of AC impedance modeling and validation in SOFC diagnosis. Electrochim. Acta, 2007, 52: 8144-8164.

[8] Roy S K, Orazem M E, Tribollet B. Interpretation of low-frequency inductive loops in PEM fuel cell. J. Electrochem. Soc. , 2007, 154: B1378-B1388.

第 3 章　燃料电池类型

3.1　质子交换膜燃料电池

3.1.1　PEMFC 结构与工作原理

质子交换膜燃料电池单电池主要由质子交换膜、电极(阳极和阴极)和双极板组成，如图 3.1 所示，其中电极包括催化层和扩散层，由质子交换膜、阳极和阴极热压到一起，组成电极-膜-电极“三合一”组件，即膜电极装置(Membrane-Electrode-Assembly，MEA)，是 PEMFC 的核心组件。质子交换膜是一种选择性渗透膜，为氢离子的传导提供通道的同时阻隔了两极的燃料气体和氧化剂气体。

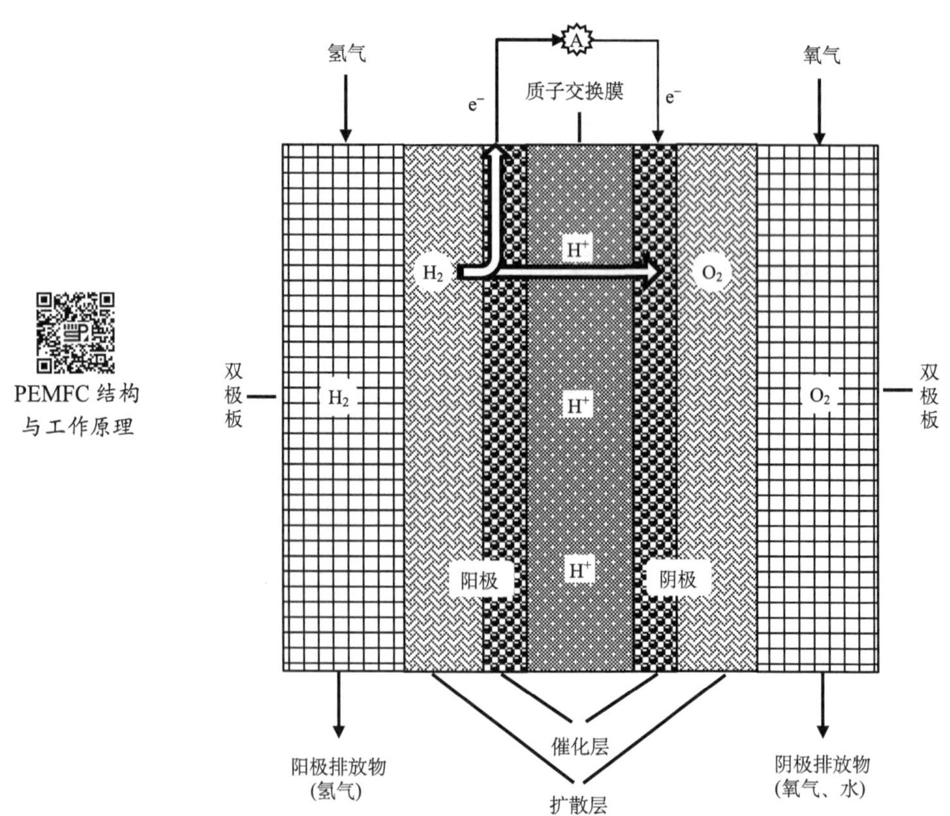

图 3.1　质子交换膜燃料电池单电池组成示意图

质子交换膜两侧是阳极和阴极两个气体电极，包括催化剂层和扩散层。与膜电极紧密接触的是双极板，双极板是带有气体流动通道的石墨或表面改性的金属板。

PEMFC 属于低温燃料电池，工作温度一般为 40～80℃，PEMFC 中的电极反应类同于其他酸性电解质燃料电池。其工作原理是氢气和氧气通过双极板上的流场分别到达阳极和阴极，反应气通过电极上的扩散层到达与质子交换膜紧密接触的催化层，在膜的阳极一侧，阳极催化层中的氢气在催化剂作用下发生电极反应，氢气被解离成氢离子(质子)和电子，其反应为

阳极反应：
$$H_2 \xrightarrow{\text{催化剂}} 2H^+ + 2e^- \tag{3.1}$$

阳极反应产生的电子经外电路到达阴极，氢离子则经质子交换膜到达阴极。氧气与氢离子及电子在阴极发生反应生成水。生成的水不稀释电解质，而是通过电极随反应尾气排出。

阴极反应：
$$\frac{1}{2}O_2 + 2H^+ + 2e^- \xrightarrow{\text{催化剂}} H_2O \tag{3.2}$$

总反应：
$$H_2 + \frac{1}{2}O_2 \longrightarrow H_2O \tag{3.3}$$

3.1.2 PEMFC 发展简史

20 世纪 60 年代，美国首先将 PEMFC 用于双子星座航天飞行。该电池当时采用的是聚苯乙烯磺酸膜，在电池工作过程中该膜发生降解。膜的降解不但导致电池寿命的缩短，还污染了电池的生成水，使宇航员无法饮用。

其后，尽管 GE 公司采用杜邦(DuPont)公司的全氟磺酸膜，延长了电池寿命，解决了电池生成水被污染的问题，并用小电池在生物实验卫星上进行了搭载实验。但在美国航天飞机用电源的竞争中未能中标，让位于石棉膜型碱性氢氧燃料电池(AFC)，造成对 PEMFC 的研究长时间内处于低谷状态。

1983 年，加拿大国防部资助了巴拉德动力(Ballard)公司进行 PEMFC 的研究。在加拿大、美国等国科学家的共同努力下，PEMFC 取得了突破性进展。采用薄的(50～150μm)高电导率的 Nafion 和 Dow 全氟磺酸膜，使电池性能提高数倍。接着又采用铂炭催化剂代替纯铂黑，在电极催化层中加入全氟磺酸树脂，实现了电极的立体化，阴极、阳极与膜热压到一起，组成电极-膜-电极“三合一”组件。这种工艺减少了膜与电池的接触电阻，并在电极内建立起质子通道，扩展了电极反应的三相界面，提高了铂的利用率。不但大幅度提高了电池性能，而且使电极的铂担载量降至低于 0.5mg/cm^2，电池输出功率密度高达 0.5～2W/cm^2，电池组的质量比功率和体积比功率分别达到 700W/kg 和 1000W/L。20 世纪 90 年代以来，质子交换膜燃料电池高效、环保等突出优点，引起了世界各发达国家和各大公司

高度重视，并投巨资发展这一技术。美国政府将其列为对美国经济发展和国家安全至为关键的 27 个关键技术领域之一；加拿大政府将燃料电池产业作为国家知识经济的支柱产业之一加以发展；美国三大汽车公司（GM、Ford、Chryster）和德国戴姆勒-奔驰、日本丰田等汽车公司均投入巨资开发 PEMFC 汽车。处于领先地位的加拿大 Ballard 公司已经开始出售商业化的各种功率系列的 PEMFC 装置[1,2]。

在我国，有中国科学院大连化学物理研究所、清华大学、上海空间电源研究所、上海神力等很多单位开展 PEMFC 的研究，并取得了长足进展，接近国外先进水平，初步形成了自主的知识产权体系。就技术而言，千瓦级的 PEMFC 技术已基本成熟，2000 年年底我国首次以燃料电池为动力的电动汽车试验取得成功，2005 年北京国际马拉松赛上，由清华大学和上海神力联合研制的燃料电池大巴投入使用[3]，2010 年 2 月，当时全球最大的质子交换膜燃料电池示范电站落户广州大学城，示范电站可 24 小时连续运转。近年来，在国家一系列重大项目支持下，我国燃料电池企业加快布局、坚持正向开发，燃料电池技术自主化程度逐渐提高，创新型产品不断涌现，产品性能逐渐赶上或超过国外先进水平。

3.1.3　PEMFC 主要部件

1. 质子交换膜

质子交换膜是 PEMFC 的最关键部件之一，直接影响电池的性能与寿命。质子交换膜是一种选择透过性多孔膜，为氢离子提供通道的同时，隔离两极的燃料气体和氧化气体。用于质子交换膜的材料至少应满足以下要求。

(1) 良好的离子导电性，即具有较高的 H^+ 传导能力。

(2) 在 PEMFC 运行条件下，膜结构与树脂组成保持不变，即具有良好的化学和电化学稳定性。

(3) 具有低的反应气体渗透性，保证 FC 具有高的法拉第效率。

(4) 具有一定的机械强度和结构强度，以最大限度地防止质子交换膜在张力作用下变形。

(5) 膜的表面性质适合与电极的催化层结合。

PEMFC 曾采用过酚醛树脂磺酸膜、聚苯乙烯磺酸膜、聚三氟乙烯磺酸膜和全氟磺酸膜等。研究表明全氟磺酸膜是目前最适用的 PEMFC 电解质。

1) 全氟磺酸膜

全氟磺酸质子交换膜作为一种新型的固定电解质，其原始单体是最简单的化合物——乙烯（$CH_2{=}CH_2$），四个氢原子被全氟取代后成为四氟乙烯，聚合得到聚四氟乙烯（polytetrafluoroethylene，PTFE），随之将 PTFE 结构磺化，也就是增强一个末端磺酸基团—HSO_3 的侧链，成为全氟聚乙烯磺酸膜即 PEM。其化学结构式如图 3.2 所示。

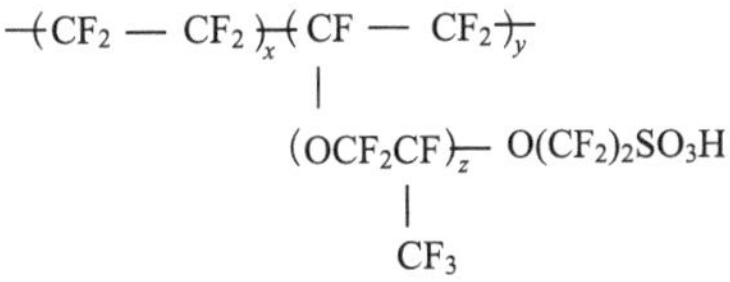

$$
\begin{array}{l}
\left(CF_2 - CF_2\right)_x\left(CF - CF_2\right)_y \\
\qquad\qquad\quad | \\
\qquad\qquad (OCF_2CF)_z - O(CF_2)_2SO_3H \\
\qquad\qquad\qquad\quad | \\
\qquad\qquad\qquad\quad CF_3
\end{array}
$$

图 3.2　全氟磺酸质子交换膜的化学结构式

全氟磺酸质子交换膜的质子传导机理是目前大家公认的“离子簇网络模型”。该模型认为离子交换膜由高分子母体(即疏水的碳氟主链区)、离子簇和离子簇之间形成的网络结构构成。质子在全氟磺酸膜中传导如图 3.3 所示[4]。

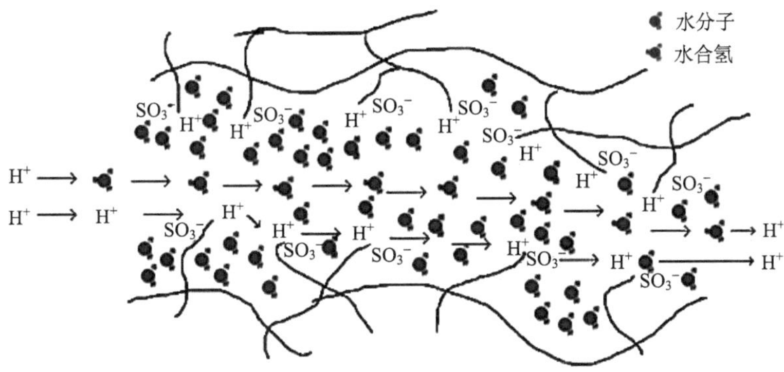

图 3.3　质子在全氟磺酸膜中传导示意图

目前使用的全氟磺酸质子交换膜主要是 DuPont 公司的全氟磺酸质子交换膜，即 Nafion 膜。此外美国 Dow 化学公司也开发了全氟质子交换膜 Dow 膜。全氟磺酸质子交换膜的摩尔质量(Equivalent Weight，EW)表示 1mol 磺酸基团的树脂质量，EW 值越小，树脂的电导越大，但膜的强度越低。膜的酸度通常以树脂的 EW 值表示，也可用交换容量(IEC，每克树脂中含磺酸基团的物质的量)表示，EW 和 IEC 互为倒数。通过调整 x、y、z 的值可以改变 EW 的值，如表 3.1 所示。

表 3.1　不同种类全氟磺酸质子交换膜的化学结构与摩尔质量

种类	化学结构	摩尔质量/(g/mol)
Nafion 膜	x=6～10，y=z=1	1100
Dow 膜	x=3～10，y=1，z=0	800～850

由于全氟磺酸质子交换膜以 PTFE 作为主体结构，具有很高的质子电导率和极高的化学稳定性，即使在强电化学氧化还原条件下也不会发生明显的变化，因此已实现了产品的商业化，如美国 DuPont 公司的 Nafion 系列膜、美国 Dow 化学公司的 eXUS-B204 膜、日本 Asahi Glass 公司的 Flemion 系列膜和 Asahi Chemicals 公司的 Aciplex 系列膜以及加拿大 Ballard 公司的 BAM 膜。表 3.2 列出了常见的 Nafion 全氟磺酸质子交换膜的性能参数。

表 3.2　常见的 Nafion 全氟磺酸质子交换膜的性能参数

型号	干膜厚度/μm	干膜质量/(g/cm^2)	电导率/(S/cm)	交换容量/(meq/g)
N115 膜	127	250	0.083	0.89
N117 膜	183	360	0.083	0.89
NRE211 膜	25.4	50	0.083	0.95～1.01
NRE212 膜	50.8	100	0.083	0.95～1.01

质子在全氟磺酸膜中传导时，往往是以水合质子的形式进行的。水在膜中起着至关重要的作用，通过交流阻抗法研究不同含水量对膜中质子传递的影响，发现膜中质子传递的现象可用能垒跃迁的形式表示。含水量高时，膜充分溶胀，质子在离子簇内传递要越过的能垒与在通道内的能垒相同；低含水量时，通道变得狭窄，质子在通道内传递要越过的能垒高于在簇内能垒，这样就会导致部分质子在通道两端聚集，形成微电容。高频时，膜的电容阻抗相当于纯电阻。膜的阻抗相当于离子簇的纯电阻与通道内的电容阻抗的串联。温度高而导致缺水时，会大幅度增加膜的抗阻，导致无法正常工作[5]。

研究表明[6]质子在膜中的传导率与膜的含水率呈线性关系。当相对湿度小于35%时，膜电导显著下降，而在相对湿度小于 15%时，Nafion 膜几乎成为绝缘体。而膜的含水量与温度呈非线性关系，因此传导率随温度的变化也是一种非线性关系。全氟磺酸膜在低湿度或高温条件下会因为缺水而导致电导率降低[7]，研究人员进行了多方面的研究，一是基于目前的质子交换膜加强水的管理，以此来保证膜的湿度，二是对现有的膜进行改进，如开发非水或低挥发溶剂的全氟磺酸膜、掺杂吸湿性氧化物或功能性固体无机质子导体的复合膜等。

除了质子传导性和吸水性外，用于衡量膜的另一个重要的物理化学性质是气体渗透性。原理上，膜应对反应物组分不可渗透，以防止反应物组分透过膜而发生混合。然而，由于膜的多孔结构、水含量以及氢和氧在水中的可溶解性等原因，一些气体是可以透过质子交换膜的。气体的渗透性用渗透率 (P) 来衡量，渗透率为扩散率和溶解度的乘积，即

$$P = DS \tag{3.4}$$

式中，扩散率 D 的单位为 cm^2/s，溶解度 S 的单位为 $mol/(cm^3 \cdot Pa)$，因此，渗透率的单位为 $mol \cdot cm/(s \cdot cm^2 \cdot Pa)$，其中膜的厚度单位为 cm，表面积的单位为 cm^2。常用的渗透率单位是 Barrer。

$$1\text{Barrer} = 10^{-10}\,\text{cm}^2 / (\text{s} \cdot \text{cmHg}) \tag{3.5}$$

用于 PEMFC 的理想膜，一般可以阻止除溶剂化质子以外的物质通过，但由于材料孔隙尺寸以及氢和氧在水中的溶解等，部分反应物实际上是可以渗透通过质子交换膜的。对于干燥的 Nafion 膜而言，压力为 1bar 时，温度在 25～100℃范围内对应的氢气的渗透率为 20～70Barrer，而氧气的渗透率则大约高一个数量级，对于湿膜而言渗透压则低得多[8]。气体渗透速率与渗透率/压力和膜的表面积成正比，与膜的厚度成反比。

2) 非全氟磺酸型膜

考虑全氟磺酸膜的成本高，近十几年很多科研工作者对成本较低的部分氟化或非氟化新型质子交换膜进行了广泛的探索与研究。目前开发的非全氟磺酸膜主要是部分氟化的高分子材料，如聚三氟苯乙烯磺酸膜、Ballard 公司的 BAM3G 膜、聚四氯乙烯-六氟丙烯膜等，而非氟新型质子交换膜有聚苯磺酸硅氧烷以及芳香族高分子碳氢化合物等，这类膜在吸水性、溶胀性、玻璃化转变温度、电导率、热稳定性、气密性以及选择性、强度等方面与全氟磺酸膜相比，有着不同的特征。

总结起来非全氟磺酸膜与全氟磺酸膜的不同主要表现在以下两个方面：①微观结构、吸水性和电导率。由于非全氟磺酸膜与全氟磺酸膜的微观结构有很大的区别，所以决定了它们的性质明显不同。全氟磺酸膜的碳氟主链是极端疏水的，而终端的磺酸基团是极端亲水的，因此，膜的吸水性是两者之间的平衡。当有水存在时，只有膜结构中的亲水基团发生水合作用，保持整个体系的导电性能，而疏水的碳氟主链则起到保持膜的机械强度和稳定性的作用。然而非全氟磺酸膜，特别是目前的高分子碳氟主链，碳氢主链的疏水性以及磺酸基团的酸性、吸水性和极性相对较弱，水分子可以较好地分散在碳氢膜的结构中。碳氢膜在相对湿度很高时，吸水能力远低于全氟磺酸膜，而在低湿度范围，吸水能力相差不大。对于碳氢膜，电导率可以通过提高磺化度来提高，但高磺化会导致膜的溶胀加剧，从而降低膜的机械强度。②电池环境中的稳定性与寿命。从化学稳定性来看，实验结果表明全氟磺酸膜的化学稳定性要比高分子碳氢膜高得多。在燃料电池运行时，阴极反应过程中产生的 H_2O_2 以及—OH 或—OOH 自由基会侵蚀膜中的碳氢键，发生膜的降解，使膜的寿命缩短。显然，非全氟磺酸膜要实现在燃料电池中的广泛应用，稳定性与寿命是一个有待解决的问题。

3）耐热型质子交换膜[9, 10]

为了解决燃料气体中的 CO 毒气问题并提高燃料电池的效率，人们盼望着开发高于目前温度的质子交换膜，因此随着质子交换膜工作允许温度区间的提高，会给 PEMFC 带来一系列的好处，在电化学方面的表现为：有利于 CO 在阳极的氧化与脱附，提高抗 CO 能力；降低阴极的氧化还原过电位；提高催化剂的活性；提高膜的质子导电能力等。在系统和热利用方面表现为：简化冷却系统；可有效利用废热；重整系统的水蒸气使用量较少等。

目前开发的耐热型质子交换膜大致分为中温和高温两种，前者是指工作温度区间为 100～150℃的质子交换膜，质子在这种膜中的传导仍然依赖水的存在，它是通过减慢膜的脱水速度或降低膜的水合迁移数来使膜在低湿度下保持一定的质子传导性；后者的工作温度区间则为 150～200℃，对于这种体系，质子传导的水合迁移数接近于零，可见它可以在较高的温度和脱水状态下传导质子。这对简化电池系统非常重要。

开发高温膜的手段主要有无机离子掺杂，如向 Nafion 膜中掺杂 SiO_2，或者将非挥发性质子导体如 1-丁基-3-甲基咪唑三氟甲烷磺酸盐（BMITF）掺杂到 Nafion 膜中。这些膜的主要成分还是 Nafion 膜。Nafion 膜必须在有水且不超过玻璃化转变温度的条件下才能工作，因此必须将温度控制在 130℃以下。非氟耐热型 PEM 也是研究者关注的对象，如聚砜（PSU）、聚醚砜（PES）、聚醚醚砜（PEEK）、聚酰亚胺（PI）等，这些非氟膜材料在热稳定性、成本方面优势明显，但是在质子传导性和运行稳定性方面还存在缺点，如传导性差、磺化后化学稳定性差以及离不开水等。

降低 PEM 的质子传递水合迁移数，最终使膜的质子传导不依赖于水，是开发高温 PEM 的关键。研究者集中开发高沸点质子导体（如咪唑）来取代膜中用于质子传递的水，其中聚苯并咪唑（PBI）/H_3PO_4 膜，在高温下具有良好的电导率，且质子传递不依赖水，使用高温可达到 190℃，但使用寿命和运行的稳定性还有待进一步考察。

总之，燃料电池质子交换膜的研究及生产已经取得了很大的进步，但仍然存在许多问题。例如，目前技术较为成熟的全氟磺酸膜也存在制备工艺复杂、成本高的问题，制约了它的推广使用。同时，全氟磺酸膜的阻醇性能差，只适用于氢氧燃料电池，而不适用于 DMFC。其他种类的质子交换膜也大多存在各自的缺点，要么使用寿命短，要么阻醇性能不好，要么质子传导性差。因此，质子交换膜以后的发展方向主要有：①将材料的改进与膜形态的改性相结合，在增加质子传导性的同时，提高膜的稳定性；②改进膜的质子传导机理，提高膜在高温下的质子传导性能，开发高温质子交换膜燃料电池；③开发新材料、改进制备工艺，大幅降低质子交换膜的成本，从而进一步降低质子交换膜燃料电池的成本。

2. 电极

PEMFC 的电极均为气体扩散电极，如图 3.4 所示，它至少由气体扩散层和催化层构成。气体扩散层不仅起支撑催化层的作用，其更重要的是起着扩散气体和水、传导电流和传输热等作用；催化层则是发生电化学反应的场所，同时也是进行电子、水、质子和热的生成与传输的地方[11]。

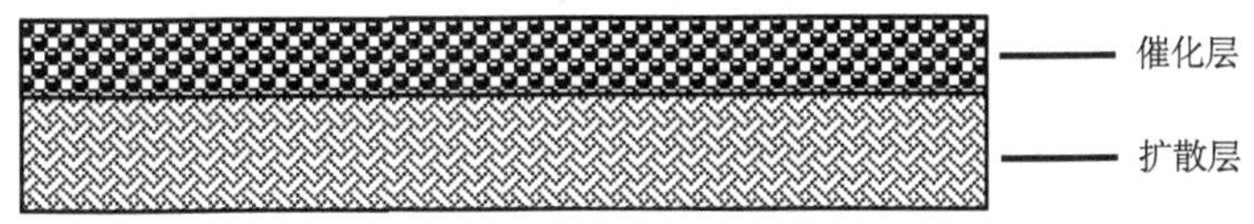

图 3.4　电极结构示意图

1) 扩散层

扩散层(Gas Diffusion Layer，GDL)首先起支撑催化层的作用，为此要求扩散层适于担载催化层，扩散层比催化层的接触电阻要小。催化层的主要成分为 Pt/C 电催化剂，故扩散层一般选用炭材制备。在电池组装时，扩散层与双极板流场接触，根据流场结构不同，对扩散层的强度要求存在一定差异；反应气要经扩散层才能到达催化层参与电化学反应，因此扩散层应具备高孔隙率和适宜的孔分布，有利于传质。同时阳极扩散层收集燃料的电化学氧化产生的电流，阴极扩散层为氧的电化学还原反应输送电子，即扩散层应是电的良导体。因为 FEMFC 工作电流密度高达 1A/cm^2，扩散层的电阻应在 mΩ·cm^2 的数量级。PEMFC 效率一般在 50%左右，极化主要在氧阴极，因此扩散层尤其是氧电极的扩散层应是热的良导体，使产生的热量能够及时输出。另外，为了能使 PEMFC 长期稳定运行，扩散层的材料与结构应在工作条件下保持稳定。

扩散层的上述功能采用石墨化的炭纸或炭布是可以达到的，图 3.5 是典型的炭纸和炭布的扫描电子显微镜(Scanning Electron Microscope，SEM)照片，但是 PEMFC 扩散层要同时满足反应气与产物水的传递，并具有高的极限电流，则是扩散层制备的关键技术难题。原则上扩散层越薄越有利于传质和减小电阻，但考虑对催化层的支撑与强度的要求，一般其厚度选为 100～300μm。

为在扩散层内生成两种通道——憎水的反应气体通道和亲水的液态水传递通道，需要对作为扩散层的炭纸或炭布用 PTFE 乳液做憎水处理。一般首先将炭纸或炭布多次浸入 PTFE 乳液中对其做憎水处理，用称重法确定 PTFE 进入炭纸或炭布的量。再将浸好 PTFE 的炭纸，置于温度为 330～340℃烘箱中焙烧，在除掉

PTFE乳液中表面活性剂的同时使PTFE热熔烧并均匀分散在炭纸或者炭布的纤维上，从而达到良好的憎水效果。焙烧后的炭纸中 PTFE 的含量约为 50%。炭纸或炭布表面凸凹不平，对制备催化层有影响，因此需要对其进行整平处理。其工艺过程如下：用水或者水与乙醇的混合物作为溶剂，将炭黑与 PTFE 配成质量比为1∶1 的溶液，用超声波振荡使其均匀混合后再沉降。清除上部清液后，将沉降物涂抹到经过憎水处理的炭纸或者炭布上，使其表面平整[12]。

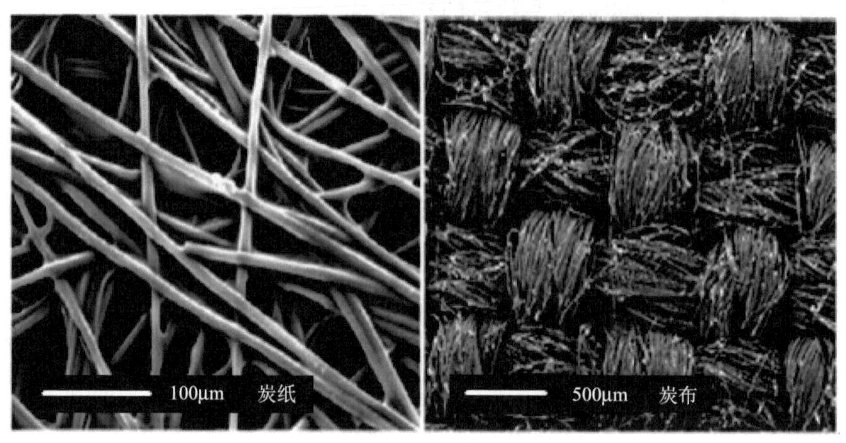

图 3.5　石墨化的炭纸或炭布的 SEM 照片

2）催化层[3, 5, 12]

催化层(Catalyst Layer，CL)是质子交换膜燃料电池电极中发生电化学反应（即氢氧化反应（Hydrogen Oxidation Reaction，HOR）和氧还原反应（Oxygen Reduction Reaction，ORR))的场所，必须同时具备质子、电子、反应气体的连续传输通道。反应产物水的及时排除也是保证该反应顺利进行的必要因素。通常反应区的电子传导通道由导电性的催化剂(如碳载铂)来实现。质子传导通道由电解质(离子交换树脂，如 Nafion)构建。反应气体和产物水的传递通道由各组成材料间形成的多孔结构来实现。通常将催化剂/反应气体/电解质的交界处称为三相反应区(图 3.6)。目前，电极结构的研究主要集中在：有效构筑三相反应区，提高催化剂的利用率，减小活化极化损失；有效构建电极的三维多孔网络结构，提高反应气体和反应产物的传输能力，减小传质极化损失。

电极的性能不仅依赖于电催化剂的活性，还与电极内各组分的配比、电极的孔分布和孔隙率、电极的导电性等因素有关，即电极的性能与电极制备工艺密切相关。针对不同的应用环境(包括电流密度、燃料及氧化剂种类、压力、流量等)和阴阳极气体组分，催化层可以分为憎水催化层、亲水催化层、复合催化层以及超薄催化层。

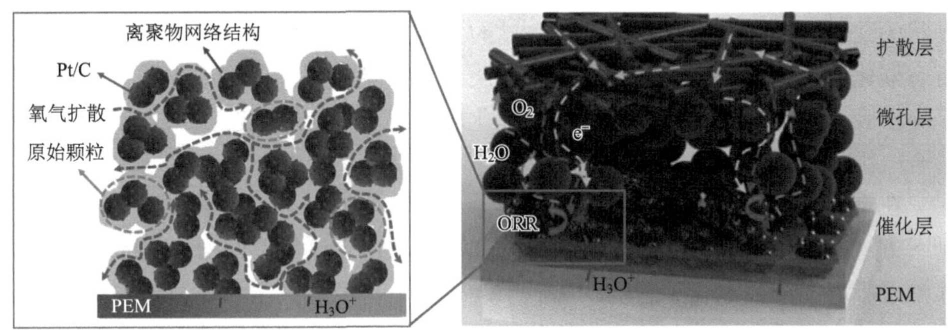

图 3.6　PEMFC 阴极三相反应区示意图

(1) 憎水催化层。

憎水催化层结构是在磷酸燃料电池电极制备工艺基础上发展起来的。其制备方法是将碳载铂催化剂与一定量的 PTFE 混合均匀后制备在扩散层上，经 340℃焙烧，实现 PTFE 的黏结与憎水作用后，再在催化层表面喷一层由异丙醇稀释的 5wt%的 Nafion 溶液，进行立体化，增大催化剂与离子交换树脂间的接触面积，从而提高催化剂的利用率。其中将催化剂和 PTFE 的混合物制备到扩散层表面的工艺有刮涂法、喷涂法、滚压法、丝网印刷法等。目前这种制备方法已经能够实现电极的大规模生产。美国 E-TEK 公司采用这种方法利用滚压技术生产的电极，电极铂担载量为 $0.4mg/cm^2$，目前已经商品化。另外，如 ElectroChem 公司也有该种工艺的电极商品化产品。

这种催化层结构由于采用 PTFE 作为黏合剂，疏水性很好，电极内部能够形成许多气体通道，反应气体的传质比较好。催化层可以做得较厚，一般为 30～50μm。但是由于离子导电聚合物(Nafion)是通过喷入或浸入的方式从催化层表面进入的，所以很难保证其充分渗入催化层内部并与催化剂颗粒充分接触，质子传导阻力较大。由于催化层中一般 Nafion 只能渗入催化层内 10μm 深处，该电极内催化剂的利用率一般只有 10%～20%，大部分催化剂无法得到利用。另外，由于催化层与质子交换膜的膨胀系数不同，质子交换膜失水后收缩，容易发生与催化层分离的现象，从而影响电极的使用寿命。

(2) 亲水催化层。

鉴于憎水催化层离子电导低和催化层与膜间树脂变化梯度大的问题，美国 Las-Alamos 国家实验室的 Wilson 等[13, 14]首先提出了在制备催化层时不加 PTFE，用 Nafion 作为黏合剂的薄层亲水催化层工艺。制备时，首先将 5wt%的 Nafion 溶液与碳载铂电催化剂混合均匀，质量比为催化剂∶Nafion=3∶1；再向其中加入水与甘油，控制其比例为催化剂∶H_2O∶甘油=1∶5∶20，经超声波混合，使其成为糊状的浆料；将上述浆料涂到已清洗过的 PTFE 膜上，并在 135℃下烘干；再将带有催化层的 PTFE 膜与经过预处理的质子交换膜热压处理，将催化层转移到质子交换膜上；最后将两张扩散层与带催化层的质子交换膜组合在一起形成膜电极三合一组件。

在 Wilson 转压型的亲水电极基础上，一种直接作用于质子交换膜上的催化层制备方法也得到广泛采用，即将催化剂和离子导电聚合物以溶液浆料的状态直接喷涂于膜表面或以混合干粉的状态撒于膜表面，再经过滚压与膜结合制得带催化层的质子交换膜。这种薄层亲水催化层结构中催化剂分布得比较均匀，催化剂与 Nafion 质子导体接触良好使得催化层中质子、电子传导性能较好。电极催化层与膜结合紧密，防止电极催化层与膜溶胀性不同而导致的电极与膜的分层，同时还降低了催化层中的铂担载量。但是由于催化层中没有疏水剂，电极容易被水淹，气体通道较少，气体传递阻力较大，因此催化层一般要控制在 10μm 以下，以减小气体传递阻力。此外由于催化剂中用 Nafion 作为黏合剂，而这种亲水催化层结构在长期工作中结合强度会逐渐下降，从而降低电极的性能。因此，必须提高催化层的结合强度。Wilson 等[15]在这方面做了大量的工作，起初是通过对催化层进行加热处理以增强其结合强度，此后又用 Na^+型的离子交换树脂代替 H^+型进行热处理，使其结合强度有了较大提高。

(3) 复合催化层。

综合考虑憎水催化层和亲水催化层的优点和缺点基础上，研究人员提出来一种亲、疏水复合催化层结构。该结构的工艺过程如下：首先在扩散层表面制备一层由 PTFE 和催化剂构成的憎水催化单层，再在其表面制备一层由 Nafion 和催化剂构成的亲水催化单层，两个催化单层共同组成完整的催化层。

在相同催化剂用量下，复合电极与传统疏水或亲水电极相比，表现出较好的传质性能和离子传导性能，催化剂利用率极大地提高，电池性能相应提高。其缺点是制备工艺相对烦琐，催化层较厚。

(4) 超薄催化层。

为了进一步降低铂担载量，研究者又提出了超薄催化层的概念，一般采用物理方法(如真空溅射、热压转移)制备，将超细的铂颗粒溅射到扩散层上或者特制的具有纳米结构的碳晶须的扩散层上。铂催化层的厚度小于 1μm，一般为几十纳米。随着新型碳材料的开发和纳米碳晶须技术的不断发展完善，可以通过在基底材料上定向生长碳纳米管，并将电极催化剂直接制备到定向生长的纳米碳材料表面上形成超薄的催化层[16,17]。图 3.7[16]为在炭纸上制备碳纳米管后再沉积 Pt 纳米颗粒所制得的超薄纳米催化层的 SEM 照片、透射电子显微镜(Transmission Electron Microscope，TEM) 照片和 Pt 粒度分布图(particles size distribution)。

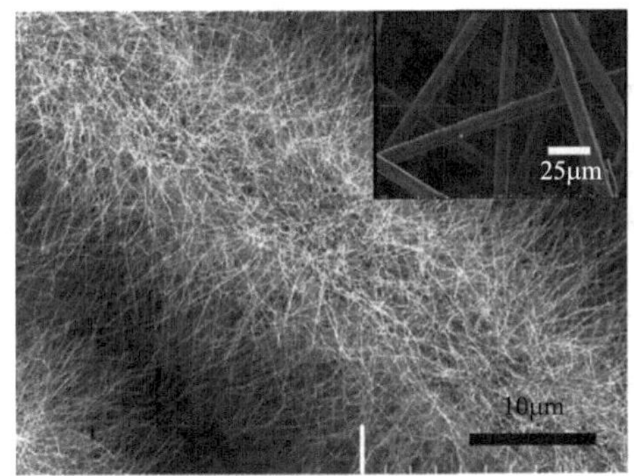

(a) 在炭纸上生长碳纳米管的SEM照片(插图为炭纸)

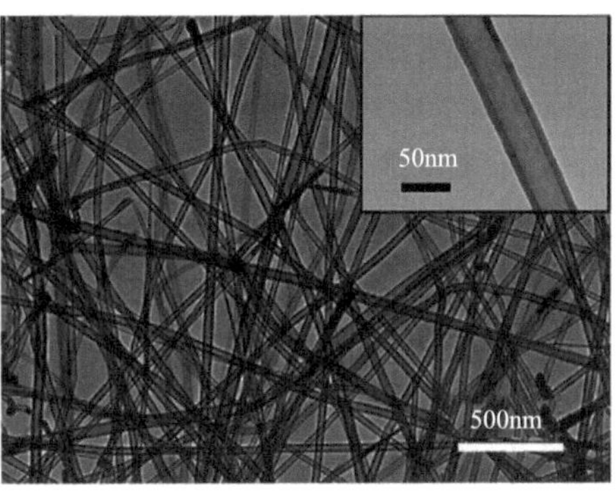

(b) 在炭纸上生长碳纳米管的TEM照片(插图为单根碳纳米管)

(c) 纳米Pt颗粒沉积在碳纳米管/炭纸上的TEM照片(插图为纳米Pt颗粒沉积在单根碳纳米管上)

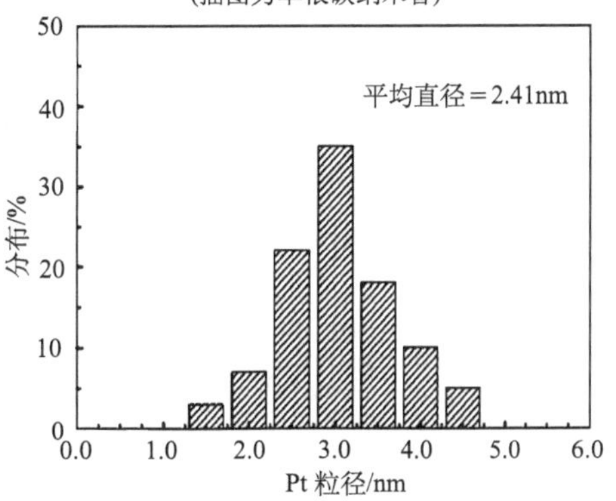

(d) 对应于(c) 的纳米Pt粒度分布图(对应的前驱液为1mmol/L的乙酰丙酮铂和乙酸溶液)

图 3.7　超薄催化层

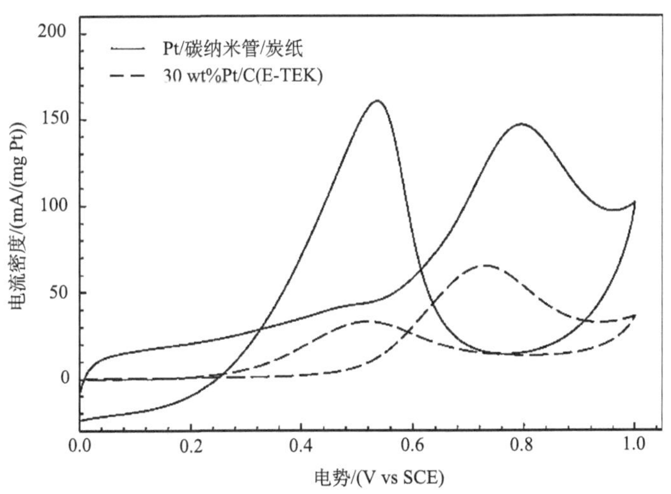

图 3.8　不同电极的循环伏安曲线

(甲醇氧化反应：2mol/L MeOH+1mol/L H_2SO_4，电位扫描速率：50mV/s)

这种结构具有显著的优点，首先，其厚度一般小于 1μm，可以极大地简化催化层内部的水热管理；其次，这种结构中的铂的催化活性很高，如图 3.8 循环伏安曲线(Cyclic Voltammetry，CV)所示[16]，与传统的商业化电极(E-TEK 标准 30wt%Pt/C 电极，Pt 担载量为 0.1mg/cm^2)相比，其氧化峰电流为 146.4mA/mg$_{Pt}$，是传统 Pt/C 电极的 2.4 倍。

此外，催化剂层中无须添加额外的离子导电聚合物，其尺度为纳米级，铂表面的羟基或某些可极化的物质能够在铂表面和膜之间构建质子传导通道。但这种超薄催化层的缺点是制备过程受制于所用的设备难以普遍化，且电极寿命还有待于考察。

3)催化剂

PEMFC 的工作温度一般在 100℃以下，因此一直以铂作为首选催化剂，同时为了提高铂的利用率，将高分散的纳米级 Pt 颗粒均匀地担载到导电、抗腐蚀的乙炔炭黑制成担载型催化剂，图 3.9 为典型的担载型 Pt/C 催化剂的 TEM 照片和 Pt 粒度分布图，纳米 Pt 的粒径在 2.5nm 左右[18]。

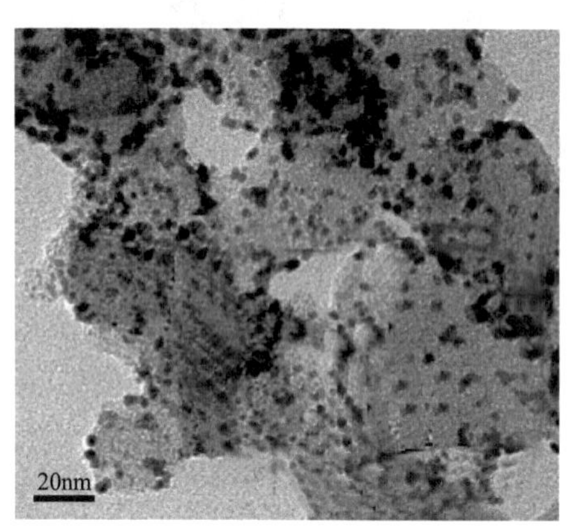

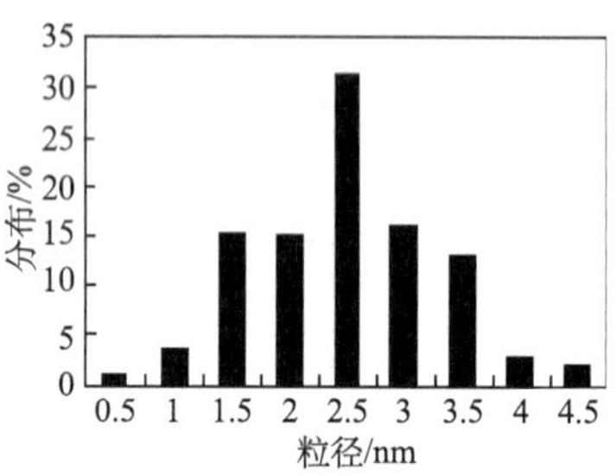

图 3.9　典型的担载型 Pt/C 催化剂的 TEM 照片和 Pt 粒度分布图

对于阳极而言，氢气是 PEMFC 的最佳燃料，碳载铂(Pt/C)作为目前活性最佳的氢氧化反应的催化剂而得到广泛应用。但当以各种烃类或醇类的重整气作为 PEMFC 的燃料时，重整气中含有一定浓度的 CO，会导致铂催化剂中毒，因此抗 CO 电催化剂是 PEMFC 阳极催化研究的重点，目前研究的重点主要集中在 Pt-M(M 表示贵金属或过渡金属)二元或多元组分合金催化剂[19, 20]，Pt-Ru/C 是一种已实用化抗 CO 电催化剂，但其性能依然受到 CO 浓度的影响，如图 3.10 所示[19]，随着 CO 浓度的升高，其电性能逐渐下降。对于阴极而言，主要是选择能够快速催化氧还原的催化剂。目前，高分散的碳载铂催化剂依然是 PEMFC 阴极主要的活性物质[21-23]，然而氧气在铂表面的还原速度要远小于氢气在铂表面的氧化速度，因此为了获得更高催化活性的氧还原反应催化剂，Pt-M 合金催化剂是有效的途径，此外为了降低 PEMFC 的成本，一些不含铂的催化剂，如过渡金属、碳氮化合物、过渡金属大环化合物以及过渡金属氧化物等，也是阴极催化剂研究的重点。

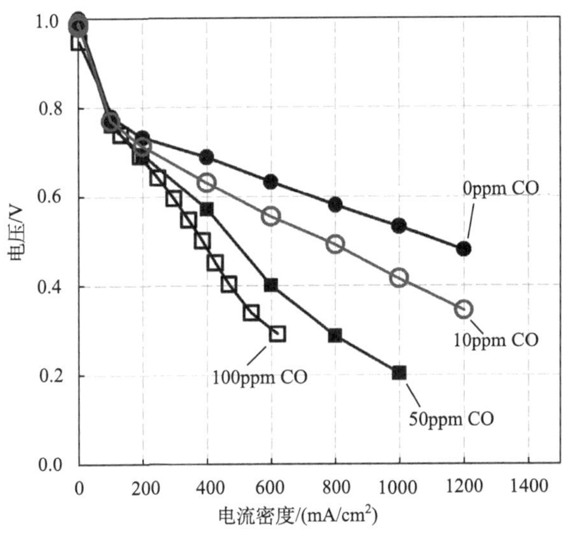

图 3.10　以含不同 CO 浓度的氢气为燃料所测得电池极化曲线

(测试温度为 75℃，阳极和阴极加湿器的露点温度为 70℃，燃料流速为 950sccm①，空气流速为 200sccm)

现阶段在质子交换膜燃料电池中，广泛采用的仍然是高分散、高担载量的 Pt/C 催化剂，在此主要介绍 Pt 基催化剂的制备方法，归纳起来以化学法为主，物理法正在发展中。

(1) 浸渍还原法。浸渍还原法是将载体在一定的溶剂中(如水、乙醇等)中分散均匀，加入一定量的贵金属前驱体，如氯铂酸($H_2PtCl_6·6H_2O$)，调节至合适的 pH，在一定的温度下，加入适量的还原剂(HCHO、HCOONa、Na_2SO_3 或者 NH_2NH_2、$NaBH_4$)，即可得到所需要的 Pt/C 电催化剂。用此方法制得的催化剂，金属颗粒一般较小，约为几纳米。由于金属的团聚作用，单次浸渍法不适合制备浓度高于 20%的 Pt/C 催化剂，采用分步浸渍法则可以有效改善铂在碳上的分布，但其步骤较烦琐。研究认为，浸渍法中的铂离子是通过碳载体上的配位基团(如含氧基团)还原为金属的。因此凡是影响碳载体及铂离子相互作用的因素，如还原剂浓度、

① sccm (standard-state cubic centimeter per minute) 是气体体积流量单位，即标准毫升/分钟。

溶液 pH 及载体表面酸性基团的含量均可能影响铂微粒的分散。

(2)胶体法。胶体法既可以制备 Pt 催化剂也可以制备二元或多元催化剂。在特定的溶液中，利用一定的还原剂将催化剂的前驱体(单组分或多组分)还原为胶体，并均匀、稳定地分散到溶剂中，然后将含有载体的浆液(slurry)加入胶体溶液中，制备得到催化剂。Shukla 等[24]将氯铂酸制备成 $Na_6[Pt(SO_3)_4]$，然后通过离子交换，将 $Na_6[Pt(SO_3)_4]$中的钠离子交换成氢离子，空气中加热煮沸，释放掉多余的亚硫酸根离子。之后，在一定温度下干燥制得 Pt 的氧化物黑色胶体。该胶体再次分散到水或者其他溶剂中，可以很容易担载于炭黑载体上，催化剂中铂颗粒的粒径一般在 1.5～2.5nm。

(3)保护剂法。保护剂法通过采用表面活性剂或者其他有机大分子作为保护剂制备高度分散的纳米贵金属颗粒，并将其担载到载体上，即使在贵金属担载量较高的情况下也仍然能获得非常高的金属分散度。用该方法可以制备多种元素的合金催化剂，但是对溶剂、表面活性剂或保护剂及运行条件要求较高，同时操作复杂，成本较高且不易放大及批量生产。

(4)两步法。两步法一般用来制备贵金属-过渡金属合金催化剂，即将制备好的碳载铂催化剂均匀分散在溶剂中，加入过渡金属盐，通过调节溶剂的 pH，将过渡金属以氢氧化物的形式沉积在碳载铂上，在惰性气体或还原性气体保护下，高温(约 900℃)处理形成合金。

(5)真空溅射法[25]。真空溅射法以金属 Pt 溅射源作为阴极，以被溅射基底(经过处理的作为电极扩散层的炭纸或炭布)为阳极，在两极之间施以高压，可使溅射源 Pt 粒子以纳米级粒度沉积在炭纸或炭布上，形成催化层。为改善溅射到基底上的 Pt 粒子的分散性和增加电极的厚度，以适应电极在工作实际反应界面的移动，也可以先采用粒子刻蚀法在基底表面制备一薄层纳米碳晶须，然后向其表面溅射纳米 Pt。

除了通过调节 Pt/C 催化剂的组分和制备方法来改进催化剂的活性，调节 Pt 的晶体形貌也是提高 Pt/C 催化剂的活性的有效手段。Sun 等[26]在 H_2PtCl_6+HCOOH 水溶液中加入不同量的炭黑 Vulcan XC-72，通过超声波作用在碳纳米球表面合成形貌可控的 Pt 纳米线(Pt Nanowires，PtNWs)，图 3.11[26]为不同 Pt：C 条件下在碳纳米球表面制得的不同密度的 Pt 纳米线的 SEM 照片，Pt 纳米线的生长密度和长度通过 Pt 前驱体和炭黑的质量比来调节，通过测试对应的单电池电性能结果表明，与已商业化的 Pt/C 催化剂相比，含 40% PtNWs 催化剂的催化活性和比表面积分别高出了 50%和 300%。

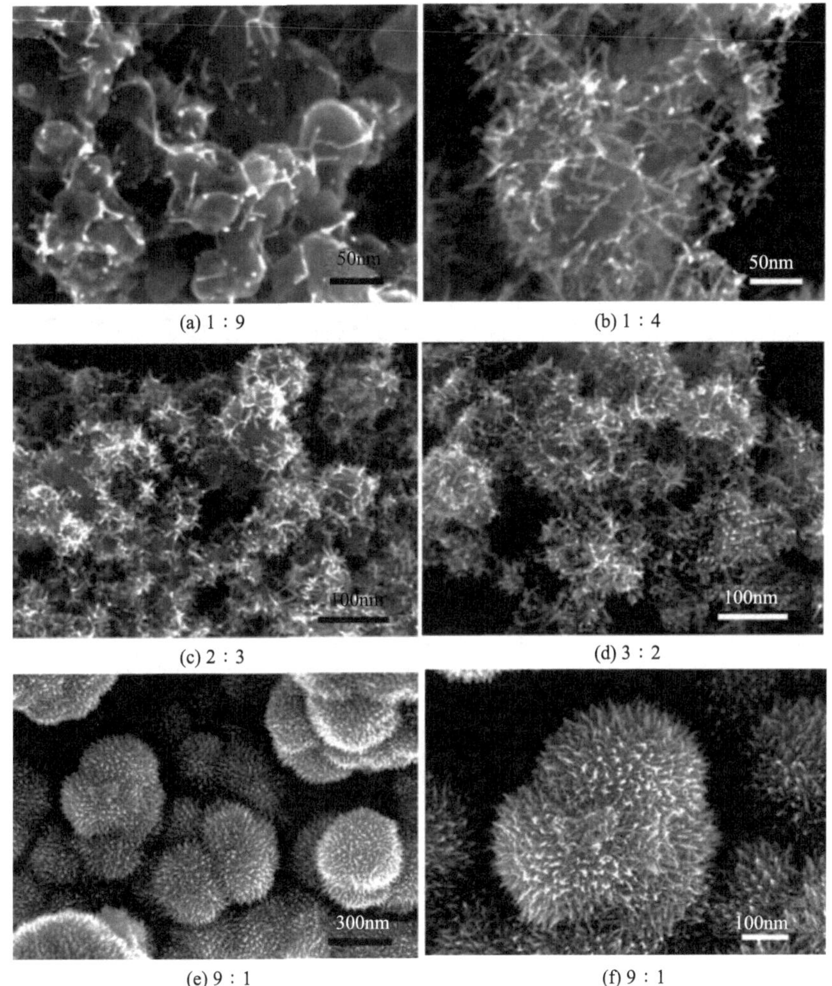

(a) 1 : 9　(b) 1 : 4　(c) 2 : 3　(d) 3 : 2　(e) 9 : 1　(f) 9 : 1

图 3.11　不同 Pt∶C 条件下在碳纳米球表面制得的不同密度的 Pt 纳米线的 SEM 照片

3. 双极板

双极板(bipolar plate)又称集流板，是电池的重要组成部分，不但影响电池性能，而且影响电池的成本。PEMFC 的双极板必须具备以下特点[27]。

(1) 因为双极板两侧的流场分别是氧化剂与燃料通道，所以双极板必须是无孔的；由几种材料构成的复合双极板，至少其中之一是无孔的，实现氧化剂与燃料的分隔。

(2) 双极板实现单池之间的电的连接，起到收集传导电流的作用，而 PEMFC 的电压低电流大，因此它必须由导电良好的材料构成，以防止内阻过大而影响电池的效率。

(3) 将燃料气体和氧化剂气体通过由双极板、密封件等构成的共用孔道，经各个单池的进气管导入各个单池，并由流场均匀分配到电极各处。

(4) 构成双极板的材料必须在阳极运行条件下(一定的电极电位、氧化剂、还原剂等)抗腐蚀，以达到电池组的寿命要求，一般为几千小时至几万小时。

(5) 因为PEMFC电池组效率一般在50%左右，双极板材料必须是热的良导体，以利于电池组废热的排出。

(6) 为降低电池组的成本，制备双极板的材料必须易于加工(如加工流场)，最优的材料是适于用批量生产工艺加工的材料。

双极板作为燃料电池的核心部件，在燃料电池中起到了分配气体、导电、导热、排水和密封等重要作用。因此其性能参数在很大程度上影响电池的性能，美国 DOE 针对双极板制定了明确的性能指标，如表 3.3 所示。

表 3.3　DOE 双极板性能指标参数

序号	性能参数	DOE 指标	序号	性能参数	DOE 指标
1	电导率/(S/cm)	>100	7	透气率/($cm^3/(s\cdot cm^2)$)	$<2\times10^{-6}$
2	腐蚀电流/(mA/cm^2)	<16	8	冲击吸收能/(J/cm^2)	>40.5
3	接触电阻/($M\Omega/cm^2$)	<30	9	弯曲强度/MPa	≥25
4	质量功率密度/(kW/kg)	<1	10	抗拉强度/MPa	≥41
5	热稳定范围/℃	−40～120	11	肖氏硬度/HS	>48
6	热导率/(W/(m·K))	>10	12	成本/($/kW)	<10

至今，制备 PEMFC 双极板广泛采用的主要材料是石墨和金属。

1) 石墨双极板

目前 PEMFC 中采用较多的是石墨双极板，其成型方法是将石墨或者碳粉与可石墨化树脂均匀混合后，加压成型，然后在高温还原或真空条件下进行石墨化。最后将石墨板浸渍封孔后用数控铣床或精雕机在石墨板上加工流场，图 3.12 为较为常见的石墨双极板。石墨双极板的优点是耐腐蚀性强，导电导热性能好，缺点是强度低、脆性大，不易加工成超薄双极板，目前采用的石墨双极板厚度大多在 0.8mm 以上，而且采用石墨双极板的电池的体积比功率和质量比功率都相对较低。

在加工石墨双极板过程中，高温石墨化和机加工过程是 PEMFC 双极板科研生产成本较高的主要原因。为了降低成本，实现规模化生产，石墨双极板的制造借鉴了塑料加工的注塑成型工艺，将石墨粉或碳粉与环氧树脂或酚醛树脂、导电胶等黏结剂均匀混合，采用注塑机将混合物注入模具中，形成素坯，然后将素坯石墨化得到所需的双极板。其优点是省掉了机加工过程，同时还可以得到比机加工更为复杂的流道结构。缺点就是大量树脂的引入导致了双极板内部存在大量孔隙，这就需要后继烦琐的堵漏工艺才能满足要求。此外，新型的陶瓷制造工艺也借鉴到双极板生产上，如流延法、凝胶注模法等。

图 3.12　石墨双极板

2) 金属双极板

金属双极板的导电性和导热性都非常好，致密且易于加工，其不足之处在于密度大、质量大，容易被腐蚀(阳极，酸性环境)和表面钝化(阴极)，导致内阻急剧增大。常用的金属材料有铝、镍、铜、钛和不锈钢，图 3.13 为用电刻蚀工艺制得的不锈钢双极板[28]。金属双极板受到腐蚀后金属离子会污染质子交换膜，增加

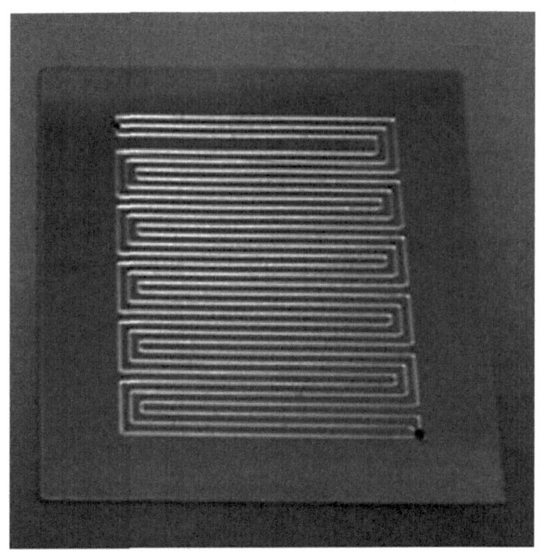

图 3.13　电刻蚀工艺制得的不锈钢双极板

质子传递阻力，从而影响电池的性能，因此要对金属双极板进行表面处理，使得双极板既能保证导电需要，又能防止被腐蚀。金属双极板的流场一般采用机械加工、电刻蚀工艺或冲压成型加工工艺。表面处理则采用物理气相沉积、化学气相沉积、化学镀、电镀、磁控溅射、丝网印刷等。

3）复合双极板

复合双极板有两种：一种是金属石墨复合双极板，即以金属薄片为基底，在其两侧都复合一层石墨材料，这种双极板一方面具有金属易成型、防漏性好的优点，另一方面具有石墨材料耐腐蚀性的特点，但两种材料的结合紧密程度是影响电池性能的主要因素；图 3.14 所示为丰田 Mirai 使用的钛金属复合双极板，该双极板采用等离子体化学气相沉积法将 π 共轭无定形碳（PAC）材料沉积在成型的钛金属表面，并将沉积厚度控制在纳米级（约 50nm），以确保双极板具有良好的导电性和抗腐蚀性。另一种是高分子复合材料双极板，利用热塑性高分子材料的可塑性的特点，即该材料在黏流转变温度下具有流动性和黏结性，可进行挤压、注塑和模压成型获得不同形状的制品，根据合适工艺要求的双极板和流场制成模具，选取耐腐蚀的热塑性高分子材料与导电填料复合，一次性复合模压成型得到带流场的复合双极板，这是目前制备低成本双极板最主要的研究方向之一。

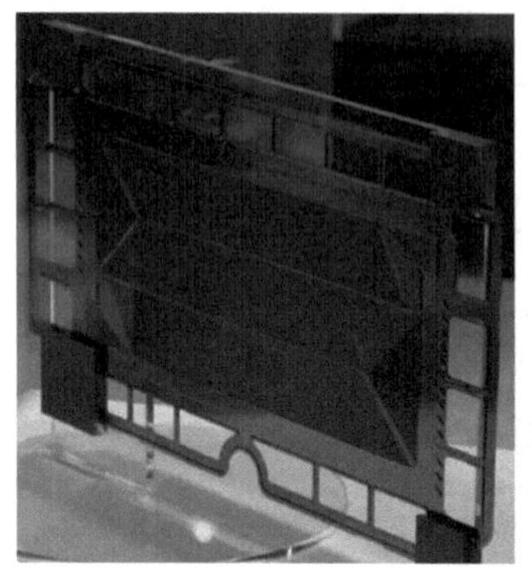

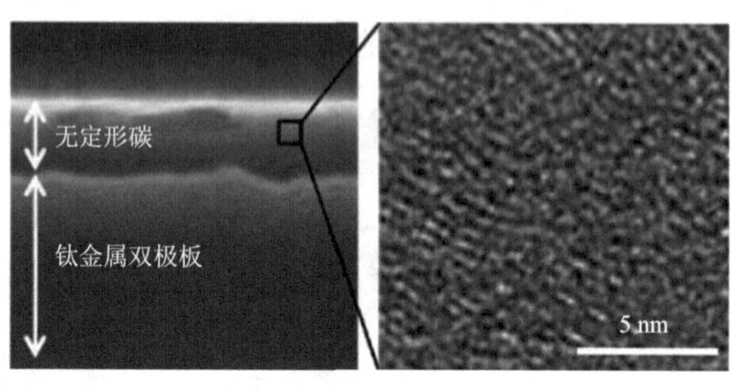

图 3.14　丰田 Mirai 使用的钛金属复合双极板及其微观结构图

4. 流场

流场（flow field）的作用是引导反应气流动方向，确保反应气均匀分配到电极各处，经扩散层到达催化层参与电化学反应。流场的形式和结构对反应物和生成物在电堆内部的流动、分配、扩散等起关键的作用[29]。流场的设计是否合理将直接影响电堆能否正常运行。常见的流场形式主要有点状流场(dot flow field)、网状流场(mesh flow field)、多孔流场(porous flow field)、平行沟槽流场(parallel flow field)、单通道蛇形流场(single serpentine flow field)、多通道蛇形流场(multichannel serpentine flow field)和交指流场(interdigitated flow field)等。

各种各样流场的共同点是由各种图案的气体通道(沟槽或孔)和起支撑作用的脊或面组成，如图 3.15 所示。沟槽或孔为反应气体和水的流动提供通道，而脊或面与电极接触则起导电导热的作用。沟槽或孔所占的比例称为流场的开孔率。图 3.16 为具有不同宽度脊的单电池在不同工作条件下的电性能，从图中就可以看出，随着脊宽度的增加，电池的性能逐渐变差。流场结构和开孔率不但影响双极板与电极的接触电阻，还影响传质和排水。可见，流场的几何形状、尺寸及开孔率等方面都是流场设计应该考虑的内容[30]。另外，还应考虑电堆应用环境、工作状态、流场板与电极的电阻、气流分配、流速、压力和压力降等因素。

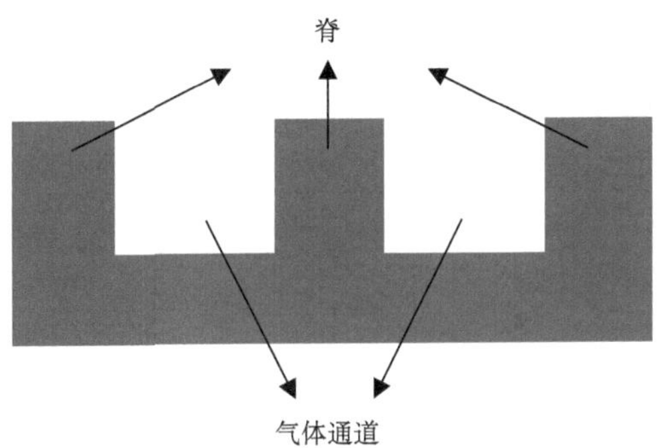

图 3.15　流场的气体通道与脊构造示意图

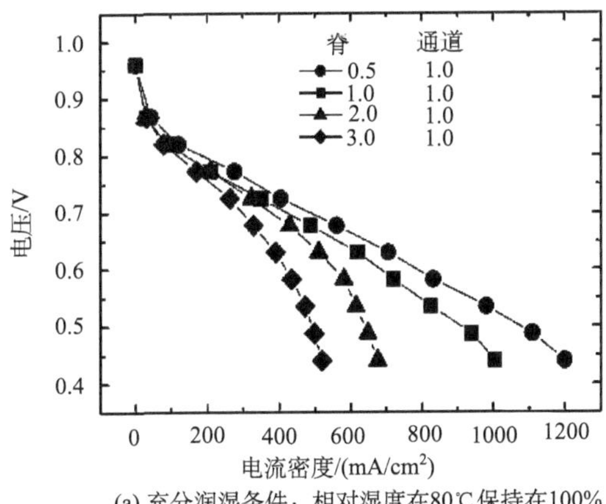

(a) 充分润湿条件：相对湿度在80℃保持在100%

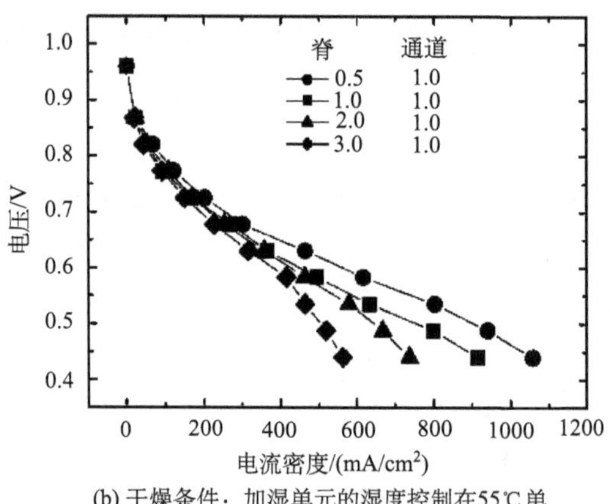

(b) 干燥条件：加湿单元的湿度控制在55℃单电池的活化面积为80cm^2,工作温度为65℃，纯氢气和空气的工作压力分别为0.8atm和0.4atm

图 3.16　具有不同宽度脊(单位:mm)的单电池的电性能

点状流场结构简单，特别适合用纯氢、纯氧，气态排水的燃料电池，而对于以液态水排出的 PEMFC，由于反应气流在这种流场中的流速较低，不利于液态水的排出而很少采用。网状流场(图 3.17 [31])和多孔流场对电极的扩散层强度要求较低，而且当反应气通过流场时，易形成局部湍流而有利于扩散层的传质，减小浓差极化。

图 3.17　网状流场示意图

平行沟槽流场的优点是可以通过有效地减小压力降低来提高效率，但可能出现的问题是水、反应杂质(如氯)等可能聚集在某个通道局部无法排出，因而反应气体会绕道前行，导致某个电极区域内没有反应物的供给。为此，有人提出采用单通道蛇形流场，这能够保证反应物在各处畅通无阻，即使出现阻塞也会被及时清除。但是，单通道蛇形流场也存在一些问题，如通道太长、转弯太多、压力降过大，这些都需要额外的功来推动，容易造成气体浓度分布不均匀而进一步导致电流密度分布不均匀。为此，研究者结合平行沟槽和单通道蛇形的优点设计出多通道蛇形流场，如图 3.18 所示[31]，效果较好，是目前 PEMFC 使用较为广泛的流场。

图 3.18　多通道蛇形流场示意图

图 3.19[32]为交指状流场，其能够在一定程度上提高电池功率密度。其特点是流道不连续、流体被强制流过扩散层，其他形式流道中气体主要通过扩散进入被压住的扩散层，有时也通过压力差产生的自然对流进入扩散层。相比较可以看出交指状流场能够促使流水充分流过扩散层，但压力降非常大，而且流体流过扩散层时肯定要带走很多的水，导致加湿难度增加，且设计难度较大，设计不好会发生气体短路或者回流，从而导致电池性能下降。

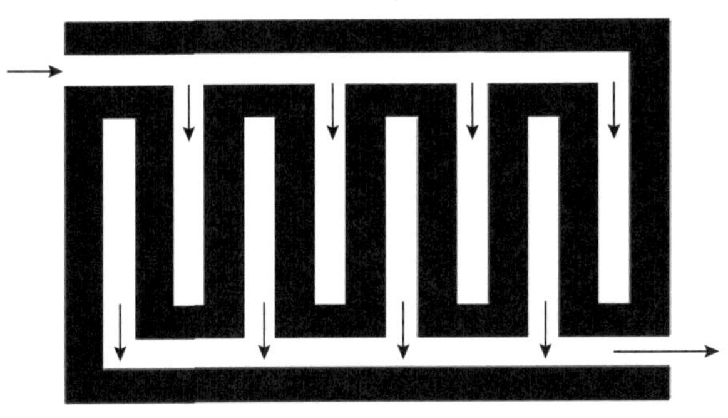

图 3.19　交指状流场示意图

目前，在流场设计领域还需要进行大量深入的研究，结合膜电极这种特殊的气体扩散电极以及整个电堆对热水管理的要求，需要对流场进行严格的模拟和实践。由于燃料电池条件的繁杂性以及变动性，一成不变的流场结构不可能是未来发展的方向。将燃料电池与仿生学结合，设计出可以根据工作情况自动调节流场结构的新型流场将是未来一个研究方向。

仿生流场[33, 34]是近几年研究较多的一类流场，其一般是基于自然界中树的枝干分布、树叶的脉络分布以及人体心肺血管分布设计的(如图 3.20 所示)。此类流场相比传统流场，其具有遵循 Murray 法则分布的主流道与多级分型维度上的分支流道，反应气体经主流道再分流进入各分流道，合理的分支结构设计使反应气体流量不断细分，因此，其特点在于使流体在整个活性反应面积分布均匀且停留时间较长，使反应物得到充分的利用，燃料电池的电流密度分布也会更加均匀。仿生流场中，流体具有良好的流动特性，合理的流道分支可使流线分布平滑，有利于相邻主流道之间的气体交换。由于分支流道的存在，相邻流道之间的流体流动被加强，仿生结构各单元之间频繁形成分流与合流，因此反应流体的速度变化明显，气流会发生扰动与压力的变化。流道每级分支流道中产生的水和热量都会由反应气流带入汇合到上一级分支流道中，最后由主流道排出，均布细致的多级分支结构也有利于将反应生成的水和热从流场中排出。仿生流场的分叉角度和分叉数量影响反应气体在流道内部的流动，反应气体在分叉区域的流动容易导致压降过大。与此同时，仿生流场的复杂形式不利于加工。因此，要不断探索，才能最终实现流场结构的智能化和生物化。

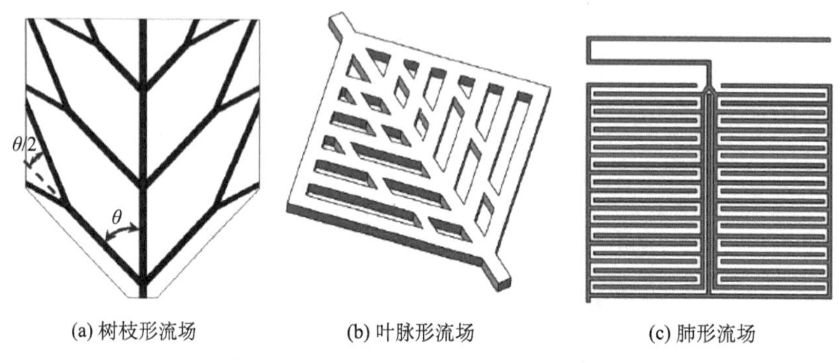

(a) 树枝形流场　　(b) 叶脉形流场　　(c) 肺形流场

图 3.20　仿生流场示意图

三维精细化网格流场是近几年兴起的新型流场，流场由众多微供气单元排列而成，微供气单元改善了燃料电池的供气方式，挡板结构与扩散层呈一定角度，迫使反应气体进入扩散层，尤其是在高电流密度区通过增强浓差扩散，从而使燃料电池性能获得显著的提高。但是，由于其结构的复杂性和尺寸的精密性，对加工精度和成本控制都提出了更高的要求。丰田公司首次在 2016 款 Mirai 燃料电池汽车的电池阴极双极板上采用三维精细网状流场，如图 3.21 所示[35]，这种流场采用三维微格栅结构，流场的进气方向与扩散层呈一定夹角，精细分布的供气单元可将空气均匀地导向膜电极气体扩散层并促进氧气向催化层的扩散，不仅改善了反应气体的供应方式，而且大大强化了气体的传质作用。流场的几何构型与表面润湿性经过优化设计，能够将生成的水分疏导至流场背表面，并由快速流动的空气带出流场，与此同时，空气充分均匀的流动还可以将电池产生的大部分热量带出。此外，流场逆流式的设计通过利用反应生成的水实现自加湿，优化了单电池内部的水平衡。由此可见，三维精细化网格流场可以显著改善气体扩散性能及水管理和热管理能力，从而提升电堆的电性能。

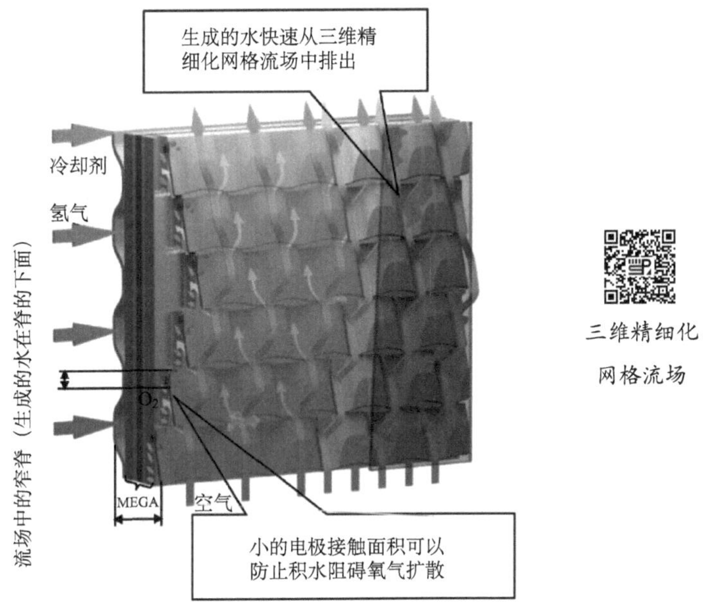

图 3.21　丰田 Mirai 新型三维精细化网格流场结构

(MEGA：膜电极与气体扩散层组件)

流场的结构设计，形状尺寸设计对电池的性能影响至关重要，同时其阴阳极的进气方式同样也影响电池的性能[36]。在 PEMFC 的运行过程中，当反应物从气体入口流向流场的出口时，反应物的状态(压力、浓度、温度、相对湿度等)会发生显著变化。因此，反应物通过电池 MEA 两侧流场的方向将决定流场不同点处气体的状态。虽然双极板的设计不断有创新和改进，但阴阳极的流体流动方式基本可归为以下三类：同向流动、交叉流动、逆向流动，如图 3.22 所示[37]。研究发现[38]逆向流动有利于湿度的均匀分布，燃料电池输出性能更好，同时逆向流动能获得更好的水化膜，增加质子的电导率，从而增加电池的性能。

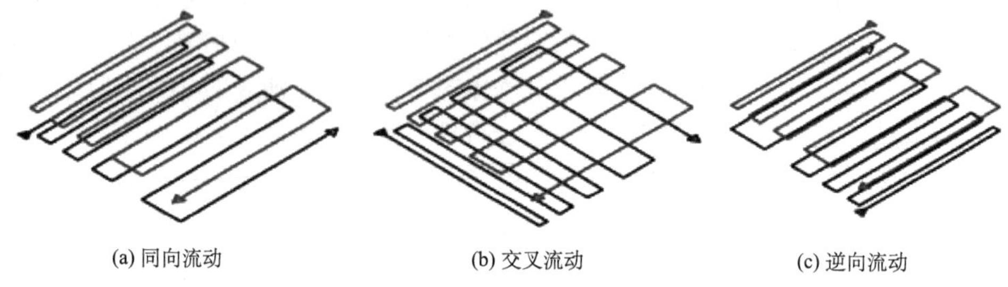

图 3.22　阴阳极流体流动方式示意图

3.1.4　PEMFC 单电池与电池组

1. 单电池

单电池是构成电池组的基本单元，电池组的设计要以单电池的实验数据为基础。各种关键材料的性能与寿命最终要通过单电池实验的考核。

对于 PEMFC，由于膜为高分子聚合物，仅靠电池组的组装力，不但电极与膜之间的接触不好，而且质子导体也无法进入多孔气体电极的内部。为了实现电极的立体化，需要向多孔气体扩散电极内部加入质子导体(如全氟磺酸树脂)，同时为改善电极与膜的接触，将已加入全氟磺酸树脂的阳极、隔膜(全氟磺酸膜)和已加入全氟磺酸树脂的阴极压合在一起，形成了“三合一”组件(MEA)。具体制备工艺如下。

(1) 对膜进行预处理，以清除质子交换膜上的有机与无机杂质。首先将质子交换膜在 80℃、3%～5%的过氧化氢水溶液中进行处理，以除掉有机杂质；取出后用去离子水洗净，在 80℃的稀硫酸溶液中进行处理，去除无机金属离子；然后以去离子水洗净，置于去离子水中备用。

(2) 将制备好的多孔气体扩散型氢电极、氧电极浸渍或喷涂全氟磺酸树脂溶液，通常控制全氟磺酸树脂的担载量为 0.6～1.2mg/cm^2，在 60～80℃下烘干。

(3) 在质子交换膜两侧分别安放氢、氧多孔气体扩散电极，置于两片不锈钢平板中间，送入热压装置中。在温度 130～135℃、压力 6～9MPa 下热压 60～90s，取出后冷却降温，制得 MEA，如图 3.23 所示。

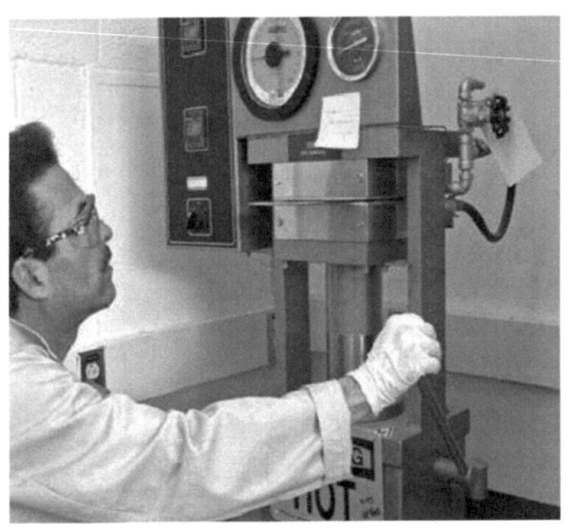

图 3.23　MEA 的热压成型

上述 MEA 制备工艺适于采用厚层憎水电极。制备过程的关键之一是向电极催化层浸入 Nafion 溶液实现电极立体化的过程，即步骤(2)。对此步操作，除了要控制 Nafion 树脂的担载量分布均匀，还应防止 Nafion 树脂浸入扩散层。一旦大量的 Nafion 树脂浸入扩散层，将降低扩散层的憎水性，增加反应气体经扩散层传递到催化层的传质阻力，即降低极限电流，增加浓差极化。为使 Nafion 树脂均匀浸入催化层，可将 Nafion 溶液先浸入多孔材料(如布、各种多孔膜)中，再用压力转移方法，控制转移压力，定量地将多孔膜中的 Nafion 溶液转移至催化层中。这种方法易于控制，但工艺比刷涂或喷涂复杂一些。

为改善电极与膜的结合程度，也可先将质子交换膜与全氟磺酸树脂通过离子交换转换为 Na^+型。这样，可将热压温度提高到 150～160℃。若将全氟磺酸树脂先转换为热塑性的季铵盐型(如采用四丁基氢氧化铵与树脂交换等)，则热压温度可提高到 195℃。热压后的“三合一”组件需置于稀硫酸中，再经离子交换将树脂与质子交换膜重新转换为 H^+型。

2. 电池组

1) 电池组结构与组成

电池组的主体为 MEA、双极板及相应夹板，如图 3.24 所示[39]。电池组一端为阴单极板，可兼作为电流导出板，为电池组的正极；另一端为阳单极板，也可兼作为电流导入板，为电池组的负极，与这两块导流板相邻的是电池组端板，也称为夹板。在它上面除了布有反应气与冷却液进出通道，周围还布置有一定数目的圆孔，在组装电池时，圆孔内穿入螺杆，给电池组施加一定的组装力。

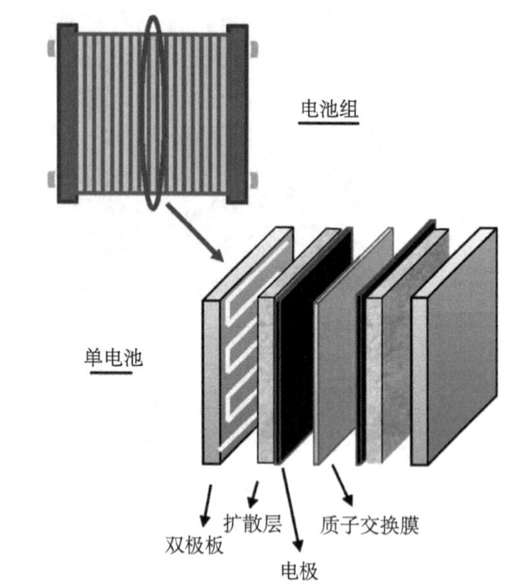

PEMFC 电堆组装

图 3.24 PEMFC 单电池与电池组结构示意图

2) 电池组设计原则

效率和比功率分别是电池组在标定功率下运行时的能量转化效率和在标定功率下运行时的质量比功率和体积比功率。对于不同用途的电池组，设计时要遵循不同的原则。

(1) 对于民用发电(分散电源或家庭电源)，能量转化效率更为重要，而对体积比功率与质量比功率的要求次之。故依据用户对电池组工作电压的要求确定串联的单电池数目时，一般选取单电池电压为 0.70～0.75V。这样在不考虑燃料利用率时，电池组的效率可达 56%～60% (LHV)。再依据单电池的实验伏-安特性曲线，确定电池组工作电流密度，进而依据用户对电池组标定功率的要求确定电极的工作面积。在确定工作面积时，还应考虑电池系统的内耗。

(2) 对于电动车发动机用的 PEMFC 和各种移动动力源，则对电池组的质量比功率和体积比功率的要求更高些。为提高电池组的质量比功率和体积比功率，在电池关键材料与单电池性能已定时，只有提高电池工作电流密度，此时一般选取单电池工作电压为 0.60～0.65V，再依据用户对电池工作电压的要求确定单电池数目，进而依据伏-安特性曲线确定电极的工作面积。

流场结构对 PEMFC 电池组至关重要，而且与反应气纯度、电池系统的流程密切相关。因此，在设计电池组结构时，需要根据具体条件，如反应气纯度、流程设计(如有无尾气回流，如有，回流比是多少等)进行化工设计，各项参数均要达到设计要求，并经单电池实验验证可行后方可确定。

3) 电池组的密封

PEMFC 电池组的密封要求是按照设计的密封结构，在电池组组装力的作用下，达到反应气、冷却液不外漏，燃料、氧化剂和冷却液不互窜。对于 PEMFC 电池组而言，电池组的密封结构与 MEA 的结构密切相关。一般 PEMFC 多采用线密封，这样可以减小组装力。密封件可由平板橡胶冲剪、模压制备或采用注入法特制密封胶。放置密封件的沟槽一般开在双极板上，以简化 MEA 的结构。

在电池组运行过程中，电池组中的密封件(一般是橡胶密封件)会老化，密封性能会随时间逐渐变差，尤其是要长期运行的电池组老化更为严重，然而 PEMFC 中的密封件又不能定期更换，为了确保电池组的密封良好和保证 MEA 与双极板紧密接触，需要在电池组组装时增加自紧装置。

4) 电池组的水管理[3, 32]

膜的质子(离子)导电性与膜的润湿状态密切相关，因此保证膜的充分湿润性是电池正常运行的关键因素之一。PEMFC 的工作温度低于 100℃，电池内生成的水以液态形式存在，一般是采用适宜的流场，确保反应气在流场内流动线速度达到一定值(如每秒几米以上)，依靠反应气吹扫出电池反应生成的水。但大量液态水的存在会导致阴极扩散层内氧传质速度的降低。

因此，应该保证适宜的操作条件，使生成水的 90%以上以气态水形式排出。这样不但能增加氧阴极气体扩散层内氧的传质速度，而且会减少电池组废热排出的热负荷。

质子交换膜内的水传递过程有三种传递方式。

(1) 电迁移：水分子与 H^+一起，由膜的阳极侧向阴极侧迁移。电迁移的水量与电池工作电流密度和质子的水合数有关。

(2) 浓差反扩散：PEMFC 为酸性燃料电池，水在阴极生成，因此，膜阴极侧水浓度高于阳极侧，在水浓差的作用下，水由膜的阴极侧向阳极侧反扩散。反扩散迁移的水量与水的浓度梯度和水在质子交换膜内的扩散系数成正比。

(3) 压力迁移：在 PEMFC 的运行过程中，一般使氧化剂压力高于还原剂的压力，在反应气压力梯度作用下，水由膜的阴极侧向阳极侧传递，即压力迁移。压力迁移的水量与压力梯度和水在膜中的渗透系数成正比，而与水在膜中的黏度成反比。

水在质子交换膜内的迁移过程可用能斯特–普朗克方程表示：

$$N_{\mathrm{w,m}} = n_{\mathrm{d}} \frac{i}{F} - D_{\mathrm{m}} \nabla C_{\mathrm{w,m}} - C_{\mathrm{w,m}} \frac{k_{\mathrm{p}}}{\mu} \nabla p_{\mathrm{m}} \tag{3.6}$$

式中，n_d 是水的电迁移系数；i 是电流密度；F 是法拉第常数；D_m 是水在膜中的扩散系数；k_p 是水在膜中的渗透系数；μ 是水在膜中的黏度；$C_{w,m}$ 是膜中水的浓度；p_m 是膜两侧的压力差。

由式(3.6)可知：①阴极侧的压力高于阳极侧的压力，有利于水从膜的阴极向阳极侧的传递。但压力差受电池结构的限制和空压机功耗的制约。②膜越薄越有利于水由膜的阴极侧向阳极侧的反扩散，有利于用电池反应生成的水润湿膜的阳极。③当电池在低电流下工作时，由于膜内的迁移质子少，随质子电迁移的水也少，有利于膜内水浓度的均匀分布。

PEMFC 工作温度低于 100℃，电化学反应生成的水为液态。生成的水可以两种方式排出：气态或液态。当反应气为达到当地相应温度下水蒸气分压力时，水可汽化，并随电池排放的尾气排出电池；当反应气的相对湿度超过当地温度对应的饱和水蒸气湿度时，电池生成的水以液态形式存在。液相水主要在毛细力和压差作用下，传递到扩散层的气相侧，由反应气吹扫出电池。一般，两种排水方式在电池中同时存在。其比例与电池的工作条件和燃料与氧化剂的状态等有关。水的蒸发与凝结是一个典型的相变过程，并有相变热的吸收或放出。当电池中产生液相水时，电池中的流动是两相流动。由于电池本身的结构特点，相对于气相水而言，液相水的排出会更加困难。而当电池在高电流密度下运行时，两相流的发生是不可避免的。

5) 电池组的热管理

为了维持电池的工作温度恒定，必须将 PEMFC 产生的废热排出。目前对 PEMFC 电池组采用的排热方法主要是冷却液循环排热法。冷却液是纯水或水与乙二醇的混合液。对于小功率的 FC 电池组，也可采用空气冷却方式。正在发展采用液体(如乙醇)蒸发排热方法。

在电池组排热设计中，应根据电池组的排热负荷，在确定的电池组循环冷却液进出口最大压差的前提下，依据冷却液的比热容计算其流量。为确保电池组温度分布的均匀性，冷却液进出口最大温差一般不超过 10℃，最好为 5℃。这样，冷却液流量比较大，为减少冷却液泵功耗，应尽量减少冷却液流经电池组的压力降。在冷却通道的设计中要考虑流动阻力的因素。

当以水为冷却液时，应采用去离子水。PEMFC 对水的电导要求很严格，一旦水被污染，电导升高，则在电池组的冷却水流经的共用管道内要发生轻微的电解，产生氢氧混合气体，影响电池的安全运行，同时也会产生一定的内漏电，降低电池组的能量转化效率。

当用水和乙二醇混合液作为冷却剂时，冷却剂的电阻将增大。由于冷却剂的比热容降低，循环量要增大，而且一旦冷却剂被金属离子污染，其去除要比纯水难度大得多，因为水中的污染金属离子可通过离子交换法去除。

对千瓦级尤其是百瓦级 PEMFC 电池组，可以采用空气冷却来排除电池组产生的废热。

3.1.5 PEMFC 电池组失效分析

PEMFC 电池组在长时间运行中，除了因电催化剂中毒与老化，质子交换膜的老化、腐蚀和污染，导致其能量转换效率低于设定值而需要更换，有时在启动、停机和运行，特别是当负荷发生大幅度变化时，电池组内某节或某几节电池会失效，甚至可能会发生爆炸，导致整个电池组失效[39]。

1. 反极导致电池组失效

一旦发生以下两种情况的任何一种，均会导致燃料与氧化剂在一个气室的混合，在电催化剂的作用下，可能会发生燃烧、爆炸，从而烧毁一节或几节单电池，进而导致整个电池组的失效。

(1) 当电池组在运行时，如果电池组中的某节单电池不能获得相应于工作电流下化学剂量的燃料供应量时，氧化剂会经电解质迁移到燃料室，以维持电池组内电流的导通。

(2) 如果单电池不能获得相应于化学剂量的氧化剂供应量，则为了维持电池组内电流的导通，燃料会经过电解质迁移到氧化剂室。

因发生惰性气体累积或燃料、氧化剂供应不足等导致其中一节单电池电压从正到负的变化过程称为反极。如果电池组发生反极后仍让它继续运行，则此节单电池在氢室析出氧气，经电池组共用管道进入其相邻单电池，导致电池组电压大幅度下降。严重时会由于氢氧混合在电池组共用管道或单电池内气室发生爆炸而破坏电池组。

2. 交换膜破坏导致电池组失效

质子交换膜在 PEMFC 中除了传导质子，还起分隔燃料与氧化剂的作用。如果质子交换膜局部破坏，会导致燃料与氧化剂的混合，在电催化剂作用下将发生燃烧与爆炸，烧毁电池组内某节或几节电池，导致电池组失效。

质子交换膜破坏的原因有：①因局部电流密度过高而产生过量的废热，导致质子交换膜的热点击穿；②MEA 制备时产生的机械损伤；③反应气压力的波动引起膜的变形；④膜的含水量急剧变化导致膜的损伤。

3.2 直接甲醇燃料电池

进入 20 世纪 90 年代，PEMFC 在关键材料与电池组等方面均取得了突破性进展。但在商业化进程中，氢源问题一直没有得到解决，氢的供应设施建设投资巨大，而氢的储存与运输技术和氢的现场制备技术等还有待于进一步发展，目前，氢源问题是 PEMFC 商业化发展中的主要障碍之一。因此，以甲醇等醇类直接为燃料的燃料电池在 20 世纪末受到人们的重视，其中直接甲醇燃料电池已成为研究与开发的热点，并取得了重要进展。

Manhattan Scientifics 公司的 Robert Hockaday 正致力于可为各种可移动电子器件供电的微型醇类燃料电池的研究，他们宣布研制成功蜂窝电话用甲醇燃料电池，比能量是锂离子电池的 3 倍，将来可达到 30 倍。戴姆勒 · 克莱斯勒公司与巴拉德公司合作，成功开发出世界上首辆安装了甲醇燃料电池的汽车。该燃料电池输出功率为 6kW，发电效率高达 40%，工作温度 110℃。尽管 DMFC 的研发仍处于初级阶段，但是可以预见在不远的将来，DMFC 在小型便携式移动电源、新能源汽车以及大型国防设施等领域应用前景十分广阔[40]。

3.2.1　DMFC 结构与工作原理

图 3.25 为 DMFC 的工作原理图，甲醇在阳极表面进行电催化氧化反应，生成二氧化碳和氢离子，并释放电子，电子通过外电路传导到阴极，氢离子通过质子交换膜扩散到阴极表面，与空气中的氧气及通过外电路传导过来的电子结合生成水[41]。DMFC 的工作温度从室温到 130℃左右，电极反应与电池总反应方程式为

阳极反应：
$$CH_3OH + H_2O \longrightarrow CO_2\uparrow + 6H^+ + 6e^- \tag{3.7}$$

阴极反应：
$$\frac{3}{2}O_2 + 6H^+ + 6e^- \longrightarrow 3H_2O \tag{3.8}$$

总反应：
$$CH_3OH + \frac{3}{2}O_2 \longrightarrow CO_2\uparrow + 2H_2O \tag{3.9}$$

从热力学上看，甲醇的电化学氧化电位和氢的电化学氧化电位非常接近。但实际上，甲醇的电化学氧化过程是一个缓慢的动力学过程。如图 3.26 所示，在以铂为催化剂进行甲醇在阳极的催化氧化时，其机理非常复杂。甲醇首先解离吸附在电极表面，先生成中间体 CO，再生成 CO_2。在完成 6 个电子转移的过程中，会生成众多稳定或不稳定的中间物，有的中间物会成为电催化剂的毒物，导致催化剂中毒，从而降低电催化剂的电催化活性。

根据甲醇与水在电池阳极的进料方式不同，可将 DMFC 分为两类：以气态甲醇和水蒸气为燃料（vapor feed）和以甲醇水溶液为燃料（liquid feed）。

1）以气态甲醇和水蒸气为燃料

由于水的汽化温度在常压下为 100℃，所以这种 DMFC 工作温度要高于 100℃。目前交换膜中的质子传导都需要有液态水的存在，因此，当电池工作温度

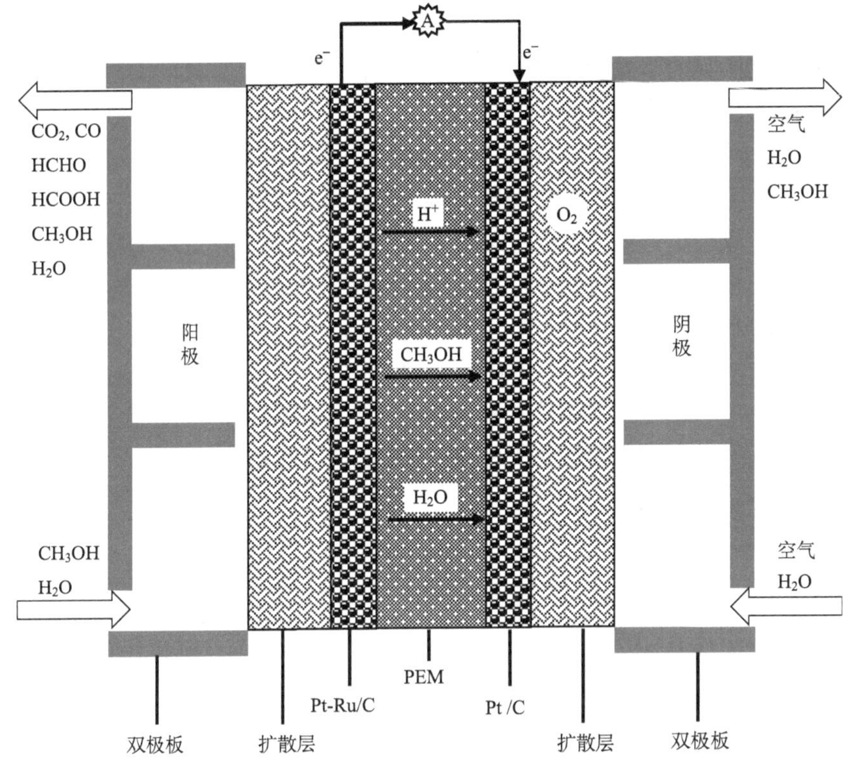

图 3.25　直接甲醇燃料电池单电池工作原理图

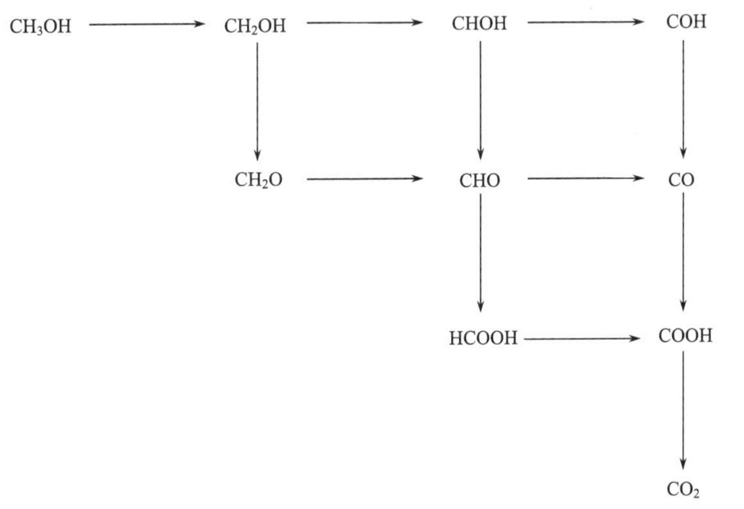

图 3.26　甲醇氧化的可能步骤图

超过 100℃时，反应气的工作压力要高于大气压，这样电池系统就会变得很复杂。同时对质子交换膜的研发提出了更高的要求。但这种进料方式的 DMFC 也有其优点：①较高的反应温度可以提高反应速率；②与液相相比，气相的扩散系数要高几个数量级，因此可以缩短 DMFC 的启动时间；③由于在阳极中具有更好的甲醇传质、更快的气体释放和更少的局部冷却，气相进料 DMFC 的开路电压和能量密度要明显高于液相进料的 DMFC；④较高的甲醇浓度使气相进料 DMFC 的反应活性也较高；⑤相比于液相进料 DMFC，气相进料 DMFC 具有较少的甲醇渗透[42]。

2) 以甲醇水溶液为燃料

采用不同浓度的甲醇水溶液为燃料的液相进料 DMFC，在室温～100℃可以在常压下运行。当电池工作温度超过 100℃时，为防止水汽化而导致膜失水，也要对系统加压。以甲醇水溶液为燃料的 DMFC 是目前研发的重点。

3.2.2　DMFC 关键材料

1. 阳极催化剂

阳极催化剂是 DMFC 不可或缺的一部分，具有良好催化活性的催化剂能显著提高 DMFC 的能量转化效率，目前市面上常见的阳极催化剂仍是以贵金属 Pt 基催化剂为主，这极大地增加了 DMFC 的使用成本。大量的研究表明铂催化剂对甲醇的氧化呈现出很高的活性，但随着极化过程的不断进行，CO 的毒化作用会使其活性极大地降低，为此必须研制出适合 DMFC 的新型催化剂。

1) 铂基合金催化剂

在 Pt 基二元复合催化剂中，铂钌(Pt-Ru)合金是最重要的铂基合金催化剂，其对甲醇的电催化效果最好。其催化活性是通过双功能机理(bifunctional mechanism)起作用的，Ru 的加入一方面会影响 Pt 的 d 电子状态，从而减弱 Pt 和 CO 之间的相互作用；另一方面 Ru 原子容易形成活性的 Ru-OH，可以促进甲醇解离吸附的中间体在 Pt 表面的氧化，从而提高 Pt 对甲醇氧化的电化学催化活性和抗中毒性能，其反应式如式(3.10)所示。虽然 Pt-Ru 合金催化剂对甲醇氧化有很好的催化活性，但由于 Ru 的氧化物在酸性介质中易溶解，其稳定性不太好。

$$\text{Pt-CO} + \text{Ru-OH} \longrightarrow \text{Pt} + \text{Ru} + \text{H}^+ + \text{e}^- + \text{CO}_2 \tag{3.10}$$

随着对 Pt-Ru 体系研究的深入，研究者考虑通过再添加一种或多种组分来改善其活性表面相的吸附性质。目前主要集中在 Pt-Ru-Os、Pt-Ru-W、Pt-Ru-Mo 等，其目的是改变 Pt 表面的电子状态以减弱 Pt 和 CO 之间的相互作用、产生含氧的活性物质、促进 Pt-H 的分解等。多元 Pt 基复合催化剂能提高对甲醇氧化的电催化性能的机理与二元复合催化剂基本相似。

2) 镍基合金催化剂

在诸多非贵金属催化剂中，镍金属因其具有独特的优势成为研究热点。一方面镍金属在碱性溶液中不会轻易被溶解，所以在碱性直接甲醇燃料电池中，镍基催化剂能稳定存在，不会出现脱落现象。而且研究表明，甲醇氧化反应在碱性介质中的效果优于酸性介质[43]，关于镍电极在碱性溶液中催化小分子醇类反应的机理类似于 Pt 基催化剂。Ni 基催化剂通过掺入杂元素或者与其他金属合金化，如 Co、Cr、Cu 等，可以极大地提高催化剂的电催化活性和稳定性。另一方面镍金属单质很容易被氧化形成氧化镍。NiO 是一种典型的 p 型半导体，室温下的禁带宽度为 3.6～4.0eV 且具 3d 轨道电子结构，理论比电容高达 2573 F/g，是非常具有潜力的电极材料。氧化镍催化甲醇氧化的机理如图 3.27 所示[40]，甲醇吸附在 NiO 催化剂表面上并发生氧化反应，随后通过脱氢过程产生氢离子和电子，碱性电解液为反应提供了大量的表面羟基，—OH 促进了 Ni^{2+}/Ni^{3+}氧化还原对之间的相互转化，加速电催化过程。但在氧化反应过程中，甲醇脱氢产生的中间产物 CO，会吸附在催化剂表面，使催化剂中毒，降低催化活性。

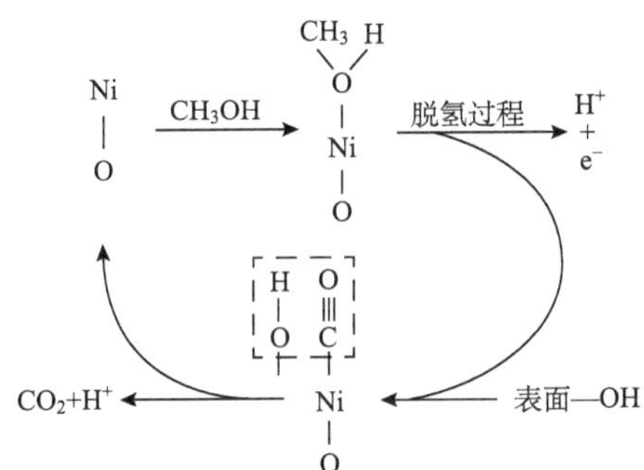

图 3.27　氧化镍催化剂催化甲醇氧化的机理图

Ni 基材料作为直接甲醇燃料电池的阳极催化剂虽然极大地降低了催化剂的成本，但催化过程中依旧存在着催化活性较差、易中毒和稳定性不好等问题。为解决这些问题，通常采用对电极表面进行改性和改善催化剂的结构提高自身的比表面积等方法。此外，合成具有独特形貌和高比表面积的 Ni 基材料也是 DMFC 阳极催化剂的研究方向。

3) 复合催化剂

目前的催化剂大多以碳为载体，而碳在一定的电位下，尤其是在由多片 MEA 组成的电堆中运行时容易出现反极现象，导致碳被氧化生成 CO，进而使 Pt 催化剂中毒。石墨烯作为一种新型的 DMFC 催化剂载体替代目前广泛使用的炭黑载体，由于它独特的结构，由单层碳原子通过 sp^2 杂化方式形成二维蜂窝状结构，具有巨大的比表面积和优越的电导及热导等性能，在提高催化剂催化效率和催化剂抗毒性方面存在着巨大的潜力[44, 45]。此外，目前碳载铂的制备工艺很难保证 Pt 在碳载体上均匀分布，后来采用导电聚合物作为 Pt 催化剂的载体，这样可以避免碳载体的弊端，并且可以降低 Pt 的用量。聚苯胺和聚吡咯是复合催化剂中常用的导电聚合物[46]。

另外，还可以通过添加助催化剂如 CeO_2、TiO_2、SnO_2 和 WO_3 等过渡金属氧化物到载体中，改善 Pt 基催化剂的催化性能和抗中毒能力[47]。

4）金属氧化物催化剂

Pt 对甲醇氧化具有很高的电催化活性，但在缺少含氧组分时，易被吸附的 CO 所毒化。因此，具有高导电性和高催化活性并且含氧量高的 ABO_3 型金属氧化物作为甲醇氧化的阳极催化剂。目前，ABO_3 型金属氧化物中的 A 位上的金属有 Sr、Ce、Pb、La 等，B 位上的金属有 Co、Pt、Pd、Ru 等，这类金属氧化物的优点是对甲醇氧化具有较高的电催化活性，而且不会发生中毒现象。

2. 阴极催化剂

DMFC 所用的阴极催化剂一般是 Pt/C，其主要存在的问题是对氧还原的电催化活性低以及透过隔膜的甲醇燃料会使阴极催化剂中毒，导致其性能降低并产生混合电位。因此目前的研究重点就是如何提高催化剂的氧还原的电催化活性和耐甲醇能力。另外，为了降低成本，非铂系催化剂，如过渡金属大环化合物、过渡金属原子簇物、金属氧化物等催化剂也是研究的方向。但从目前的研究现状来看，虽然有些氧还原催化剂对甲醇氧化呈惰性，但相对于 Pt 基催化剂而言，其对氧还原的电催化活性偏低或者稳定性较差。在 Pt 催化剂中添加如 Cr、Ni、杂多酸或过渡金属的卟啉和酞菁化合物等，不但可以提高 Pt 对氧还原的电催化活性，而且能较大幅度地提升 Pt 的耐甲醇能力。因此，Pt 基催化剂依然是 DMFC 阴极的主要催化剂。

3. DMFC 质子交换膜

DMFC 的质子交换膜主要起到阻隔阴阳极组分、传递质子、绝缘电子等作用，目前大部分采用 DuPont 公司的 Nafion115 系列和 Nafion117 系列。但由于 Nafion 膜的选择透过性很差，在一定工作状况下甲醇的透过率高达 40%，这不仅使甲醇燃料大量损失，而且甲醇渗透到阴极以后会发生反应导致阴极催化剂中毒，从而极大地降低了燃料电池的使用效率和寿命。因此，研究具有热稳定性好、甲醇渗透率低、化学稳定性好、质子电导率高、机械强度大、成本低的阻醇膜成为 DMFC 研究的热点。目前开发的新型交换膜有聚芳烃类膜材料(PEEK、PES、PS、PI 等)、磺酸化及磷酸浸渍的聚苯并咪唑、聚磷氮化合物、有机–无机复合型质子交换膜等。

而对目前主要使用的 Nafion 膜而言，主要通过在 Nafion 膜的基础上利用掺杂修饰离子、修饰原子(如 Pd-Nafion 膜、SiO_2-Nafion 膜、ZrO_2-Nafion 膜等)或者覆盖其他膜做成复合膜(如磺化聚醚醚酮-Nafion 膜等)等方式对其进行优化，以改进 Nafion 膜的性能。

3.2.3　DMFC 与 PEMFC 的差别

DMFC 是在 PEMFC 的基础上发展起来的，虽然两者的结构相似，但在燃料、催化剂、电极结构及水管理方面有其特点。

(1) DMFC 采用甲醇为燃料，燃料来源非常丰富，室温下为液体，与水互溶，燃料储存和供应系统简单，可以采用类似目前加油站的系统；这是 DMFC 最大的优势。

(2) 由甲醇阳极氧化电化学方程可知，当甲醇阳极氧化时，不但产生 H^+与电子，而且产生气体 CO_2，因此尽管反应物 CH_3OH 与 H_2O 均为液体，仍要求电极具有憎水孔。此外，由水电解工业经验可知，对析气电极，尤其是采用多孔气体扩散电极这类立体电极时，电极构成材料(Pt/C 电催化剂)极易在析出的反应气作用下脱落、损失，进而影响电池寿命。因此与 PEMFC 相比，在 DMFC 阳极结构与制备工艺优化时，必须考虑 CO_2 析出这一特殊因素。

(3) 当采用甲醇水溶液作为燃料时，由于阳极室充满了液态水，DMFC 质子交换膜阳极侧会始终保持在良好的水饱和状态下。但与 PEMFC 不同的是，当 DMFC 工作时不管是电迁移还是浓差扩散，水均由阳极侧迁移至阴极侧，即对以甲醇水溶液为燃料的 DMFC，阴极需排出远大于电化学反应生成的水。因此与 PEMFC 相比，DMFC 阴极侧不但排水负荷增大，而且阴极被水淹的情况更严重，在设计 DMFC 阴极结构与选定制备工艺时必须考虑这一因素。

此外研究表明，DMFC 单位面积的输出功率仅为 PEMFC 的 1/10～1/5，其原因主要有下述两个方面。

(1) 甲醇阳极电化学氧化历程中生成类 CO 的中间物，导致 Pt 电催化剂中毒，严重降低了甲醇的电化学氧化速度(比氢气氧化的速度要低得多)，增加阳极极化达百毫伏数量级。而当以氢为燃料时，当电池工作电流密度达 $1A/m^2$ 时，阳极极化也仅几十毫伏。

(2) 燃料甲醇通过浓差扩散、电迁移或压力差由膜的阳极侧迁移至阴极侧(甲醇渗透)，在阴极电位与 Pt/C 或 Pt 电催化剂作用下发生电化学氧化，并与氧的电化学还原构成短路电池，在阴极产生混合电位，甲醇经膜的这一渗透，不但导致氧电极产生混合电位，降低 DMFC 的开路电压，而且增加氧阴极极化和降低电池的电流效率[48]。

3.2.4 DMFC 存在的问题

对于 DMFC 而言，目前主要面临着醇阳极电化学氧化催化活性不高和甲醇渗透两大技术难题。

(1)提高阳极催化剂活性是推动 DMFC 技术发展的关键之一。目前 DMFC 电极催化剂的用量比 PEMFC 高约一个数量级，导致电池成本高；而且催化剂的抗 CO 中毒能力有待进一步提高。

(2)甲醇渗透不仅降低燃料的利用率，而且渗透过来的甲醇在阴极放电，引发混合电位，降低阴极催化剂效率。

3.2.5 DMFC 的应用

DMFC 的最大用户是电动车动力源和移动电源。DMFC 结构简单，尽管存在电催化活性低和甲醇渗透两大技术难题，但 DMFC 电池系统比 PEMFC 简单。最有可能首先商业化的应用是微小型 DMFC 应用于手机、笔记本电脑、数码相机、个人数字助理(PDA)等，代替 Li 离子电池[49]。

3.3 固体氧化物燃料电池

3.3.1 SOFC 结构与工作原理

SOFC 采用了陶瓷材料作为电解质、阴极和阳极，全固态结构，除了具有一般燃料电池系统的特点，它的燃料无须是纯氢，可以采用其他可燃的碳氢气体；SOFC 不必使用贵金属催化剂。陶瓷电解质要求较高温运行(600～1000℃)，加快了反应进行，还可以实现多种碳氢燃料气体的内部还原，简化了设备；同时系统产生的高温、清洁高质量热气，适于热电联产，能量利用率高达 80%左右，是一种清洁高效的能源系统。

单体燃料电池主要组成部分由电解质(electrolyte)、阳极或燃料极(anode，fuel electrode)、阴极或空气极(cathode，air electrode)和连接体(interconnect)或双极分离器(bipolar separator)组成，目前主要有平板式和管式两种结构的 SOFC，如图 3.28 所示[50]，以及在此基础上发展起来的兼有管式和平板式优点的平管式 SOFC。组成燃料电池的各组元材料在氧化和(或)还原的气氛中要有较好的稳定性，包括化学稳定、晶型稳定和尺寸稳定等；各组元要有合适的电导性；组元间有化学相容性，彼此间不发生化学反应和扩散，而且要有相近的热膨胀系数；同时要求电解质和连接体是完全致密的，以防止燃料气体和氧气的渗漏混合；阳极和阴极应是多孔的，以利于气体扩散到反应位置。

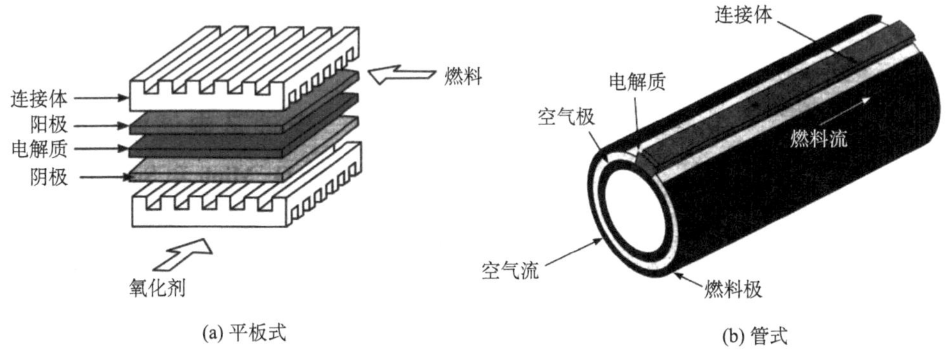

图 3.28　固体氧化物燃料电池单体结构示意图

电解质具有较高的离子电导率是 SOFC 电池的基础，用于 SOFC 的电解质有两类，即氧离子导电电解质和氢离子(质子)导电电解质，根据导电离子的不同，可以将固体氧化物燃料电池分为两类：氧离子导电电解质燃料电池和质子导电电解质燃料电池。目前，SOFC 的研究工作主要集中在氧离子导电燃料电池。氧离子传导 SOFC 电池反应为

阴极：
$$O_2 + 4e^- \longrightarrow 2O^{2-} \tag{3.11}$$

阳极：
$$O^{2-} + H_2 \longrightarrow H_2O + 2e^- \tag{3.12}$$

总反应：
$$H_2 + \frac{1}{2}O_2 \longrightarrow H_2O \tag{3.13}$$

SOFC 工作时，在阳极一侧持续通入燃料气，如 H_2、CH_4、天然气等，具有催化作用的阳极表面吸附燃料气体如氢，并通过阳极的多孔结构扩散到阳极与电解质的界面。在阴极一侧持续通入氧气或空气，具有多孔结构的阴极表面吸附氧，由于阴极本身的催化作用，O_2 得到电子变为 O^{2-}，在化学势的作用下，O^{2-}进入起电解质作用的固体氧离子导体，由于浓度梯度引起扩散，最终到达固体电解质与阳极的界面，与燃料气体发生反应，失去的电子通过外电路回到阴极。其电化学反应过程如图 3.29 所示。

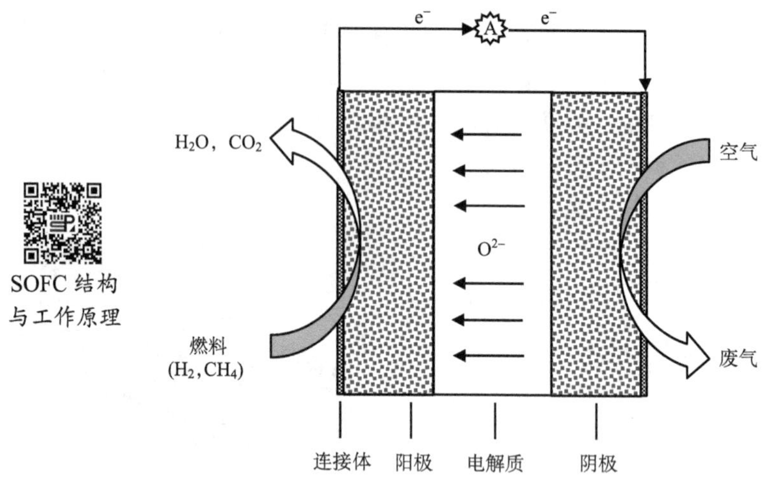

图 3.29 氧浓差 SOFC 的工作原理示意图

3.3.2 SOFC 发展概况

1. 国际发展概况

SOFC 的开发研究早在 20 世纪 40 年代就开始了，当时受到材料加工手段和技术复杂性的限制，并没有得到很大的发展。但是到了 80 年代以后，由于能源的紧缺，很多国家为了开辟新的能源，对 SOFC 的开发和研究都非常重视，日本、美国和欧盟等都纷纷进行了大量的投资。

1960 年以美国 Siemens Westinghouse Electric Company 为代表，研制了圆筒式结构的 SOFC。1987 年，该公司与日本东京煤气公司、大阪煤气公司合作，开发出 3kW 电池模块，成功地连续运行了 5000h，标志着 SOFC 研究从实验研究向商业发展。进入 20 世纪 90 年代，美国能源部(DOE)机构继续投资给 Siemens Westinghouse Electric Company 6400 余万美元，旨在开发出高转化率、2MW 级的 SOFC 发电机组。

1997 年 12 月，Siemens Westinghouse Electric Company 在荷兰的 Wertervoort 安装了第一组 100kW 的管状 SOFC 系统。2000 年 5 月，该公司与加利福尼亚大学合作，安装了第一套 250kW 的 SOFC 与气体涡轮机联动的发电系统，能量转化效率为 58%，最高达到 70%。2003 年，Siemens Westinghouse 宣布有两座 250kW 的 SOFC 示范电厂很快在挪威和加拿大的多伦多附近建成。

在平板式 SOFC 的研究方面，加拿大的 Global Thermoelectric Inc.、美国的 GE 公司、SOFC 公司、Ztek 等对 1kW 模块进行了开发。Global Thermoelectric Inc.

获得了很高的功率密度，在 700℃运行时，达到 0.723W/cm^2，2000 年 6 月，完成了 1.35kW 电池系统运行 1100h 的试验。澳大利亚的 Ceramic Fuel Cell Ltd. 致力于开发圆形平板状 SOFC 发电堆。该公司开发出了工作温度为 850℃，压力为常压，在 80%～85%的燃料利用率下提供数十千瓦的发电堆，在 2005 年又对 40kW 级电池堆进行了实地测试，而在 2006 年试制了大于 120kW 的发电堆。德国和瑞士也在积极开发 10kW 级和 1kW 级家庭用燃料电池模块。

目前，SOFC 在世界范围内处于从科研界向产业界的转化阶段，从示范运行向商业运行的发展阶段。世界各地已经有数百台 SOFC 示范系统成功运行，最长运行时间达 40000h，展示了 SOFC 在技术上的可行性。对此，欧美、日本等发达国家已经开展了系统而深入的研究工作。在汽车应用方面，SOFC 作为辅助电源(APU)已经被一些大汽车生产商已经成功地应用于汽车上，戴姆勒-奔驰汽车公司与 BMW 公司相继研制出了用 SOFC 作为辅助电源系统的汽车，丰田汽车公司和美国通用汽车公司也在设计和优化作为 APU 的 SOFC 系统。

2. 国内发展概况

在中国，尽管 SOFC 研究起步并不晚(自“八五”规划开始)，但是支持力度很低，研究较为零散，未形成自己的特色。近年来，国家“863”计划和“973”计划相继支持了 SOFC 系统相关研究，资助力度也在持续增加，但是，由于缺乏对 SOFC 相关基础科学问题研究的支持，我国在 SOFC 领域进展缓慢，总体技术水平与国外先进水平相比仍然有很大差距。中国科学院上海硅酸盐研究所在“九五”规划期间曾组装了 800W 的平板高温 SOFC 电池组。中国科学院大连化学物理研究所在中温 SOFC 研究方面取得了重大进展，2003 年 8 月，该所成功组装并运行了由 12 对电池组成的电池堆，输出功率达到 616W，向实用化迈出了一大步。吉林大学、中国科技大学、清华大学、哈尔滨工业大学等主要进行了 SOFC 基本材料的合成与性能研究和电解质薄膜制备工艺研究，并进行平板型 SOFC 的研发。2007 年成立的中国科学院宁波材料技术与工程研究所，设有燃料电池与能源事业部并计划组建了国家固体氧化物燃料电池工程中心，目的是形成拥有自主知识产权的固体氧化物燃料电池技术，为大规模商业化打下基础。

2010 年中国矿业大学与香港鸿百佳(国际)控股集团签署了燃料电池产业化项目合作协议，在南通市共建固体氧化物燃料电池(SOFC)研发生产基地。2011 年，国家“973”科技项目“碳基燃料固体氧化物燃料电池体系技术研究”落户连云港，该项目一期开发家用电器燃料电池板块；二期开发燃料电池发电站板块；三期开发新能源汽车动力燃料电池。同年，苏州华清京昆新能源科技有限公司正式试生产国内首批新型固体氧化物燃料电池发电系统核心元件，一举填补了国内在该发电领域的空白。徐州华清京昆能源有限公司 2019 年在徐州开始建设国内最完整的 25kW SOFC 生产线，2023 年 2 月，该公司成功下线中国首套商业化、全自主知识产权的 25kW SOFC 热电联供系统，电力转换效率达 52%，热电联供效率 86%，技术比肩国际水平。

3.3.3 SOFC 关键材料

1. 电解质材料

对 SOFC 而言，基本采用氧离子传导电解质，因此电解质材料必须具有良好的氧离子电导率，其氧离子传递系数接近于 1，且能长时间保持，还能够在氧化性气氛和还原性气氛下具有足够的化学稳定性、形貌稳定性和尺寸稳定性。此外电解质必须易于制备成致密的薄膜，以有效隔离燃料和氧化剂。目前使用的电解质材料包括萤石结构电解质材料、钙钛矿结构电解质材料以及磷灰石类电解质材料[51,52]。

1）萤石结构电解质材料

常用的固体氧化物电解质材料的电导率如图 3.30 所示[53]，萤石结构电解质材料的电导率存在如下关系：d-Bi_2O_3＞CeO_2＞ZrO_2。

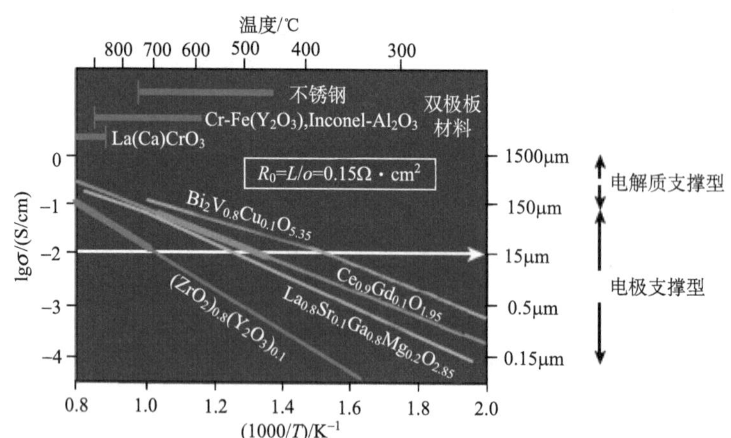

图 3.30　固体氧化物电解质材料的电导率随温度的变化关系

传统的具有萤石结构的第一类电解质材料是以 Y_2O_3 稳定的 ZrO_2（YSZ）为代表的 ZrO_2 电解质材料（表 3.4），由于 YSZ 具有良好的相容性、机械强度和几乎可以忽略的电子电导而得到广泛的应用。但 YSZ 的缺点是电导率在中低温范围内较低。而其他氧化物如 Yb_2O_3 和 Sc_2O_3 稳定的 ZrO_2，虽然具有很高的氧离子电导率，但也存在相结构不稳定、制备工艺困难或成本过高等弱点而没有得到广泛应用。

表 3.4　稳定氧化锆的电子电导率

掺杂物 (M_2O_3)	M_2O_3 含量（摩尔分数）/%	电导率（1000℃）/(10^{-2}S/cm)	活化能 /(kJ/mol)
Nd_2O_3	15	1.4	104
Sm_2O_3	10	5.8	92
Y_2O_3	8	10.0	96
Yb_2O_3	10	11.0	82
Sc_2O_3	10	25.0	62

第二类萤石型结构电解质材料是掺杂的 CeO_2，CeO_2 中 Ce^{4+}半径很大，可以与很多稀土氧化物形成固溶体，在高温下表现出高的氧离子电导和低的电导活化能(表 3.5)，使其可以作为SOFC的电解质材料。目前得到广泛应用的主要是 Sm_2O_3 或 Gd_2O_3 掺杂的 CeO_2(SDC 和 GDC)，因为 GDC 和 SDC 相对于其他氧化物掺杂的 CeO_2 具有更高的氧离子电导率和更好的稳定性。CeO_2 基电解质的主要缺点是在还原气氛中，Ce^{4+}容易被还原为 Ce^{3+}产生电子电导，从而造成电池内部短路，开路电压远低于理论电动势，导致效率降低，在薄膜电池中和较高温度下操作对效率影响更大。

第三类萤石型结构的电解质材料是掺杂的 Bi_2O_3，Bi_2O_3 基电解质在萤石型结构的电解质材料里具有最高的电导率(表 3.6)，但其在电池的应用中最不稳定，对氧分压敏感，在还原气氛中易发生分解，限制了 Bi_2O_3 基电解质在电池中的应用。

表 3.5　氧化铈基材料的电导率

掺杂物	组分（摩尔分数）/%	电导率（800℃）/(10^{-2}S/cm)	活化能 /(kJ/mol)
La_2O_3	10	2.0	—
Sm_2O_3	20	11.7	49
Y_2O_3	20	5.5	26
Gd_2O_3	20	8.3	44
SrO	10	5.0	77
CaO	10	3.5	88

表 3.6　Bi_2O_3-M_2O_3 体系电导率

掺杂物 (M_2O_3)	M_2O_3 的含量 (摩尔分数)/%	电导率/(10^{-2}S/cm)	
		500℃	700℃
Dy_2O_3	28.5	0.71	14.4
Er_2O_3	20	0.23	37.0
Y_2O_3	20	0.80	50.0
Gd_2O_3	14	0.11	12.0
Nd_2O_3	10	0.30	85.0
La_2O_3	15	0.20	75.0

目前 ZrO_2 基电解质的研究主要集中在低成本、操作简单可靠的薄膜制备技术方面。而 CeO_2 基和 Bi_2O_3 基电解质材料的研究主要集中在掺杂改性方面，目的是提高其稳定性和机械强度、降低电子电导。

2)钙钛矿结构电解质材料

钙钛矿氧化物(ABO_3)属于斜方晶系，可用不同价态的离子对其 A、B 位掺杂，通过引入低价态的阳离子部分取代 A 或 B 位的阳离子而形成大量的氧空位，如 A 位用碱土金属 Sr、Ca、Ba 等氧化物作为掺杂剂，B 位用碱土或过渡金属 Mg、Cr、Fe 等氧化物作为掺杂剂。通过引入氧空位而氧化物具有较高的离子电导率，其离子电导率仅次于 Bi_2O_3。钙钛矿类电解质材料的导电能力与材料的结构参数(容差系数、相对自由体积、氧缺陷浓度及离子半径)密切相关；容差系数、相对自由体积是离子半径的函数，容差系数随着相对自由体积的增加而减小。要获得长寿命、高离子电导率的钙钛矿类氧化物，容差系数和氧缺陷浓度应分别保持在 0.96 和 0.2 左右。目前，应用在中低温固体氧化物燃料电池中的钙钛矿结构的电解质材料主要是 A、B 位分别用 Sr、Mg 掺杂的 $LaGaO_3$(LSGM)，由于其在中低温下具有很高的氧离子电导率(略高于 CeO_2)、氧离子传导系数接近于 1 及在还原气氛中不易被还原等特点，而作为较为理想的中低温 SOFC 电解质。后继的研究又对 LSGM 进行了组成优化和复合掺杂，发现在 LSGM 里掺杂少量的 Co_2O_3，会极大地提高 LSGM 的电导率，LSGMC 电解质的发现使电解质支撑型的电池性能极大地提高，极大地推动了中低温 SOFC 的发展[54]。

近年来受到广泛研究的钙钛矿结构的电解质材料还包括 $SmAlO_3$、$NdGaO_3$、$LaScO_3$ 等，研究工作涉及离子传导能力、相的稳定性、机械和热化学性能、微观结构以及如何避免与阳极材料发生化学反应和阴极材料中 Co、Fe 的过渡金属元素在高温时向电解质扩散的方面的问题。

钙钛矿类电解质材料由于具有离子电导率高，热化学性能稳定，与 LSM、LSC、

LSCF 等电极材料热膨胀性能匹配较好的优点，作为一种极具前途的中低温电解质材料。这类材料的缺点是高温下与传统阳极材料的相容性较差，同时由于组成相对复杂，使用传统的气相沉积方法或与阳极共烧结的方法制备 LSGM 薄膜困难。因此，目前钙钛矿型电解质材料的研究主要集中在与阳极材料的相容性及薄膜化上。

3) 磷灰石类电解质材料

由于萤石结构与钙钛矿类的电解质仍存在一些难以解决的问题，开发性能优异的新型电解质材料更加受到人们的重视，磷灰石类电解质材料正是在这种情况下出现的。磷灰石类氧化物具有独特的晶体结构($P6_3/m$)，使得其导电性能和机理与萤石结构和钙钛矿类氧化物有明显的不同。磷灰石类氧化物是一种低对称性的氧化物，其 c 轴方向电导率远高于其他方向。

磷灰石类氧化物作为一类新型的电解质材料，具有离子电导率高和热膨胀性能与电极材料相匹配等优点。稀土硅酸盐 $Ln_{10-y}(SiO_4)_6O_z$ (Ln=La、Pr、Nd、Sm、Gd、Dy) 有高的离子电导率，且 $Ln_{10-y}(SiO_4)_6O_z$ 的离子电导率随阳离子 Ln^{3+} 的半径的增大而增大，活化能随阳离子 Ln^{3+} 的半径的增大而减小。其中 $Ln_{10}Si_6O_{27}$ 的离子电导率最大、活化能最小。磷灰石类电解质材料一经发现，有关掺杂对其性能的研究也随之展开。$Ln_{10}(SiO_4)_6O_2$ 中的 Ln 部分用 Sr 取代可以提高其在低温段的离子电导率，$Ln_9SrSi_6O_{26.5}$ 电导率的大小与 GDC 和 LSGM 相近。目前，除了对稀土硅酸盐系列氧化物进行了研究，还对稀土锗酸盐系列氧化物以及稀土硅/锗酸盐系列氧化物进行了研究。研究表明，稀土锗酸盐的离子电导率一般大于对应的硅土锗酸盐，但是 Ge 在高温下易挥发限制了稀土锗酸盐的使用，即使 $Ln_{10-y}Si_{6-x}Ge_xO_{26}$ ($0<x<6$) 的电性能已经完全可以满足 SOFC 对电解质的要求[55,56]。

虽然磷灰石类氧化物在中低温段具有较高的离子电导率，然而它能否广泛应用于中低温 SOFC 中还需对其化学稳定性以及与电极材料的相容性进行进一步研究。此外，磷灰石类氧化物的烧结温度太高，很难制得致密的电解质层，亦是阻碍其应用的一个主要因素。

2. 阳极材料

在 SOFC 中，燃料在阳极被氧离子氧化，因此阳极材料必须对燃料的电化学氧化反应具有足够高的催化活性，同时具有足够高的孔隙率，以确保燃料的供应及反应产物的排出。此外还必须具备在高温还原气氛下稳定、高的混合电导特性、和与之相邻双极板和电解质等电池组件相容特性等。当直接以甲烷等碳氢气体作为燃料时，阳极材料还必须具备抗碳沉积的能力[53]。目前金属-电解质复合阳极材料仍然是阳极材料开发的主要方向。

1) 金属-电解质复合阳极材料

多孔的金属-陶瓷复合阳极材料主要是指通过在阳极电催化剂中添加一定量的电解质材料构成的金属-陶瓷复合材料。在此体系中，电解质形成连续网络结构，用于支撑分布于其中的金属粒子，同时在以后长期高温工作中限制金属粒子尺寸改变和微观形貌的改变，同时金属粒子也形成连续结构，用于电子的传导。常用的阳极催化剂有 Ni、Co 等以及一些贵金属材料，如表 3.7 所示。其中金属 Ni 由于其具有高活性、低价格的特点，而得到广泛的应用，如 Ni/YSZ、Ni/GDC 等。

表 3.7　常见的金属-陶瓷复合阳极的组成

电催化剂	电解质
Ni、Cu、Co、Fe、Pt、Ag、Ru	YSZ
Ni、Cu、Co、Fe、Pt、Ag	SDC(GDC)
Cu/CeO_2	YSZ
金属合金	SDC

此类材料在高温还原气氛下化学稳定性好，与电解质材料化学相容，热膨胀系数相近。其中金属 Ni 催化剂是良导体，可以提供足够高的电子电导，对氢气的氧化有很高的催化活性，是目前较为理想的阳极材料。

目前的研究主要集中在优化金属和电解质材料的比例来得到最大的三相反应界面，或通过调节 NiO 粉末和电解质粉末的粒度来优化阳极的微观结构，这些研究均取得了很大进展。在中低温 SOFC 中，阳极负载型电池应用较多，因此对阳极的孔结构提出了更高的要求，因为阳极的厚度较大，如果不能保证燃料和产物的顺利传输，就会极大地增加浓差极化。通过制备功能梯度的阳极结构，使阳极具备扩散层和催化层结构，很好地消除了浓差扩散。掺杂的 CeO_2(如 SDC) 具有高于 YSZ 的混合电导率，而且对烃类有很高的催化活性，将 SDC 等加入阳极催化剂 Ni 中，可以使电极上发生电化学反应的三相界面得以向电极内部扩展，从而提高了阳极的反应活性，不仅提高了电极的催化活性，也降低了其极化电阻[57]。

尽管金属-陶瓷复合阳极中的 Ni 对氢气有很高的活性，但直接使用烃类或醇类作为燃料时，容易在阳极发生积炭反应。积炭不仅会使阳极的活性迅速降低，造成电池输出性能的衰减，而且会堵塞燃料的传输通道，使电池不能正常运行。而使用 Cu/CeO_2 催化剂时，Cu 在抑制积炭形成的同时，起到了电子导电作用；CeO_2 对碳氢类燃料具有一定的催化活性，因此 Cu/CeO_2/YSZ 阳极材料在直接以碳氢气体为燃料的 SOFC 中得到了较好的应用。此外，在 Ni 中加入少量的 Cu 形成合金作为阳极催化剂，也表现出较好的抗碳沉积性[58,59]。

对于金属-陶瓷复合阳极来说，此类材料的缺点是长时间在高温下工作容易团聚，但在中低温范围内时，团聚可得到改善。因此目前抗积炭和硫中毒的阳极材料仍然是人们研究的重点。

2）氧化物阳极材料

为了克服金属-陶瓷复合阳极材料的缺点，一些具有萤石结构和钙钛矿结构的氧化物被引入阳极的制备中，并针对消除积炭进行了研究。具有萤石结构的 ZrO_2-Y_2O_3-TiO_2 固溶体，与 YSZ 电解质有很好的相容性，电化学反应发生在电极和气体界面处，氧离子和电子混合电导有效降低了电极的极化损失。掺杂的 CeO_2 基材料在阳极燃料气氛下由于 Ce^{4+} 还原成 Ce^{3+} 而具有一定的电子电导，而作为阳极的替代材料，研究发现 CeO_2 基阳极存在活动的晶格氧而降低了碳沉积的速率，而且对甲烷氧化具有较高的电化学催化活性[60]。稳定性较好的 $La_{1-x}Sr_xCrO_3$ 材料是研究较早的一种钙钛矿结构阳极材料，但由于其在还原气氛中机械承受能力差和晶格参数不稳定，同 Ni/YSZ 阳极材料的电化学性能相差太大。其他的一些钙钛矿型氧化物，如 $La_xSr_{1-x}Co_yFe_{1-y}O_3$ 和 $LaNi_{1-x}M_xO_3$（M=Ti,V,Nb,Mo,W）也很难满足 SOFC 的应用要求。通过贵金属 Pt、Ru 的少量掺杂，可以极大地提高此类阳极材料对碳氢类燃料的催化活性，同时还消除了积炭现象，目前最有希望用在直接以碳氢气体为燃料的中低温 SOFC 的阳极材料中。但是单纯以氧化物作为阳极，由于其电子电导率较低，很难获得较好的电性能。

由此可见，以 Ni 基阳极材料作为阳极目前仍是以氢气作为燃料的中低温 SOFC 的最佳选择，而以碳氢气体为燃料的中低温 SOFC 阳极材料还有待于更深入的研究，尤其是在消除积炭、抵抗硫中毒和提高催化剂电化学活性方面。

3. 阴极材料

阴极的作用是为氧化剂的电化学反应提供场所。因此阴极材料必须在氧化气氛下保持稳定性，并在 SOFC 操作条件下具有足够高的电子电导率和对氧电化学还原反应的催化活性以及适当的孔隙率。为了满足三合一和电池组的需要，阴极材料还要与其他电池材料化学上相容、热膨胀系数相匹配。贵金属由于在氧化气氛中具有优良导电性及催化活性，最先作为 SOFC 的阴极，但贵金属因是纯电子导体、储量有限、价格高等不能大量应用。目前，主要采用以稀土元素为主要成分的钙钛矿型复合氧化物作为 SOFC 的阴极材料。主要有掺杂的锰酸盐和掺杂的钴酸盐两类材料。

1）掺杂的锰酸盐电解质复合阴极材料

立方钙钛矿结构的 $LnMnO_3$（Ln 指镧系金属）是一种通过阳离子空位导电的 P 型半导体，其内部的氧缺陷随其所处气氛的不同而不同，甚至造成材料不稳定，但通过在 A 位或 B 位掺杂碱金属或稀土金属氧化物，就可以得到电导率很高、稳定性较好的阴极材料。目前使用最广泛的是 Sr 掺杂的 $LaMnO_3$(LSM)。为了增加氧电化学还原反应的活性点即三相反应界面及调整 LSM 的热膨胀系数，通常在 LSM 中加入一定量的电解质材料，支撑复合阴极。由于 LSM 随着工作温度的降低，性能下降很快，不能满足中低温 SOFC 的使用要求，一般通过添加离子电导率较高的 SDC 或 GDC 电解质材料来降低 LSM 的使用温度[61]。

2)掺杂的钴酸盐电解质复合阴极材料

掺杂的钴酸盐主要是指 Sr 掺杂的 $LaCoO_3$(LSC)，Sr、Fe 掺杂的 $LaCoO_3$(LSCF)以及 Sr 掺杂的 $SmCoO_3$(SSC)等离子-电子混合导电材料。与 LSM 阴极材料相比，具有更高的电子电导率和离子电导率[62]。这些材料在中低温下均具有较高的电子电导率和离子电导率以及氧电化学还原反应的催化活性，而且与中低温电解质如 GDC、LSGM 等的相容性较好，因此，掺杂的钴酸盐阴极材料是目前较为理想的中低温固体氧化物燃料电池的阴极材料之一，图 3.31 为 1000℃烧结的 SSC-SDC 阴极层的 X 射线衍射(XRD)图。

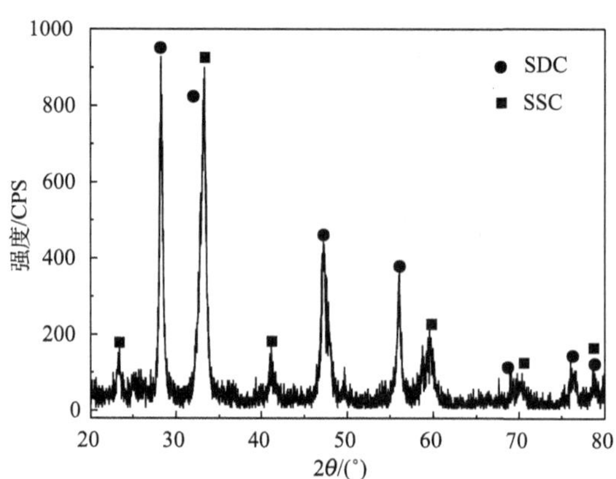

图 3.31　1000℃烧结的 SSC-SDC 阴极层的 XRD 图

4. 双极连接体材料

双极连接体在 SOFC 中起连接相邻单电池阳极和阴极的作用，对于管式 SOFC 而言，双极连接材料称为连接体，对于平板式 SOFC，双极连接材料称为双极板，同时兼顾导电和传输气体的作用，如图 3.32 所示[63]，是平板式 SOFC 的关键材料之一。因此双极连接体材料必须在高温(800～1000℃)的条件下，在氧化、还原的气氛中具备高的电导率和优良的机械和化学稳定性，从室温到工作温度下的良好气密性，同时与电池的其他组件具有相似的热膨胀系数。目前主要有两类材料能够满足 SOFC 连接材料的要求。

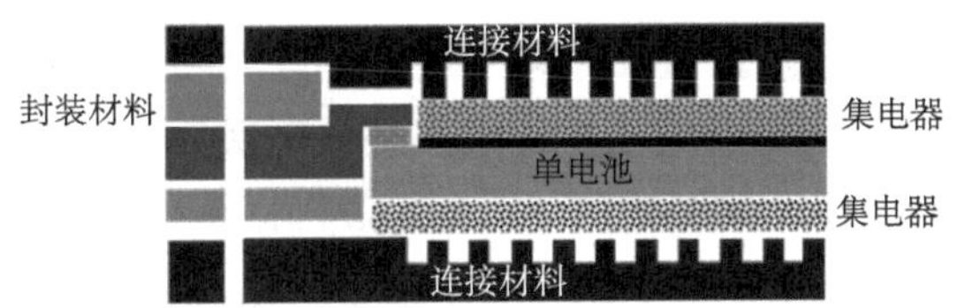

图 3.32　平板式 SOFC 单电池装置图

1) 掺杂的铬酸镧

一般采用钙或锶掺杂的铬酸镧材料作为连接体材料，如 $La_{1-x}Ca_xCrO_3$，这类材料具有很好的抗高温氧化性和良好的导电性，与其他的 SOFC 组件的热膨胀系数也匹配。但其材料昂贵，且烧结性能较差，不易成型。

2) 合金双极板材料

中低温 SOFC 研究的进展，使得采用耐高温、抗氧化的合金材料制备双极板成为可能。和陶瓷材料相比，合金材料具有电导率和热导率高、机械加工性和稳定性好，易于成型、密封性好、成本低等诸多优点。铬-镍合金和铁-铬合金是最有可能用于 SOFC 双极板制备的材料，如图 3.33 所示[64]。

图 3.33　SOFC 用合金双极板

5. 密封材料

在平板式 SOFC 中，密封材料[65]除了要保证能够对燃料气室和氧化剂气室进行有效的隔离及各种气体对环境的密封性，还要保证电池组具有一定的机械强度。同时密封材料的工作温度在 800℃左右，直接接触高温氧化性气氛(阴极侧)和高温潮湿还原性气氛(阳极侧)，且在频繁启动中要经受多次热冲击。因此密封材料不仅需要在很宽的氧分压下保持化学稳定，且长期保持与相邻电池组件的紧密结合，还需要经受热循环而无泄漏或损坏，此外密封材料还要具有良好的绝缘性能。

目前，平板式 SOFC 用密封材料主要有玻璃和玻璃-陶瓷材料、金属材料及云母材料三大类。另外，少数耐热高分子材料也用来密封平板式 SOFC。密封材料按在使用过程中是否施加载荷可分为硬密封材料和压缩式密封材料。其中硬密封材料主要包括玻璃及玻璃-陶瓷密封材料和耐热金属材料；压缩式密封材料则包括金、银等延性金属材料和云母基密封材料。

玻璃和玻璃-陶瓷基密封材料(图 3.34[64])具有易于规模制备、封接简单、成本低廉等优点，是最常见的 SOFC 用密封材料。应用玻璃和玻璃-陶瓷基密封材料仍然存在一些难以解决的问题。玻璃和玻璃-陶瓷材料的脆性大，在转变温度以下时很容易造成开裂，这给密封材料的装配带来困难。同时其热循环性能以及经受热冲击的性能差，亦是其一大缺陷，此外，此类材料的高温稳定性和化学相容性仍有待进一步提高。

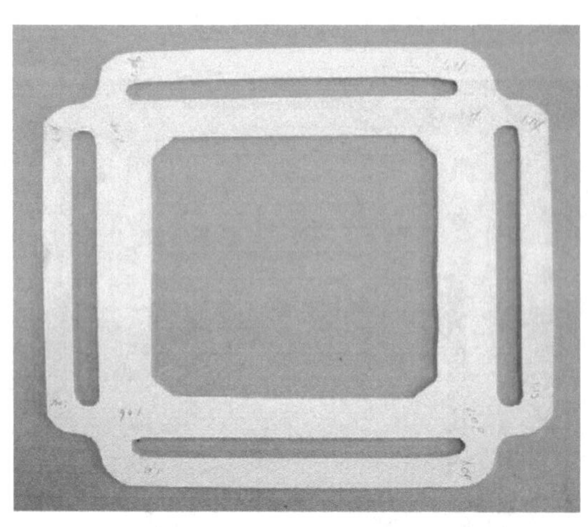

图 3.34　玻璃-陶瓷基密封材料

金属材料的脆性比陶瓷低，还可经受一定的塑性变形，这能满足 SOFC 对密封材料热应力和机械应力的要求。但是，一般金属材料在 SOFC 工作环境下容易被氧化或腐蚀。因此，仅有 Au、Ag 等稳定金属和特殊的耐热金属材料作为 SOFC 密封材料。为避免金属材料直接连通金属连接体，在装配 SOFC 电堆时，必须与绝缘材料配合使用。

云母基密封材料是近年来研究较多的另一类密封材料。作为 SOFC 密封材料的云母主要是白云母[$KAl_2(AlSi_3O_{10})(F,OH)_2$]和金云母[$KMg_3(AlSi_3O_{10})(OH)_2$]，通常，白云母直接使用或制成白云母纸使用，而金云母仅以金云母纸的形式使用。向片状云母间隙渗透玻璃和采用金属作为垫层可以分别减小密封材料内部和密封材料与相邻件之间界面上的泄漏，可以极大地提高密封材料的气密性，同时还能改善其热循环性能和可靠性。尽管云母基复合密封材料已经取得不错的密封效果，但是白云母和金云母中都含有钾元素，钾元素的存在仍然会与其他部件发生反应并影响 SOFC 电堆性能。为尽量减少钾元素的影响，云母基复合密封材料通常在 700～800℃使用。

3.3.4　SOFC 发展趋势

1) 碳氢气体直接在 SOFC 的应用

根据上述的 SOFC 工作原理，理论上只要能被 O^{2-}氧化的气体均能作为 SOFC 的燃料。因此相对于其他类型的燃料电池，SOFC 最主要的优点之一就是能够以更便利的碳氢气体作为燃料，而其他类型的燃料电池(除 MCFC 以外)则需要氢气作为燃料。但是目前绝大部分氢气通过碳氢气体的重整获得，这就需要外部的过程来生产 H_2 和移除 CO，从而会导致系统效率的降低，并增加了系统的复杂性和成本(图 3.35[66])。同时，氢气的存储和运输问题还有待解决。由于 SOFC 的工作温度较高，碳氢气体的重整可以在系统内进行，即可以通过一个不连续的重整器，也可以直接在电池的阳极进行。更进一步，可以直接以碳氢气体为燃料，在阳极中直接氧化，这个过程可以充分利用热力学效率，理论上可以接近 100%[67]。

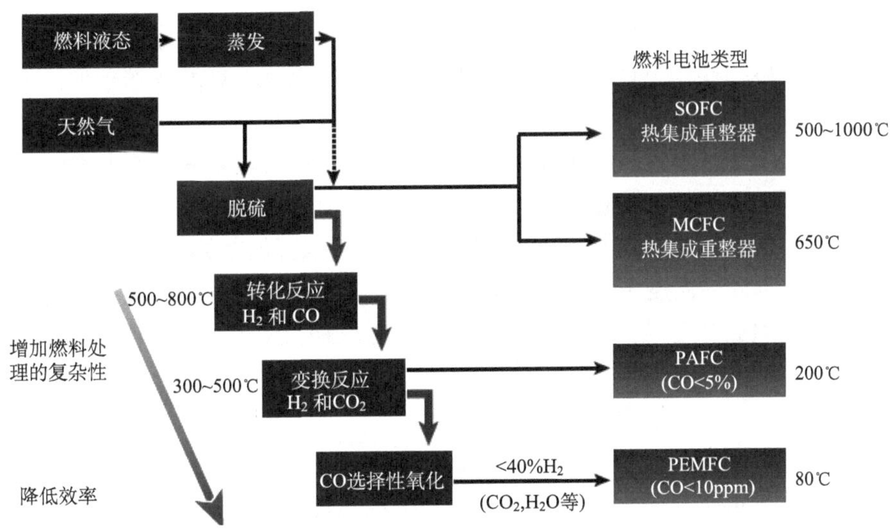

图 3.35　燃料处理反应(从甲烷到氢气燃料的重整)以及它们对不同类型燃料电池复杂性和效率的影响

2) SOFC 电池的中低温化

当 SOFC 在 1000℃左右运行时，发生在 SOFC 中各种界面间的反应以及电极在高温下的烧结退化等均会降低电池的效率与稳定性。同时，也使电池关键材料——电极、双极板和电解质的选择受到极大限制。若能将 SOFC 的工作温度降到 800℃以下，既能保持 SOFC 的优点，又能避免或缓解上述问题。因此，开发中低温 SOFC 是目前 SOFC 的主要研究方向之一。

中低温SOFC是指在400～800℃内工作的固体氧化物燃料电池。中低温SOFC的工作温度一般在 600℃左右，随着工作温度的降低，将会有如下好处：①材料间的相容性相对提高，电池的稳定性相对增加，延长了电池的使用寿命；②完全可以采用成本不高的不锈钢材料作为双极板及其他辅助材料设备，极大地降低电池总成本；③相对于高温 SOFC，缩短了电池的启动时间，提高了启动速度，使得 SOFC 在小型分散应用领域将会有非常广阔的应用前景；④由于其工作温度适中，一些碳氢气体和天然气不需外部重整而直接作为燃料，还可以直接使用甲醇、乙醇、二甲醚、汽油、柴油等液体燃料。可以应用于移动电源、分散电源、辅助电源；可以和燃气轮机联合建立大型发电站，甚至在发电的同时还可以进行化工生产形成热、电、化学品联产。

3.3.5　SOFC 面临的问题

1. 碳氢气体直接在 SOFC 上应用时的积炭问题

碳氢燃料的直接应用所面临的最大问题是容易在阳极上产生积炭，因此必须弄清燃料气体在操作条件下的平衡组成，优化阳极微观结构和操作条件，抑制碳沉积的形成。研究表明[68]：一般碳氢气体燃料体系中的平衡组分主要是 H_2(g)、CH_4(g)、CO(g)、CO_2(g)、H_2O(g)和 C(s)，其含量只与 C-H-O 的比例有关。一些常用燃料体系在 C-H-O 相图中的位置如图 3.36(a)所示，图 3.36(b)为多种常用碳氢气体在 C-H-O 三元相图中的位置以及不同温度下碳沉积出现的区域[68]。从图中可以看出，在不同的温度下，碳沉积均出现在分界线富 C 的一侧。因此要有效抑制和避免碳沉积的产生，必须使体系的组成在 C-H-O 相图中的位置接近富 O 端以及 H-O 线。

1) 重整

重整可以使 SOFC 直接以碳氢气体作为燃料。式(3.14)是天然气主要组成的甲烷的水蒸气重整反应，该反应还伴有一个水气转化反应的发生[式(3.15)]。此外，甲烷还能够用 CO_2 重整，如式(3.16)所示。

$$CH_4 + H_2O \longrightarrow CO + 3H_2 \tag{3.14}$$

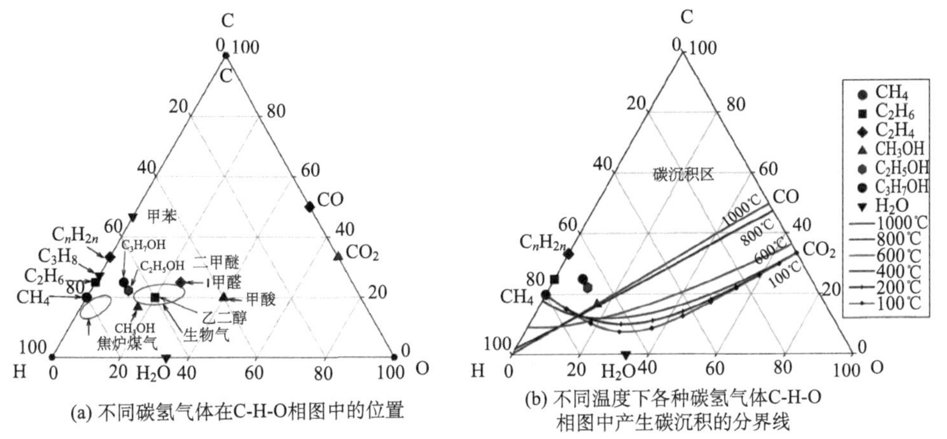

(a) 不同碳氢气体在C-H-O相图中的位置

(b) 不同温度下各种碳氢气体C-H-O相图中产生碳沉积的分界线

图 3.36　不同碳氢气体的 C-H-O 相图

$$CO + H_2O \longrightarrow CO_2 + H_2 \tag{3.15}$$

$$CH_4 + CO_2 \longrightarrow 2CO + 2H_2 \tag{3.16}$$

目前已经发展了两条途径，包括外部重整和内部重整。外部重整时，反应发生在一个单独的反应器中，这个反应器含有被加热的填充有镍或其他贵重金属的管子。在内部重整中，燃料气体的重整直接在 SOFC 的阳极中进行。相对于外部重整，内部重整的优点在于在电池组和重整区域之间直接产生热传递，可以为吸热的内部燃料重整过程提供热能；同时，作为电池中电化学产物之一的水蒸气能够直接参加重整反应。因此与外部重整相比，内部重整需要较少的水蒸气，同时提高了电化学效率。其他的优势包括降低系统的成本，有更多氢气产生和更高的甲烷转化率。如图 3.37 所示[69]，对于甲烷而言，理论上 S/C(Steam/Carbon)的比例在 1.5 就完全可以消除积炭。而对多碳烷烃所而言，需要的水蒸气的量随着碳氢气体中碳原子数量的增加而上升，尤其是在低温区域[69]。

然而，以 Ni 基为阳极的 SOFC 在内部重整时面临两个主要的问题如下：首先，当水蒸气不充足时，碳沉积就会发生，从而使阳极失去电化学反应的能力。因此为了避免碳沉积的产生，水蒸气与甲烷的比例需要大于 2。其次，由于重整反应速率比电化学反应的速率快，会产生的明显的冷却效应，从而引起在电池的入口处产生较大的温度梯度，这将导致电池中材料的较大热应力。

2) 直接氧化

甲烷的直接氧化[式(3.17)]从热力学角度看有 99.2%的转化率的可能性。直接以碳氢气体为燃料时可以消除重整的过程，同时可以提高效率。如果要使得完全氧化反应能够发生，必须避免或阻止甲烷裂解的发生。

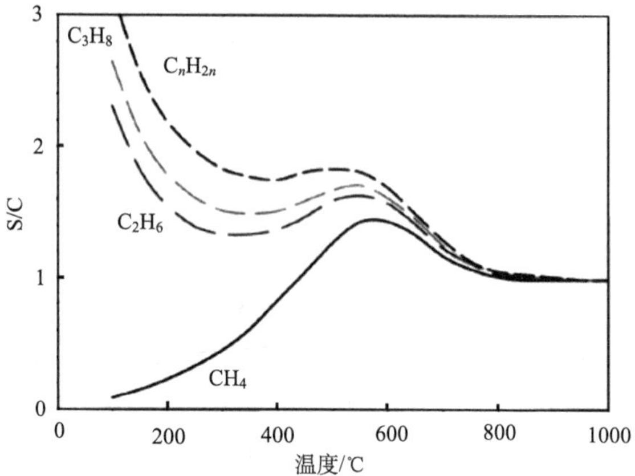

图 3.37　烷烃在热力学平衡条件下不产生碳沉积所需的最少的水蒸气的添加量

$$CH_4 + 2O_2 \longrightarrow CO_2 + 2H_2O \tag{3.17}$$

目前存在相当多的争论在于阳极的反应是甲烷直接完全氧化还是一个包括多个中间反应的湿法重整过程。湿法重整过程一般伴有一个水气转化反应，然后生成的 H_2 和 CO 分别被电化学转化为 H_2O 和 CO_2。因此，通过湿法重整的甲烷的阳极反应获得与式(3.18)一致的结果。

$$CH_4 + 4O^{2-} \longrightarrow CO_2 + 2H_2O + 8e^- \tag{3.18}$$

$$H_2 + O^{2-} \longrightarrow H_2O + 2e^- \tag{3.19}$$

$$CO + O^{2-} \longrightarrow CO_2 + 2e^- \tag{3.20}$$

目前，已有一些关于基于 CeO_2 基材料的直接电化学氧化的报道。研究发现掺杂的 CeO_2 基阳极中存在活动的晶格氧降低了碳沉积的速率，可以用于干燥的甲烷的电化学氧化，同时掺杂的 CeO_2 的突出的氧离子储存、释放和运输能力[70]使得 CeO_2 基材料对甲烷的氧化具有较高的电化学催化活性。Murray 等[71]用 CeO_2/Ni 作为阳极用于甲烷的直接电化学氧化，明显改善了阳极抗碳沉积的能力。

为了提高阳极的反应活性和抗积炭能力，除了采用新型的阳极材料，对阳极微观结构的改进也是主要的方式。目前研究主要集中在两个方面：一是梯度阳极的制备，通过在阳极中引入集流和气体传输层、电化学活性层等来改善阳极的催化活性，降低电池的欧姆电阻和极化电阻，但此方法在抗积炭方面的研究较少。二是将纳米粒子以离子浸渍法的方式注入阳极中来改进阳极的微观结构，提高电极性能[72, 73]。离子浸渍法制备电极一般将特定金属离子以溶液或稀溶胶的形式浸渍到多孔电极衬底中，然后经过在特定条件下热处理使之转变为对应的金属氧化物或金属附着在多孔衬底的孔壁上，并通过多次重复以达到所需的注入量。通常此过程中的热处理的温度不高，因此通过浸渍法注入的粒子尺寸可以控制在纳米级范围内，这样可以在生成的电极中形成大量的反应活性区，从而提高了电极性能。此外，引入一些抗碳沉积的金属或氧化物的纳米颗粒可以提高阳极抗积炭的能力。

Jung 等通过离子浸渍法将 Cu 和 CeO_2 注入 YSZ 多孔陶瓷的孔壁上，制得了 Cu/CeO_2/YSZ 阳极，在以碳氢气体为燃料时，取得了较好的电极性能和抗碳沉积性[74]，Zhu 等应用离子浸渍法将 SDC 纳米粒子覆盖在 Ni 多孔骨架的表面，一方面，纳米粒子能够提供足够的三相界面(Three-Phase Boundary，TPB)长度，使得阳极具有较好的电极性能，另一方面，通过减小 Ni 与碳氢气体的直接接触以达到抑制碳沉积的目的，同时利用 SDC 对碳氢化合物较好的催化氧化性以进一步抑制碳沉积[75]。

由此可见，可以通过注入在中低温下具有较高离子电导率的纳米颗粒来提高阳极的三相反应界面的长度，改进阳极的反应活性；通过注入抗炭沉积的金属或氧化物的纳米颗粒来改进阳极对碳氢气体的催化活性和阳极的抗积炭能力。Cu/Ni/SDC 阳极就是利用真空浸渍法将纳米尺度的单质 Cu 均匀地分布到 Ni 基阳极的骨架上，这样可以使 Cu 对碳沉积的抑制作用最大化，而且作为阳极组成的 SDC 也具有对碳的抑制作用，使得单电池在直接以甲烷为燃料时，表现出了良好的输出稳定性，如图 3.38 所示。同时在 Cu/Ni/SDC 阳极中，由于 Ni-Cu 的相互作用和 SDC 的催化作用，制得的阳极能够为碳氢气体的电化学反应提供良好的催化活性，如图 3.39 所示，具有此结构的阳极具有较小的界面极化电阻，有利于在低温条件下获得理想的电性能[76]。

2. 中低温下 SOFC 的低输出

中低温 SOFC 研究面临的主要问题如下：一是电池的欧姆损失；二是电极的催化活性和极化损失。这些损失都导致单电池的输出降低。

电池欧姆损失主要来自电解质。电解质材料的电导率随温度的降低而下降明显，因此降低电解质层的电阻是提高单电池输出性能的最佳途径。方法之一是开发出具有高离子电导率的新型电解质材料，如具有萤石结构的 SDC 和钙钛矿结构的 LSGM 等，中温下电导率均比 YSZ 高出几倍。然而即使用具有较高的离子电导率的电解质材料，传统的电解质支撑的单电池依然很难获得较高的电性能，因此目前的研究重点逐渐转向减小电解质层的厚度，即电解质层薄膜化。例如，将电解质支撑电池转换成电极负载型电池，包括阳极支撑型和阴极支撑型，如图 3.40 所示。

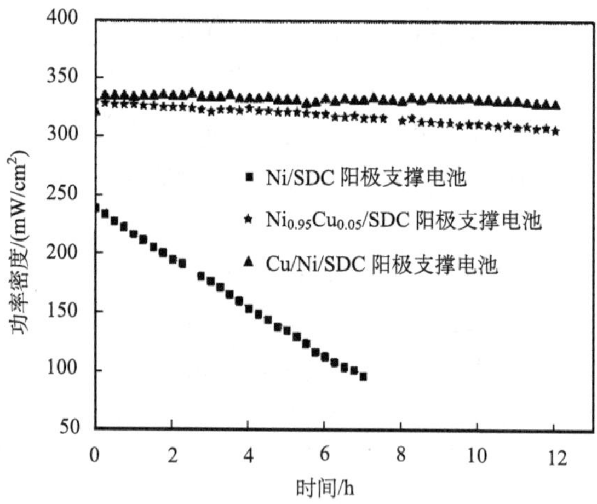

图 3.38　不同阳极支撑的单电池的最大输出功率密度随时间变化的曲线图

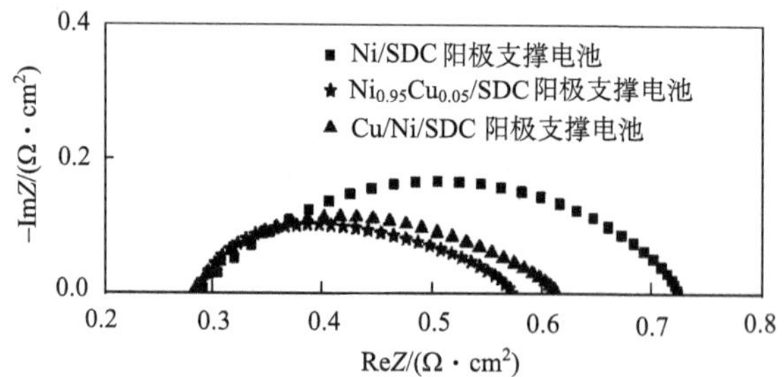

图 3.39　600℃以甲烷为燃料时在开路电压下测得的不同单电池的交流阻抗谱图

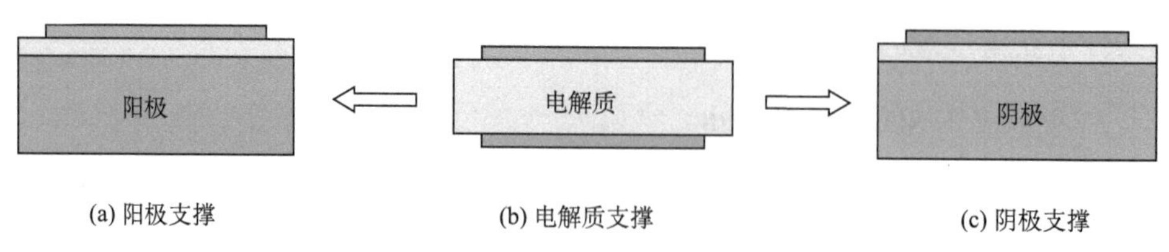

图 3.40　不同支撑体支撑的单电池的示意图

相对于阴极支撑单电池，以阳极为支撑，在阳极上依次制备电解质薄膜和阴极的结构设计已成为制备中低温 SOFC 的主流方法。图 3.41 为典型的阳极支撑的单电池微观结构的 SEM 照片，单电池中，SSC-SDC 阴极层的厚度约为 30μm，电解质层厚度约为 30μm，阳极层的厚度约为 500μm。这样的结构设计所获得的单电池具有以下优点。

图 3.41　阳极支撑的单电池微观结构的 SEM 照片

(1) 相对于阴极，阳极的化学极化过电位较小，不是影响单电池性能的主要因素，因而，可以制备具有较大厚度的阳极以保证足够的支撑强度，同时提供较多的三相反应界面。

(2) 在阳极支撑体上更易制成电解质薄膜，减小电解质层的厚度可以极大地降低单电池的内阻，从而极大地提高单电池的电性能。此外，由于阳极材料和电解质的烧结温度比较接近，而阴极材料的烧结温度通常要低得多，这也要求阴极在最后制备。

目前采用新型电解质材料制得的电解质薄膜，可以使(包括规模化生产)电解质层的电阻降低到 0.2Ω/cm^2，甚至更低[77]。电解质薄膜化以后，研究表明[78]，在中低温下，影响电池效率的主要因素是电极极化损失。因为电极的电化学反应以及离子电导都是热激化的。其中最明显的现象就是降低 SOFC 的工作温度会使电池的阴极极化电阻迅速增大，而阴极极化电阻是影响低温 SOFC 性能的主要因素之一，因为氧还原反应具有相对较高的活化能(通常大于 1.5eV)。因此，降低阴极极化电阻才能确保 SOFC 在低温条件下获得理想的电性能。

一般阴极中氧气的还原反应主要分为以下五步(图 3.42[79])：①氧气分裂吸附在阴极的表面。②氧在阴极表面的扩散。③通过三相反应界面使氧并入电解质中。④氧离子在阴极中的扩散。⑤氧离子从阴极传输到电解质中。

对于目前在中低温 SOFC 应用较多的离子电导的钙钛矿结构材料，如掺杂的 $LaMnO_3$、$LaCoO_3$、$SmCoO_3$、$LaFeO_3$ 等，其阴极反应则会有三种可能的途径(图 3.43[78])：①发生在电极的表面，包括氧气的传输，氧气在电极表面的吸附，被吸附的氧原子沿电极表面扩散到三相界面，接着是氧原子完全离子化并迁移到电解质中。氧离子并入电解质没有必要直接发生在三相界面处，离子在表面和界面上的扩散可以导致并入区域一定程度的宽化。②发生在电极内部，包括氧气的

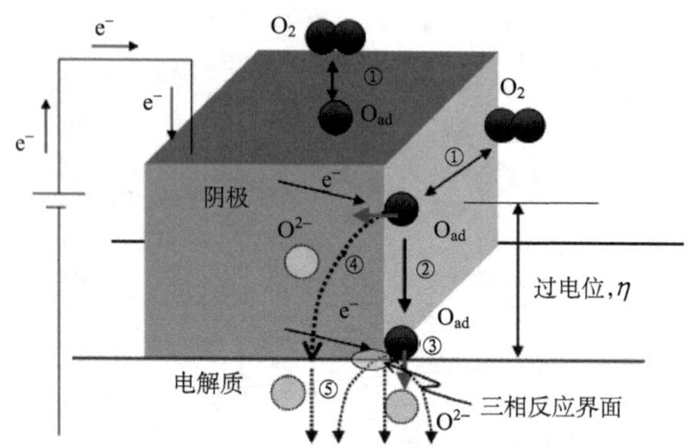

图 3.42　氧在 O_2/阴极/电解质界面附近传输的示意图

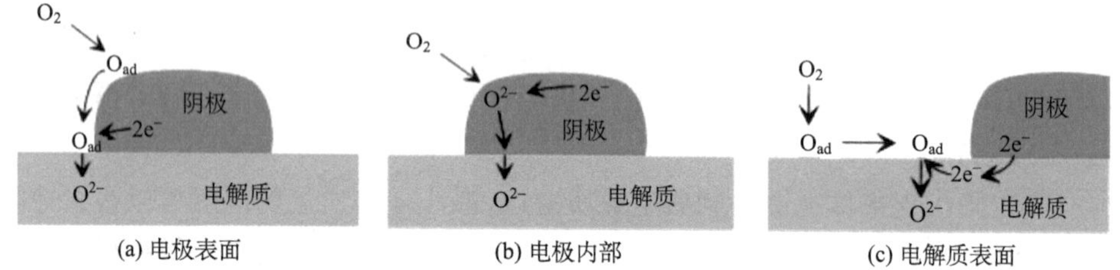

(a) 电极表面　(b) 电极内部　(c) 电解质表面

图 3.43　氧气还原的三种反应途径、并入反应和一些可能速控步骤的示意图

传输，氧气在电极表面的吸附、分裂、离子化和并入阴极，氧离子通过阴极传输到电解质中。③发生在电解质表面，包括氧气的扩散、吸附和在电解质表面的离子化(由电解质提供电子)，然后直接并入电解质中。由于多数的电解质(特别是氧化锆)的电子电导率非常低，反应点的区域一般被限制在非常接近三相反应界面的区域。所以，从几何学的角度讲，与上述的途径①相似。对于上述三种途径，还必须考虑从电流收集点到电子消耗反应点的电子电流。

阴极反应可以通过上述所有三种途径同时进行，对于每种途径都会有由一步或多步基本步骤决定对应的反应速率(速控步骤)。具有最快速控步骤的途径决定了整个反应的速率。同时，这些途径之间还会相互影响，例如，并入阴极的速率取决于表面吸附氧的浓度，因此受到电极表面途径中表面扩散的影响。

对于每个可行的速控步骤，其参数影响对应的反应或传输速率，因此极化电阻可以分成三类。

(1) 考虑材料的独立性，外部参数氧分压 $p(O_2)$ (图 3.44[80])、过电压，以及温度明显影响反应速率，从而影响极化电阻。

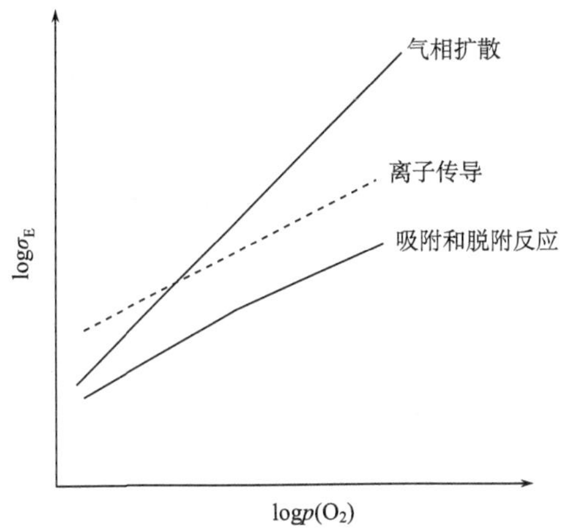

图 3.44　界面电导率随氧分压变化示意图

(2) 反应或传输速率取决于材料的性质。对于一个给定的材料，这些性质由块体材料的结构和组成(因此也受掺杂程度、纯度、晶粒晶界的数目和微观结构等因素的影响) 以及表面/界面的结构和组成(也就是晶界终止处、方向性、隔离种类、非平衡态界面缺陷等) 决定。材料的性质通常取决于温度，而且受到 $p(O_2)$ 和过电压/偏电压的影响。

(3) 几何参数如三相反应界面的长度、表面积、界面面积、孔隙率、电极厚度以及所有相的精确分布(连通性和渗滤性) 明显影响反应的速率。

综上所述，阴极的反应速率主要是由三个过程决定的：氧气扩散到阴极的表面、阴极表面的吸附和脱附反应以及离子在阴极块体材料中的扩散。这些过程都和阴极的微观结构有很大的关系。因此，在开发新型阴极材料的基础上，优化阴极的微观结构可以降低其在中低温下的极化电阻，提高单电池的电性能。

具有纳米结构的多孔电极由于其具有较高的比表面积和较大的反应活性而成为研究的重点。目前纳米结构化主要包括两个方面：①孔径的纳米化，这种纳米结构的电极主要包括微米和纳米两种孔径的孔，微米孔能够加快气体在多孔电极中传输，而纳米孔为气体的吸附和脱附提供较大比表面积以及更多的反应活化点，从而达到降低极化电阻的目的。②电极骨架上颗粒的纳米化，如图 3.45 所示，这种纳米结构的多孔电极也能够明显地降低电极的极化电阻。因为这种电极在提供有利于气体快速传输的微米级连通孔的同时，在电极骨架上存在的大量纳米晶粒不但可以为气体的吸附和脱附提供较大的表面积，而且能够提供更多的反应活化点。

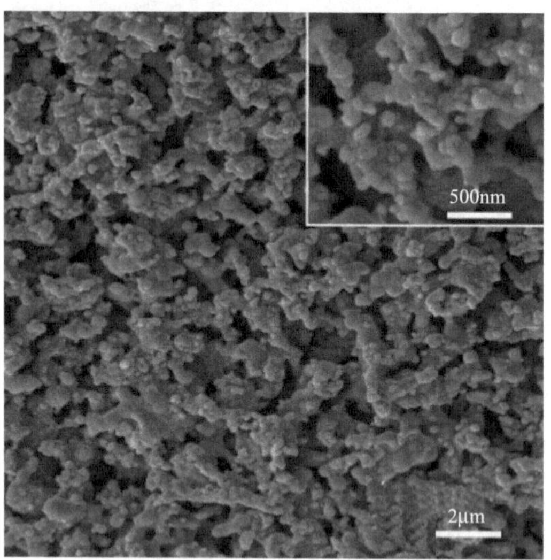

图 3.45　具有纳米结构的阴极表面微观结构的 SEM 照片

功能梯度的多层电极也是电极微观结构优化研究的主要方向，通过引入扩散层和催化层，以及改变电极中不同层之间的厚度、组成、孔隙率和粒径来降低极化电阻，提高电池在中低温下的性能。图 3.46 为 1050℃烧结条件下制备的含功能

(a) 单层LSCF阴极　(b) 梯度LSCF阴极

(c) 粗糙外层　(d) 梯度LSCF阴极中两层之间的界面　(e) 精细内层，烧结温度1050℃

图 3.46　单层 LSCF 阴极与梯度 LSCF 阴极的截面 SEM 照片

梯度层的 LSCF ($La_{0.58}Sr_{0.4}Co_{0.2}Fe_{0.8}O_{3-\delta}$) 阴极截面的微观结构，该阴极由具有较小颗粒尺寸和孔径的精细内层和较大颗粒尺寸和孔径的粗糙外层构成，其阴极极化电阻在 700℃时仅为 0.075Ω·cm^2[81]。

总之，通过引入纳米结构，优化电极的微观结构，降低阴极极化电阻，改善阳极对碳氢气体适应性和催化活性。

3.3.6　SOFC 电池组

单体燃料电池只能产生 1V 左右电压，其功率是有限的，为了获取大功率 SOFC，必须将若干个单电池以各种方式(串联、并联、混联)组装成电池组，目前主要发展了管式结构和平板式结构两种形式[51]。

1) 平板式 SOFC

图 3.47 为平板式 SOFC 电池堆的组装示意图[64]。平板式 SOFC 的空气/固体

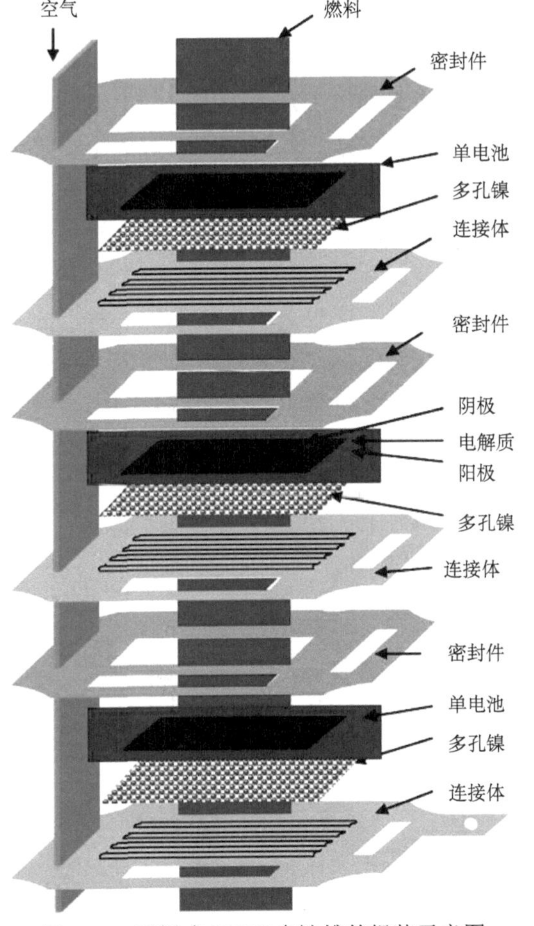

SOFC 制备工艺

图 3.47　平板式 SOFC 电池堆的组装示意图

电解质/燃料电极烧结成一体，组成“三合一”结构，其间用开设导气沟槽的双极板连接，使其间相互串联构成电池组，双极板的两侧为气体提供传输通道，同时起到隔开两种气体的作用，图 3.48 为一种平板式 SOFC 电池堆的原型。

图 3.48　一种平板式 SOFC 电池堆的原型

SOFC 平板式的设计使其制作工艺大为简化，电池的制备通常可以采用常见的陶瓷加工技术如带铸、涂浆烧结、丝网印刷、等离子喷涂等方法实现。平板式 SOFC 的突出特点是内阻欧姆损失小，功率密度高，体积小。缺点是电池堆密封困难，温度分布不均匀，不易做出大尺寸的单电池，抗热循环性能差。

2) 管式 SOFC

管式结构的 SOFC 是最早发展也是较为成熟的一种形式。管式 SOFC 电池组由一端封闭的管状单电池以串联、并联方式组装而成。每个单电池由内到外由多孔支撑管、空气电极、固体电解质薄膜和金属陶瓷阳极组成。氧气由管芯输入，燃料气体通过管外壁供给，如图 3.49 所示[82]。管式 SOFC 的不足之处在于功率密

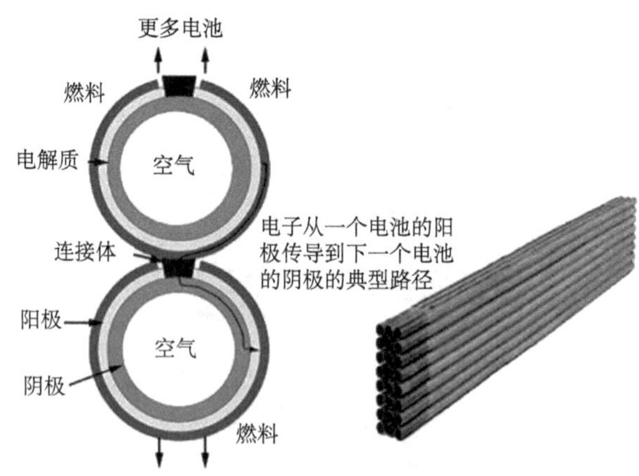

图 3.49　管式结构 SOFC 与电池组

度较低。突出的优点是易于实现密封(采取电池堆高温区以外密封技术)；有利于采用直接碳氢化合物燃料内重整技术和实现电池堆的集成化设计；制备大尺寸的单电池相对容易。目前 Siemens Westinghouse 公司的阳极支撑管式 SOFC 单电池的长度已达到 2m。增加管式 SOFC 单电池的长度，有利于提高电池堆的体功率密度，若采用燃料内重整技术，则可延长燃料与催化剂的接触时间，有利于提高燃料重整转化率。

3.3.7　高功率密度 SOFC

为了提高 SOFC 输出功率，一些新型的高功率密度(High Power Density，HPD)SOFC 被设计出来。平管式 SOFC(图 3.50[83]，HPD5)是在管式 SOFC 设计基础上，在空气极加设多条棱脊，改进原有的电流通路，使电流通过加设的棱脊直接汇入连接器，缩短电流流经的途径，大幅减少了电池的内耗，从而在保留原有设计无须密封、可靠性高等优点的同时，大幅度提高输出功率密度。

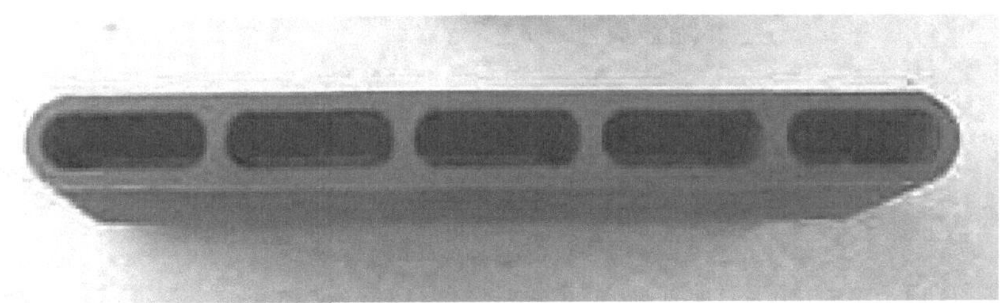

图 3.50　平管式 SOFC

另一种 HPD SOFC 则采用瓦楞式设计(图 3.51[83])，具有更为曲折的电池外表面，因而能够提供更大的活性区面积(相对 HPD5 提高了 40%以上)，意味着具有更大的输出功率密度(是原管式设计的两倍以上)，而且瓦楞式设计具有更为紧凑的结构，制造成本低廉。

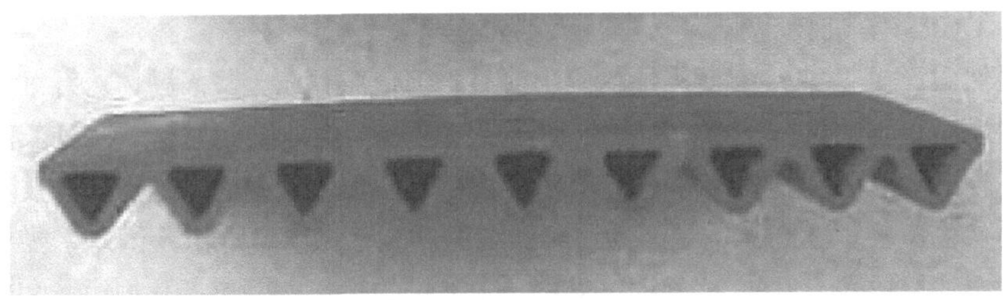

图 3.51　瓦楞式 SOFC

微管式固体氧化物燃料电池(Micro-tubular SOFC)是在管式结构上的微型化，其直径一般不大于 2mm。管式 SOFC 的结构可设计为自支撑型和外支撑型两种，而微管式 SOFC 一般为自支撑型，即以电池本身的一部分作为整个电池的结构支撑。根据支撑结构的不同，自支撑型微管式 SOFC 可分为阳极支撑型、阴极支撑型和电解质支撑型三种，支撑结构要求具有一定厚度，以保证可提供足够的机械强度。在这三种结构中，阳极支撑结构更容易被采纳，这是因为含 Ni 元素的阳极陶瓷支撑管具有良好的机械强度和导电性，并且容易在其上沉积一层薄而致密的电解质层，同时可以极大地降低电池的欧姆内阻，如图 3.52 所示[84]。

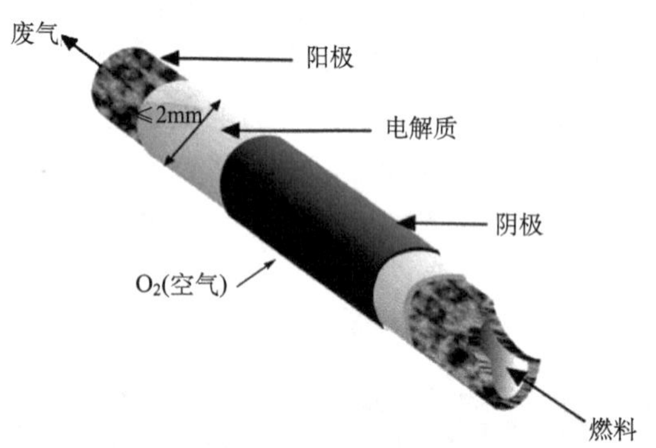

图 3.52　阳极支撑型微管式 SOFC 示意图

SOFC 面临的一些技术问题如降低运行温度、加快启闭速度、延长设备寿命和节约材料成本等问题，均可以通过 SOFC 的微管化结构来解决。当电池直径小到毫米级或亚毫米级时，多种潜在的优点会进一步显现：传质表面增大，使得传质效率和体积功率密度提高；传热表面增大，使得升降温速率极大地提高，可以大幅缩短启动时间；对相同厚度的电池管，壁厚/直径比增大，力学性能加强。微管式结构突破了 SOFC 只适于作为固定电站的局限，在便携性和移动性方面开辟了广阔的应用空间，如车辆动力电源、不间断电源(Uninterruptible Power Supply，UPS)、便携电源、航空航天器电源等。

虽然微管式 SOFC 有着广阔的应用前景，但依然存在一些问题：①纤细的微管结构要求有更强的机械支撑，因此更加需要高强度的电池结构材料。②细长的构造导致了轴向电阻增大，成为微管式 SOFC 内部功率消耗的主因，这需要开发和采用高电导率的电极。③同样也是因为这种微细的结构，微管电池组装困难，需要开发新型的电池堆技术。目前，微管式 SOFC 电池堆的设计主要包括片型设计和立方体型设计两种。图 3.53 是立方体型微管式 SOFC 束和电堆的制备流程示意图，该立方体型微管式 SOFC 束的功率密度在 550℃达到 $2W/cm^3$[85,86]。

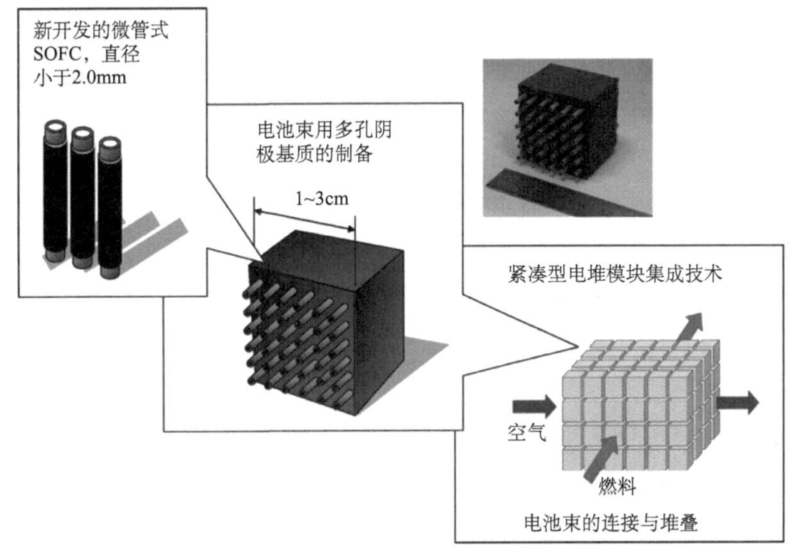

图 3.53　立方体型微管式 SOFC 束和电堆的制备流程示意图

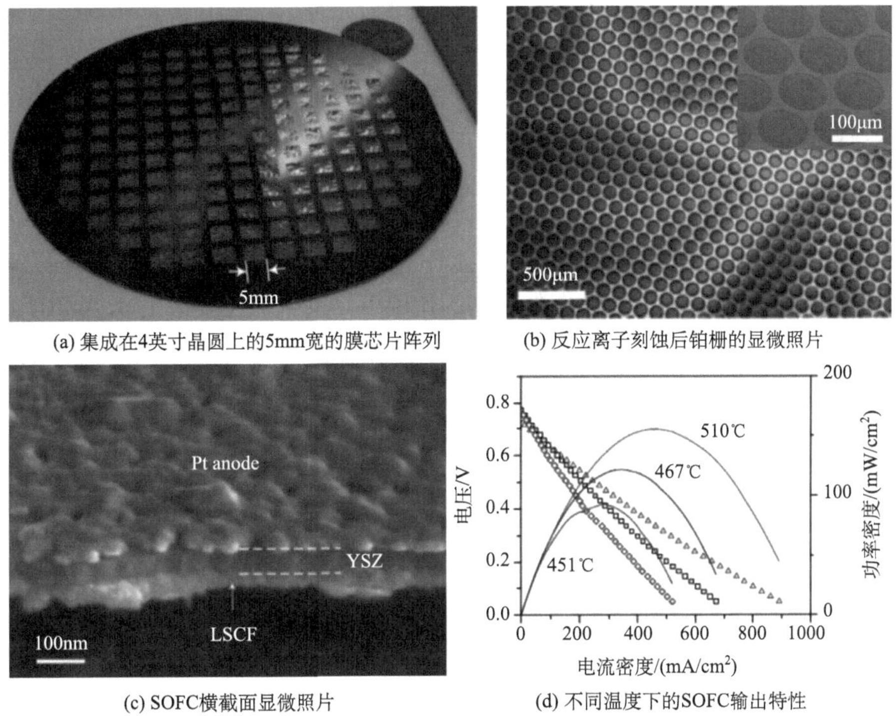

图 3.54　薄膜 SOFC

薄膜 SOFC 是指电化学反应发生在纳米尺度的超薄膜上，这种超薄膜包含电解质和电极。由于 SOFC 足够薄，可以在较低的温度下（300～500℃）实现离子传导，从而达到低温下快速启动的目的，更紧凑的设计也减少稀土材料的使用。早期的薄膜 SOFC 只能在微观尺度上运行，后来美国哈佛大学与西能系统有限责任公司（SiEnergy Systems LLC）开发了一款宏观尺度的薄膜 SOFC，如图 3.54 所示，该 SOFC 利用微加工金属网格结构，将几百个 5mm 宽的膜芯片集成到手掌大小的硅片上，其功率密度在 510℃达到 155mW/cm^2，使这项技术升级到实用尺寸[87]。

3.4　碱性燃料电池

3.4.1　AFC 结构与工作原理

AFC 以强碱(如氢氧化钾、氢氧化钠)为电解质，以氢气为燃料，以纯氧或脱除二氧化碳的空气为氧化剂，采用对氧电化学还原具有良好催化活性的 Pt/C、Ag 等为催化剂制备的多孔气体扩散电极为氧电极，以对氢电化学还原具有良好催化活性的 Pt-Pd/C、Ni 等为催化剂制备的多孔气体扩散电极为氢电极。以饱浸碱液的多孔石棉等作为隔膜，以无孔碳板、镍板或镀镍甚至镀银、镀金的金属板(如铝板、镁板、铁板等)作为双极板材料，并在板面上加工各种形状的流场形成双极板。

AFC 单体电池主要由氢气气室、阳极、电解质、阴极和氧气气室组成(图 3.55)。AFC 属于低温燃料电池，最新的 AFC 工作温度一般在 20～70℃，其工作原理是在阳极，氢气和强碱中的 OH^-在催化剂的作用下，发生氧化反应生成水和电子：

$$H_2 + 2OH^- \longrightarrow 2H_2O + 2e^- \tag{3.21}$$

电子通过外电路到达阴极，在阴极催化剂的作用下，阴极中的氧气得到电子，与水发生还原反应，生成 OH^-：

$$\frac{1}{2}O_2 + H_2O + 2e^- \longrightarrow 2OH^- \tag{3.22}$$

生成的 OH^-通过饱浸碱液的多孔隔膜迁移到氢电极。其总反应：

$$H_2 + \frac{1}{2}O_2 \longrightarrow H_2O \tag{3.23}$$

为了保持电池的连续工作，除了要连续等速地向 AFC 供应氢气和氧气，还要连续等速地从阳极排出反应生成的水，以维持电解质的碱液浓度恒定，同时要排出电池反应的废热以保持电池工作温度的稳定。

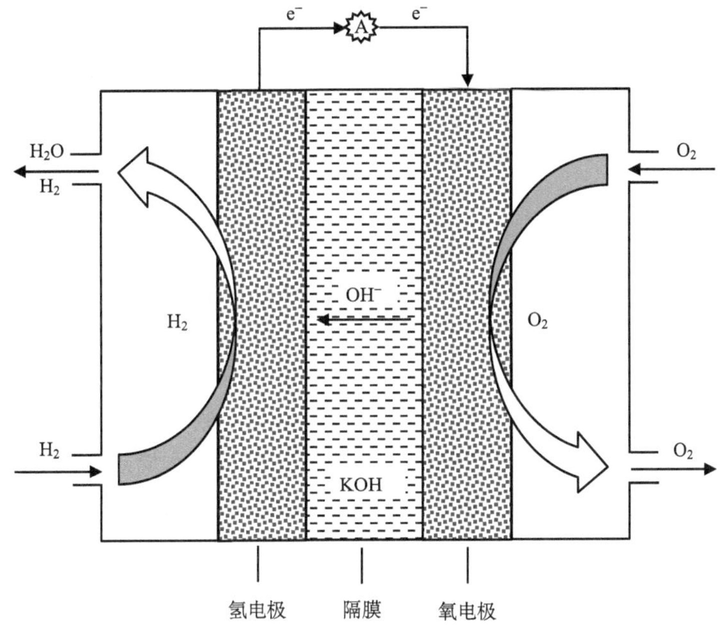

图 3.55　碱性燃料电池单电池组成示意图

从电极过程动力学来看，提高电池的工作温度，可以提高电化学反应速率，还能够提高传质速率，减少浓差极化，而且能够提高 OH^-的迁移速率，减小欧姆极化，所以，电池温度升高，可以改善电池性能。此外，大多数的 AFC 都是在高于常压的条件下工作的。因为随着 AFC 工作压力的增加，燃料电池的开路电压也会随之增大，同时也会提升交换电流密度，从而导致 AFC 的性能有很大的提高。

3.4.2　AFC 发展概况

AFC 是最早开发和获得成功应用的一类燃料电池。AFC 技术是在 1902 年提出的，但直到 20 世纪 40～50 年代，剑桥大学的 Francis Thomas Bacon 才完成了碱性燃料电池的研究。他用 KOH 溶液替代了自 Grove 时代一直使用的腐蚀性较强的酸性电解质溶液，制造出了世界上第一个碱性燃料电池，这种电池又称为培根(Bacon)电池。1959 年，培根发明了 5kW 的 AFC。此外，美国 Allis-Chalmers Company 和 Union Carbide Company 分别将 AFC 应用于农场拖拉机和移动雷达系统以及民用电动自行车上。

到 20 世纪 60 年代，为了促进太空科技的发展，NASA 开始资助燃料电池的研究计划，并为最著名的阿波罗登月飞行计划成功开发了 PC3A 型碱性燃料电池系统。在 20 世纪 70 年代，美国联合技术公司(United Technology Corporation,

UTC)在 NASA 的支持下，又成功开发了航天飞机(shuttle)用的石棉膜型碱性燃料电池系统，并于 1981 年 4 月首次用于航天飞行。中国在此期间由于航天事业的推动，也形成了碱性燃料电池研制的高潮。欧洲空间局(European Space Agency, ESA)在 20 世纪 80～90 年代开始资助发展碱性燃料电池作为载人空间飞行器的动力。

碱性燃料电池在航天方面的成功应用证明了碱性燃料电池具有高的比功率和能量转化效率(50%～70%)且运行高度可靠，展示出其作为高效、环境友好的发电装置的可能性，因此曾推动人们探索其在地面和水下应用的可行性。然而，碱性燃料电池以浓碱作为电解质，在地面应用时必须脱除空中的 CO_2，而且它只能以 H_2 或 NH_3、N_2H_4 等分解气为燃料，若以碳氢化合物的重整气为燃料，则必须要分离出其中的 CO_2，从而导致整个系统的复杂化和成本增加。20 世纪 80 年代末以后，由于质子交换膜燃料电池技术的快速发展，寻求地面和水下应用的燃料电池工作已转向了质子交换膜燃料电池。

3.4.3　AFC 关键材料

1. 电催化剂

作为碱性燃料电池的电催化剂必须满足一定的条件：首先电催化剂对氢的电化学氧化和氧的电化学还原具有催化活性；其次在电极工作电位范围内电催化剂在浓碱中具有稳定性；此外电催化剂最好是电的良导体，当电催化剂是半导体或绝缘体时，必须将电催化剂高分散地担载到具有良好导电性的担体(如活性炭)上，而对于贵金属催化剂，为了减少催化剂用量提高利用率，往往也会采用担载的方式。

1)阳极催化剂

(1)贵金属催化剂。虽然非贵金属催化剂存在价格上的优势，但是，就性能来考虑，贵金属催化剂还是存在着不可替代的优点。

(2)贵金属合金或多金属催化剂。在研制地面使用的 AFC 时，一般不使用纯氢和纯氧作为燃料和氧化剂，因此要考虑进一步提高催化剂的电催化活性、提高催化剂的抗毒化能力和降低贵金属催化剂的用量。一般用 Pt 基二元和三元复合催化剂来达到上述的要求，如 Pt-Ag、Pt-Rh、Pt-Pd、Pt-Ni、Ir-Pt-Au、Pt-Pd-Ni、Pt-Co-Mo、Pt-Ni-W、Pt-Ru-Nb 等。

(3)非贵金属催化剂。催化剂的另一发展方向是采用镍、镍合金或者其他合金，如拉尼镍作为阳极催化剂。所谓拉尼镍就是先将 Ni 与 Al 按 1∶1 质量比配成合金，再用饱和 KOH 溶液将 Al 溶解后形成多孔结构催化剂。其他研究过的非贵金属催化剂有 Ni-Mn、Ni-Cr、Ni-Co、WC、NiB 等。但这些催化剂的活性和寿命都不如贵金属催化剂，加上使用炭载体后，贵金属载量大幅度降低，进而降低了成本，因此，这些非贵金属催化剂很少在实际的 AFC 中使用。

2) 阴极催化剂

AFC 最初使用贵金属作为阴极催化剂，其研究始于 20 世纪 60 年代，但是由于贵金属价格高，资源有限，而且 O_2 在碱性介质中反应速率较快，可以不使用贵金属催化剂，因此，人们一直在寻找一种可以代替贵金属的阴极催化剂[88]。

(1) 氮化物催化剂。氮化物可以作为氧气在酸性介质中还原的电催化剂，其催化性能可与贵金属相媲美，被誉为“准铂催化剂”。另外，氮化物还具有磁性和一定的抗 CO 性，因此，氮化物也是有望替代铂作为 AFC 的阳极催化剂。

(2) 银催化剂。为了解决贵金属催化剂成本高的问题，Ag 或 Ag-Ni 催化剂成为 AFC 常用的氧电极催化剂[89]。

3) 催化剂中毒原因

催化剂在使用过程中受种种因素的影响，会急剧地或缓慢地失去活性，通常也称为催化剂中毒(catalyst poisoning)。对于 AFC 电催化剂而言，同样也会面临这样的问题，而催化剂失活的原因比较复杂。

对于阴极电催化剂而言，最常见的就是如果 AFC 使用空气作为氧化剂，则空气中的 CO_2 会随着氧气一起进入电解质和电极，与碱液中的 OH^-发生反应形成碳酸盐，反应如式(3.24)所示，生成的碳酸盐会析出沉积在催化剂的微孔中，造成微孔堵塞，使催化剂活性损失，电池性能下降。与此同时该反应使电解质中载流子 OH^-浓度降低，影响了电解质的导电性。另外，碳载型催化剂虽然具有较好的催化活性和较高的电位，但高电位同时会造成碳电极的更快氧化，使催化剂性能下降[90,91]。

$$CO_2 + 2OH^- \longrightarrow CO_3^{2-} + H_2O \tag{3.24}$$

对于阳极而言，电催化剂失活主要受以下三个方面的影响。首先是毒性金属杂质的影响，一些杂质，如 Hg、Pd 如果存在，对催化剂的毒化作用很强，因此在制备催化剂或者在燃料净化等方面，要注意防止这些杂质的引入。因为这些杂质的主要来源是反应原料、化学药品和设备材料等。其次是 CO 的毒化，如果阳极燃料中存在 CO 杂质，会对催化剂产生毒化作用。CO 会吸附在催化剂的表面，占据活性点，使催化剂的有效表面积减小，从而使催化剂对 H_2 氧化反应的催化作用减弱，造成催化剂中毒。此外，电解质中阴离子在催化剂表面的吸附亦会对电催化剂的活性产生影响，和 CO 对催化剂的毒化作用相似。电解溶液中存在的阴离子在电极表面的吸附也会造成催化剂的毒化。在电极表面吸附作用最强的阴离

子为 Cl^-，其次为 SO_4^{2-}，吸附作用最弱的为 ClO_4^-。

4)防止催化剂中毒的方法

为了保持 AFC 电催化剂的反应活性，延长 AFC 的使用寿命，目前已提出多种防止催化剂中毒的方法，概括起来主要有以下四种。

(1)利用物理或化学方法除去 CO_2，主要有化学吸收法、分子筛吸附法和电化学法。化学吸收法原理简单，但缺点是需要不断更换吸收剂，操作比较复杂，实际应用起来比较困难；分子筛吸附法则是利用原料气多次通过分子筛的方法，以达到降低 CO_2 含量的目的。CO_2 的吸附和解吸是通过温度摆动、压力摆动和气体清洗实现的。但由于水优先被吸附，所以需要增加空气干燥和系统再生程序，增加了能量消耗和系统再生成本；电化学法则是碳酸盐形成后，可将电池在高电流条件下短时间运行，以降低电极附近 OH^- 的浓度，增大碳酸盐浓度，形成 H_2CO_3，然后分解释放出 CO_2。此方法简单易行，不需要任何辅助设备。

(2)使用液态氢。液态氢也可以作为一种去除 CO_2 的方法。主要原理是利用液态氢吸热汽化的能量，采用换热器来实现对 CO_2 的冷凝，从而使气态 CO_2 的含量降低到 0.001%以下。但液态储氢本身还面临着许多问题有待改善和解决，因此这种方法很少使用。

(3)采用循环电解液。这种方法主要通过连续更新电解液，清除溶液中的碳酸盐使其不会在电极上析出，减弱其对电极的破坏作用，并可以及时向电溶液中补充 OH^- 载流子。但是这种方法也有缺点，就是附加了电解液循环装置，增加了系统的复杂性。

(4)改善电极制备方法。一般是通过在电极制备中加入 PTFE，为反应气扩散提供通道，同时阻碍了析出碳酸盐对电极微孔的堵塞，减少了碳酸盐对电极的破坏。

2. 电极

AFC 的电极结构目前主要有双孔结构电极和含有聚四氟乙烯等防水剂的黏合型电极。双孔结构电极一般采用雷尼镍制备，具有粗孔层和细孔层。在电池工作时，可以通过控制反应气与电解液压差的方式将反应区有效地稳定在粗孔层内。为了提高双孔电极的电催化活性，可将高催化活性的组分引入粗孔层，采用原位液相还原法将其高分散到粗孔层框架的表面上。而细孔层在浸入电解液后，则起到阻隔气体和传导导电离子的作用。

黏合型电极是通过在各种电催化剂材料中加入适量的防水剂，如 PTFE 等，使分散的催化剂材料牢固结合的同时形成相互交错的双网络体系结构的气体扩散电极。由防水剂构成的憎水网络为反应气在电极内的传输提供了通道；而电催化材料构成的亲水网络则使电解液完全浸润，具有良好的导电性，从而为电子和载流子提供了传导通道，并在电催化剂上完成电化学反应。这种黏合型电极一般具有较高的极限电流和反应面积。

在含有 PTFE 防水剂的黏合型电极中，PTFE 除了起黏合电催化材料的作用，主要构成为反应气提供扩散传质的疏水网络通道。PTFE 是绝缘体，因此在电极中含量过高会导致电极的电阻增大，增加电极的欧姆极化损失；但 PTFE 含量过低时，气体在电极中的传质阻力增大，增加电极的浓差极化损失，尤其是电极在高电流密度工作时更为明显。因此，对于特定电催化材料的电极加入的 PTFE 的量应该存在最优区间。需要强调的是电极内催化剂材料构成的亲水网络和由 PTFE 构成的疏水网络的比例是用体积比来衡量的，因此 PTFE 的用量实质是由催化剂材料的密度决定的，对于密度较大的银-铂黑等金属催化剂，电极中 PTFE 的质量分数一般为 10%～20%；而密度较小的 Pt/C 等催化剂，电极中 PTFE 的质量分数一般为 30%～50%。

3. 电解质

AFC 一般用 KOH 或 NaOH 作为电解质，在电解质内部传输的导电离子是 OH^-。比较典型的电解质溶液是质量分数为 35%～50%的 KOH 溶液，可以在较低温度下使用(＜120℃)。而当温度较高的时候，如 200℃，可以使用较高的电解质溶液浓度(85%)。NaOH 也可作为电解质，其优点是价格比 KOH 低，但是如果在反应气中有 CO_2 存在，会生成 Na_2CO_3，其溶解度较 K_2CO_3 低，易堵塞电池的气体通道。因此 KOH 是最常用的电解质。

4. 双极板与流场

碱性燃料电池的双极板和流场相对于 PEMFC 而言比较简单，目前常用的 AFC 双极板材料有镍和无孔石墨板，这些材料在 AFC 工作条件下性能稳定，且价格低。对于要求具有高的质量比功率和体积比功率的 AFC，则多采用厚度为毫米级的镁、铝等轻金属制备双极板，但在这些双极板上会镀上金或银。其他一些材料如铁板镀镍也可以作为双极板。而流场一般采用点状流场、平行沟槽流场和蛇形流场。

3.4.4　排水

为了确保 AFC 的连续稳定运行，必须将生成的水及时排出，排水速率一般与生成水的速率相等。对于石棉膜型 AFC 的排水至今已有动态排水法和静态排水法两种[12,92]。

1. 动态排水法

对于 AFC，水是在氢电极生成的，动态排水法是将在氢电极生成的水蒸发到氢气中，然后用风机循环氢气，使水在电池外的冷凝器中冷却分离；氢气与来自氢源的纯氢混合进入氢腔，供电池使用。

由于水的蒸发、冷凝速率快，所以可以近似认为均处于热力学平衡状态，此时电池氢腔中的水蒸气(steam)分压 p_s^{cell} 由电池石棉隔膜内碱浓度 c_{OH} 和电池的工作温度 T_{cell} 决定，与冷凝入口的氢气中水蒸气分压 p_s^{in} 相等，即

$$p_s^{cell} = p_s^{in} = f\left(c_{OH}, T_{cell}\right) \tag{3.25}$$

而冷凝器出口的氢气中水蒸气 p_s^{out} 的分压由冷凝器的温度决定，则在定态下氢气循环比 n 与 p_Σ、p_s^{cell}、p_s^{out} 的关系为

$$n = \frac{V_H^R}{V_H^C} = \frac{1}{\dfrac{p_s^{cell}}{p_\Sigma - p_s^{cell}} - \dfrac{p_s^{out}}{p_\Sigma - p_s^{out}}} \tag{3.26}$$

式中，p_Σ 为系统总压；V_H^R 为氢气循环量；V_H^C 为电池氢气的体积消耗量。在特定的 AFC 工作温度下，p_s^{cell} 只是 c_{OH} 的函数，此时可以根据式(3.26)计算出氢气循环比 n 与电池石棉隔膜内碱液浓度 c_{OH} 的关系。结果表明，当氢气循环比较大时，KOH 浓度可认为基本不变，但若循环比太大，循环泵的功耗增加，从而增加电池系统的内耗。因此必须控制好氢气的循环比。这种排水方法比较简单，但要消耗一定的功耗。此外，泵的使用增加了电池系统的动部件，降低了电池系统的可靠性。

2. 静态排水法

用静态排水法排水时，在电池氢气室一侧增加一张浸了 KOH 溶液的微孔导水膜，将电池的氢气室与水蒸气室分开，水蒸气室维持负压。因此，在氢电极上产生的水蒸发到氢气中，通过扩散迁移到导水膜一侧并被吸收，依靠浓差扩散迁移到导水膜的另一侧，再真空蒸发到水蒸气腔，最后靠压差扩散到电池外冷凝回收。由于水蒸发、冷凝和气体扩散的速度都较快，所以整个排水过程的速度由导水膜内的水的迁移速度决定，即由导水膜两侧的碱浓度差决定。一般导水膜的面积要远大于其厚度，因此水在膜内的迁移可以直接用一维扩散方程来处理，即

$$W = D\frac{s}{l}\Delta c \tag{3.27}$$

式中，W 为导水量(g/h)；D 为水在导水膜内的有效扩散系数(cm^2/h)；s 为导水膜的面积(cm^2)；l 为导水膜的厚度(cm)；Δc 为导水膜两侧碱的浓度差(g/cm^2)。

该法只需控制水蒸气室的真空度，易于实施，即使在过载 2～3 倍时不加蓄碱板也不会导致碱的流失。此外，在航天使用时，因为太空存在真空条件，这种方法更显优越性。但每个单体电池要增加一个水蒸气室，使电池结构比较复杂。

3.4.5　AFC 的优缺点

1. AFC 的优点

(1) 能量转换效率高。在碱性条件下，氧气发生还原反应的动力学条件要优于酸性溶液中的，所以氧化还原反应的活化过电压小，其工作电压高达 0.875V，其电能转换效率可达 60%～70%。因此，AFC 的性能一般要好于使用酸性电解质的 PAFC 和 PEMFC。

(2) 电池系统成本低。AFC 中使用的电解质是 KOH，其价格很低，另外，AFC 的催化剂可以用非贵金属材料制成，因此其电极成本要比其他类型燃料电池的成本低得多。

(3) 启动容易。AFC 电池启动速度快，而且可在常温下启动。

(4) 低温工作性能好。由于在碱性溶液中，浓的 KOH 电解液的冰点较低，所以 AFC 可在低于 0℃下工作。

2. AFC 的缺点

由于 AFC 用碱性电解质，会和 CO_2 反应生成溶解度较小的碳酸盐，一方面会减少作为载流子的 OH^- 的数量从而使溶液电导率下降；另一方面生成的碳酸盐容易在电极微孔中析出，堵塞并损坏多孔催化剂的结构和电极，使电池的性能恶化。这使得 AFC 的发展和应用受到了限制。

3.4.6　单电池与电池组

1. 单电池

根据电解液的保持方法不同，电解质结构可分为担载型和自由介质型。担载型的典型代表是石棉膜型碱性燃料电池，此类单电池的主体为膜电极“三合一”。

在石棉膜型 AFC 中主要用石棉隔膜作为电解质材料的载体。饱浸碱液的石棉隔膜的作用主要有两方面：一方面是起阻隔气体作用，分隔氧化剂(氧气)和还原剂(氢气)；另一方面是为 OH^-的传递提供通道。微孔石棉膜由于其平均孔径为百纳米级，当其饱浸浓碱液后，具有较高的气体穿透压(＞1.0MPa)，具有良好的阻气性能，但石棉的主要成分为氧化镁和二氧化硅(分子式为 $3MgO \cdot 2SiO_2 \cdot 2H_2O$)，还含有少量的 Al_2O_3、CaO 和 Fe_2O_3，长期浸泡在水溶液中会因酸性组分与碱反应而发生缓慢腐蚀。因此为了减少石棉膜在浓碱中的腐蚀，可在石棉纤维制膜前用浓碱进行预处理，也可在浸入石棉膜的浓碱中加入少量的硅酸钾，达到抑制腐蚀、减小石棉膜结构变化的目的。另外，为了改进担载型电池的寿命和性能，已成功开发出了钛酸钾微孔隔膜，并应用于美国航天飞机的 AFC 中。

自由介质型 AFC 都是循环式电解质型的，典型代表是 Bacon(培根)型碱性燃料电池，如图 3.56 所示。采用质量分数为 45%的 KOH 水溶液作为电解质，对电解质进行循环，电池的反应产物水与废热均由循环的电解液排出。主要有如下的优点：①循环电解质系统可作为电池系统的冷却系统，降低了附加冷却系统的成本及其引起的系统复杂性；②电解质在循环过程中，可以不断地进行搅拌和混合，

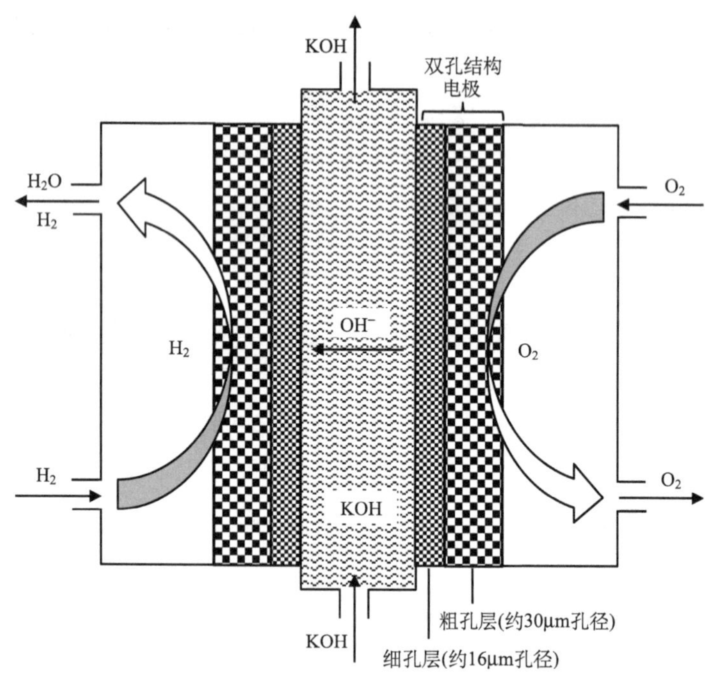

图 3.56　Bacon 型碱性燃料电池示意图

解决阴极周围电解质浓度过高和阳极周围电解质浓度过低的问题；③电解质在循环的同时可以带走在阳极产生的水，无须附加蒸发系统；④反应时间延长时，电解质的浓度会产生变化，这时，可以泵入新鲜溶液代替旧溶液。但是循环电解液也存在以下的缺点：①需要附加一些装置，如循环泵；②容易产生寄生电流；③附加的管路增加了电池系统泄漏的可能；④每一个单体电池必须有各自独立电解质循环，否则容易短路。

2. 电池组

碱性燃料电池电池组一般按压滤机方式组装。电池组一般由单电池主体、双极板和密封件等单元重复组成，两端为带集流输出的单极板(一端为氢板、一端为氧板)，为了维持电池组内温度均匀分布，有时会在单极板外加置由导热率低的工程塑料制备的隔热板，最后将两端的夹板用一定数目的螺杆锁紧。

3.5　磷酸燃料电池

3.5.1　PAFC 结构与工作原理

磷酸燃料电池就是以磷酸为电解质的燃料电池。PAFC 的燃料为氢气，氧化剂为空气。PAFC 单体电池主要由氢气气室、阳极、磷酸电解质隔膜、阴极和氧气气室组成，如图 3.57 所示。

PAFC 用氢气作为燃料，氢气进入气室，到达阳极后，在阳极催化剂作用下，失去 2 个电子，氧化成 H^+。

阳极反应：

$$H_2 \longrightarrow 2H^+ + 2e^- \tag{3.28}$$

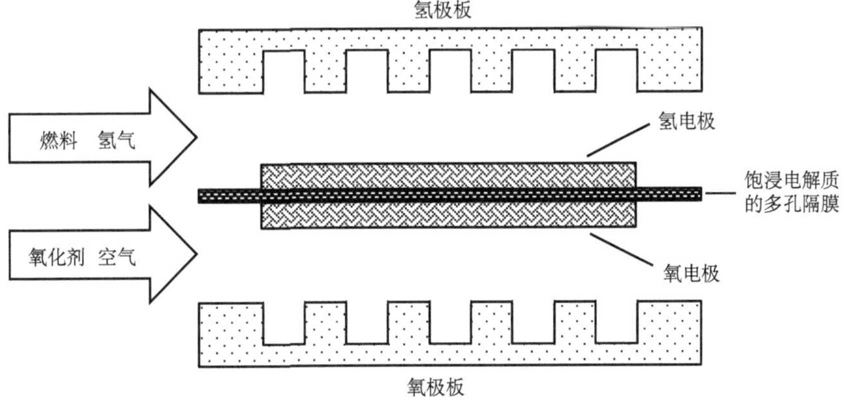

图 3.57　磷酸燃料电池单电池组成示意图

H^+通过磷酸电解质到达阴极，电子通过外电路做功后到达阴极。氧气进入气室到达阴极，在阴极催化剂的作用下，与到达阴极的H^+和电子结合，还原生成水。

阴极反应：
$$\frac{1}{2}O_2 + 2H^+ + 2e^- \longrightarrow H_2O \tag{3.29}$$

总反应：
$$\frac{1}{2}O_2 + H_2 \longrightarrow H_2O \tag{3.30}$$

PAFC 的工作压力一般为 0.7～0.8MPa。工作温度一般为 180～210℃。工作温度的选择主要根据电解质磷酸的蒸汽压、材料的耐腐蚀性能、电催化剂耐 CO 中毒的能力以及实际工作的要求。

3.5.2 PAFC 发展状况

虽然 AFC 具有高效率发电的优点，但是将其应用在地面上的时候，由于 CO_2 所产生的毒化问题，它的应用受阻。这时，人们开始研究以酸作为电解质的燃料电池。磷酸由于具有较好的热、化学和电化学稳定性以及高温下挥发性小、独特的对 CO_2 的耐受力等优点而成为最早研制成功的地面用的燃料电池。

在 20 世纪 60 年代，美国能源部制订了发展 PAFC 的 TARGET 计划。在该计划的支持下，1967 年开始，美国国际燃料电池公司与其他 28 家公司合作，组成了 TARGET 集团，开始研制以含 20%CO_2 天然气裂解气为燃料的 PAFC 发电系统。第一台 PAFC 4kW 的样机为家用发电设备运行了几个月。在 1971～1973 年，研制成了 12.5kW 的 PAFC 发电装置，它由 4 个电堆组成，每个电堆由 50 个单体电池组成。此后，它们生产了 64 台 PAFC 发电站，分别在美国、加拿大和日本等 35 个地方试用。在 TARGET 成功的基础上，美国能源部、天然气研究所和电力研究所组织了一系列 PAFC 的开发计划，这些计划的共同目标是完善 PAFC 发电系统，使 PAFC 达到商业化的要求。其中，GRT-DOC 计划最引人注目。在 1976～1986 年，GRT-DOC 计划研制了 48 台 40kW 的 PAFC 发电站，其中 2 台在日本东京煤气公司和大阪煤气公司进行试验，其余的在美国 42 个地方进行了应用试验。结果表明 PAFC 本体性能良好，但辅助系统有些问题，另外，发现 PAFC 造价太高。1989 年，新成立的 ONSI 公司在 GRT-DOC 计划资助下，开始开发 200kW 热电联产型 PAFC 发电装置，并在 1990 年将样机出售给日本进行了运行试验，发现其发电效率为 35%，热电联产后效率达 80%。此后，有 53 台 200kW PAFC 发电装置被美国和日本的公司订购，价格从最初的 50 万美元降到 35 万美元。在这些 PAFC 发电装置中，有些装置的运行寿命达到了 40000h。美国 Seimens Westinghouse Electric Company 等在美国能源部支持下，也进行了 PAFC 发电站的研制。

日本对 PAFC 的研制也很重视，由于日本只考虑用天然气的大型燃料电池发电站，美国 IFC 公司与日本东芝公司合作研制成了 11MW 的 PAFC 电站，并在日本运行，为 4000 户家庭供电。他们计划以 5000 万美元的价格商业化。

受美国和日本对 PAFC 研制的启发，其他国家在 20 世纪 80 年代开始也重视 PAFC 发电装置的研制，但是其中的 PAFC 都是从日本或美国引进的。1988 年，由荷兰和意大利联合组建的国际动力集团从日本富士电机公司购进 25kW 的 PAFC 发电装置，在荷兰进行试验，并在 1990 年建立了 80kW 的 PAFC 发电装置，在德国进行试验。1992 年，意大利 Ansaldo 公司建造了 1000kW 的 PAFC 发电站，其中 PAFC 是从美国引进的。1985 年，韩国电力公司从日本富士电机公司引进 5.6kW 的 PAFC 发电装置，建立发电厂。泰国也在 1991 年从日本富士电机公司引进 5.6kW 的 PAFC 发电装置，建立发电厂。中国在 20 世纪 70 年代停止了航天用的 PAFC 研制后，没有马上转入地面燃料电池的研究。到 20 世纪 90 年代想要开展地面用燃料电池时，又发现在日本和美国 PAFC 技术基本成熟，因此，中国一直没有开展 PAFC 的研制，但广州市引进了日本研制的 PAFC 发电装置，用沼气作为燃料，进行了发电运行试验。

PAFC 还曾作为电动车的动力源。1987 年，美国能源部开始 PAFC 电动车的开发计划，并在 1994 年推出了样车，用甲醇作为燃料。日本富士电机公司也进行了车用 PAFC 的研制，在 1998 年研制成 PAFC 与太阳能电池结合的电动轿车。

3.5.3 PAFC 结构材料

1. 电催化剂

在 PAFC 中，为了促进电极反应，起初一般采用贵金属(如铂黑)作为电极催化剂，铂黑的用量为 $9mg/cm^2$，成本较高。但随着引入具有导电性、耐腐蚀性、高比表面积、低密度的廉价炭黑(如 X-72 型炭)作为电催化剂的担体后，铂催化剂的分散度和利用率得到极大的提高，使电催化剂铂的用量大幅度降低，现在 PAFC 阳极铂的担载量已降至 $0.1mg/cm^2$，阴极为 $0.5mg/cm^2$。

对阳极而言，到目前为止，PAFC 所使用的阳极催化剂仍然以铂或铂合金为主，因为贵金属催化剂催化电极反应的可逆性较好，催化活性较高；能耐燃料电池中电解质腐蚀，因而具有长期的化学稳定性。

对于阴极而言，由于在酸性介质中，酸的阴离子吸附等会影响氧在电催化剂上的电还原速度，电池中的电化学极化主要由氧电极产生。因此阴极的电催化剂用量较大。阴极除了使用贵金属作为催化剂，为了降低电池成本，也有人采用其他金属大环化合物催化剂来代替纯 Pt 或 Pt 合金催化剂，如 Fe、Co 的卟啉等大环化合物作为阴极催化剂，虽然这种催化剂的成本较低，但是它们的性能，特别是稳定性不好，在浓磷酸电解质条件下，只能在 100℃ 下工作，否则会出现活性下降的问题。后来又提出了结合贵金属催化剂 Pt 与大环化合物的优点，制备 Pt 与过渡金属的复合催化剂。研究较多的为 Pt 与 Ni、V、Cr、Co、V、Zr、Ta 等的合金，并测试了它们作为 PAFC 阴极催化剂的电催化性能，该类催化剂能够提高氧化还原反应的电催化活性，如 Pt-Ni 阴极催化剂的性能比 Pt 提高了 50%。

2. 电极

在寻求新型高效电催化剂的同时，为提高铂的利用率，降低铂的担载量，进一步降低电池成本，延长电池寿命，在 PAFC 的电极结构的改进方面取得了突破性的进展，成功研制出了多层结构的多孔气体扩散电极。

如图 3.58 所示，该电极有三层：第一层通常采用炭纸，炭纸的孔隙率一般高达 90%，在浸入 40%～50%(质量分数)的聚四氟乙烯乳液后，孔隙率降至 60%，平均孔径为 12.5μm，细孔孔径为 3.4μm。它起收集、传导电流和支撑催化层的作用，其厚度为 0.2～0.4mm，通常称为扩散层或支撑层。为了便于在扩散层上制备催化层，需要在其表面上制备一层由 X-72 型炭与质量分数为 50%聚四氟乙烯乳液的混合液所构成的平整层，其厚度为 1～2μm，其作用有二个：一是整平扩散层表面，利于制备催化层；二是防止在制备催化层时，Pt/C 电催化剂进入扩散层的内部，降低铂的利用率。在平整层上制备由 Pt/C 电催化剂和 30%～50%(质量分数)聚四氟乙烯乳液构成的催化层。该催化层的厚度约为 50μm。平整层和催化层可采用喷涂法或刮膜法制备。一般而言，电极制备好以后需要经过滚压处理，压实后再 320～340℃烧结，以增强电极的防水性。

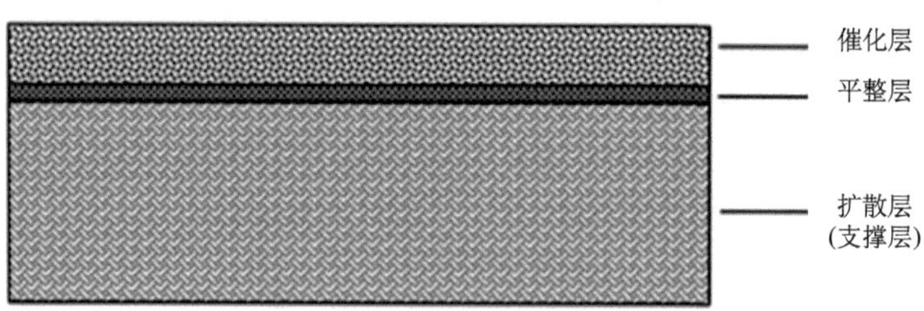

图 3.58　PAFC 多孔气体扩散电极

3. 隔膜

早期 PAFC 的隔膜主要使用经过特殊处理的石棉膜和玻璃纤维纸，但是，石棉和玻璃纤维中的碱性氧化物会和电解质浓磷酸发生反应，从而使电池的性能降低。经过多年的研究，现在均选用在 PAFC 工作条件下具有化学稳定性和电化学稳定性的碳化硅(Silicon Carbon，SiC)作为隔膜材料。

PAFC 隔膜

在 PAFC 中碳化硅隔膜与其两侧的氢、氧多孔气体扩散电极构成膜/电极"三合一"组件。一般先将小于 1μm 的碳化硅与 2%～4%PTFE 和少量(<0.5%)的有机黏合剂(如环氧树脂胶黏剂)配成均匀的溶浆，用丝网印刷法(screen printing)在氢、氧多孔气体扩散电极的催化层一侧制备厚度为 0.15～0.2mm 的碳化硅隔膜，在空气中干燥，于 270～300℃烧结。在制备膜/电极"三合一"组件或组装电池时，将氢、氧电极上碳化硅膜合压到一起得到 300～400μm 厚的碳化硅隔膜，为了减少隔膜的欧姆电阻，PAFC 隔膜厚度逐渐减至 100～130μm。

饱浸磷酸的碳化硅隔膜一是起离子传导作用，为了减少其电阻它必须具有尽可能大的孔隙率，一般为 50%～60%。同时为了确保磷酸优先充满碳化硅隔膜，其平均孔径应小于电极的孔径。二是起隔离氧化剂和燃料的作用。考虑 PAFC 的启动、运行和停止过程中气体压力的波动，隔膜的最小鼓泡压力应达到 0.05～0.1MPa，因此隔膜的最大孔径应小于几微米，其平均孔径不能大于 1μm。

4. 电解质

PAFC 使用的电解质是 100%的磷酸，采用磷酸作为电解质有明显的优势。磷酸具有较高的沸点，即使在 200℃挥发性也很低，因此，PAFC 的工作温度较高，在 180～210℃。在此温度下，电池的性能较高，而且燃料气体中含有 CO 杂质不易使催化剂中毒，因此燃料气体中的 CO 含量可高达 0.5%。另外，PAFC 耐燃料气体及空气中 CO_2 的性能较好，不必除去。因此，PAFC 对燃料的要求比较低，可利用城市天然气体、从工业废弃物中提取得到的低热量气体的燃料发电系统及利用废甲醇热解气作为燃料。

100%的磷酸固化温度在 42℃左右，当电池停止运行时，电解质会产生固化，使电池体积增加。此外，电池在有负载和无负载时，也会引起酸的体积变化。另外，在磷酸凝固、重新熔化的过程中会产生应力。这都会损害电池的电解质隔膜，使电池性能降低。所以，PAFC 在运行和不运行时，都要使电池的温度保持在 45℃之上。

5. 双极板

双极板分隔氧化剂和燃料，同时传导电流。在其两面加工的流场将反应气均匀分配至电极各处。与 AFC 不同，由于酸的强腐蚀性，不能采用一般金属材料，因此 PAFC 只能采用石墨作为双极板。早期的双极板是将石墨粉和树脂的混合物在 900℃左右使树脂部分炭化制得的，但这种材料在 PAFC 的工作条件下会发生降解。后来将热处理温度提高到 2700℃，使石墨粉和树脂的混合物接近完全石墨化，该双极板稳定性达到预期目标，但费用太高。为了降低双极板的成本，目前一般采用复合双极板，中间一层为无孔薄板，起着分隔气体的作用，在其两侧再加置带气体分配孔道的多孔碳板作为流场板，以构成一套完整的双极板。在 PAFC 中，这种多孔流场板还可储存一定容量的磷酸，当电池隔板中的磷酸因蒸发等因素损失时，被储存的磷酸就会依靠毛细力的作用迁移到电解质隔膜内，以延长电池的工作寿命。

3.5.4　PAFC 电池组

PAFC 电池堆由多节单体电池按压滤机的方式组装而成。PAFC 一般工作温度在 200℃左右，能量转化效率为 40%～50%，为了电池工作稳定，必须将电池组的热量连续排出并加以回收利用，以提高燃料的利用效率。

因电池组内双极板、电极等均为热的良导体，为简化电池结构，一般散热设计是在每 2～5 个单体电池间加一片散热板，利用冷却剂将电池组的废热排出。按冷却剂不同。PAFC 的冷却方式可分为水、绝缘油和空气三种冷却方式。

水冷式是最常用的冷却方式。该冷却方式可分为沸腾冷却和强制对流冷却两种。沸腾冷却利用水的蒸发潜热将电堆的热带出，由于水的蒸发潜热大，冷却水用量少，而采用强制对流冷却则采用高压水冷却，所需水量较沸腾冷却大而且要注意冷却水管的耐压能力。采用水冷时，为防止腐蚀的发生对水质要求很高，如重金属的含量要低于 1.0×10^{-6}，氧含量要达到 1.0×10^{-10}。为了避免对水质的高要求，可以用绝缘油作为冷却剂，但其比热容比水低，因此所需流量较大。空气作为冷却剂时，由于热容量比较低，所以所需流量较大，循环系统所需能耗也较大。

3.5.5　影响 PAFC 的因素

1. 工作条件对其性能的影响

1）工作温度的影响

PAFC 的工作温度为 160～210℃。一般来说，电池的工作温度提高有利于电池性能的改善，但是温度升高，也会给电池带来一些负面的影响。PAFC 工作温度的升高会使电池炭材料的腐蚀加重、高分散的 Pt 催化剂烧结以及电解质磷酸挥发和降解损失严重。所以，PAFC 的工作温度不宜过高，峰值温度为 220℃，而电池连续工作时的温度为 210℃，不能超过 210℃，否则会对电池的寿命和性能产生不利的影响。

2) 反应气压力的影响

与低压工作时的情况相比，PAFC 电池在较高的压力下运行时，可以有效地改善电化学性能，加快反应速率，提高电池的发电效率，但电池的系统比较复杂。图 3.59 显示了不同反应气供气速率下电压的损失情况，由于电池的效率与输出电压成正比，电池的效率损失可以通过电压损失来衡量。从图中可以看出，随着供气速率的增加，电池的电压损失逐渐减小，电池的效率也越来越高[93]。因此，一般对于大容量电池组选择加压工作，反应气的压力一般为 0.7～0.8MPa。而对于小容量电池组，往往采用常压进行工作。

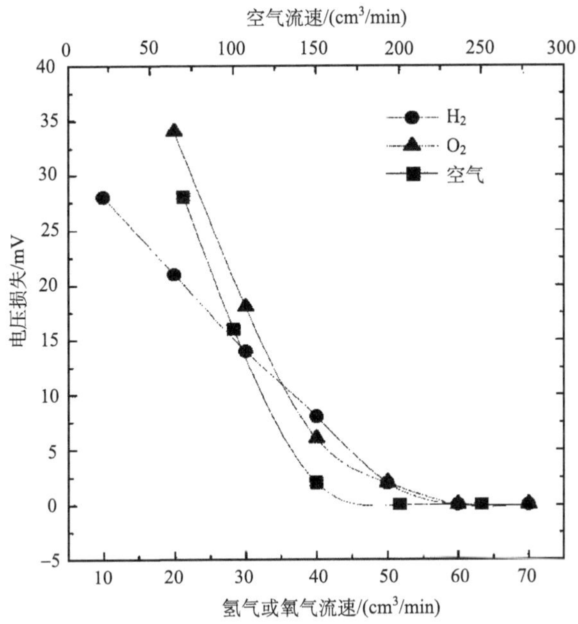

图 3.59　供气速率对单电池电压损失的影响(电流密度为 150mA/cm^2)

增加 PAFC 工作压力，电池性能提高的原因为氧气和水的分压增加，降低了浓差极化，而且，工作压力增加可以使阴极反应气体中水的分压提高，而使磷酸电解质浓度降低，使离子的传导性能增强，降低 PAFC 的欧姆极化。

2. 燃料气体中杂质的影响[94]

典型的 PAFC 燃料气体中大约含 80%H_2、20%CO_2 以及少量的 CH_4、CO 与硫化物。

1) CO对电池性能的影响

CO是在燃料重整过程中产生的，它能强烈吸附在Pt催化剂表面而使其中毒。研究发现，有CO存在时，阳极氧化电流降为没有CO存在时的一半，即CO对Pt催化剂的毒化作用很强。然而，随着温度升高，CO在Pt催化剂电极表面的吸附作用减弱，也就是说，CO对Pt催化剂的毒化程度降低。

2) 硫化物对电池性能的影响

硫化物来自燃料本身，燃料蒸气和煤气中的硫通常以H_2S的形式存在。H_2S能强烈吸附在Pt催化剂表面，占据催化活性中心，并被氧化为单质硫而覆盖在Pt粒子表面，使Pt催化剂失去对氢气氧化的电催化功能。而在高电位下，吸附在Pt表面的硫会被氧化为SO_2，其脱附后，Pt催化剂又会恢复其催化活性。当燃料气体中同时含有CO时，H_2S对电极的毒化作用会加强，将这种影响称为协同效应。

3) 氮化物对电池性能的影响

来自燃料重整过程中的一些氮化物，如NH_3、NO_x、HCN等对电池的性能都有影响。而氮气除了起到稀释剂的作用，并没有太大的毒害作用。燃料气体或氧化剂中如果含有NH_3，会与电解质磷酸发生反应，生成$NH_4H_2PO_4$，这会使氧还原性能下降，从而影响电池的性能。经过研究发现，$NH_4H_2PO_4$的允许浓度为0.2%，即NH_3的最大允许浓度为$1mg/m^3$。

4) 氧化剂气体组分对电池性能的影响

PAFC一般用纯氧或空气中的氧作为氧化剂。很明显，氧的浓度会影响电池的性能。例如，以含氧气21%的空气取代纯氧，在恒定电极电位条件下，极限电流密度会降低2/3左右。

3.5.6　影响寿命的因素及改进办法

1. 电池性能下降的原因

为了延长PAFC运行寿命，必须了解电池性能下降的原因，并提出解决办法。电池性能下降的现象可分为两类。一是电池性能急剧下降，其原因可能是磷酸不足或氢气不足。二是电池性能经过数千到数万小时后引起的缓慢下降，其原因可能是催化剂活性下降或催化层防水性下降。

2. 电池性能快速下降的原因的判断

1) 磷酸不足导致电池性能的下降

在电池内部如果磷酸大量损失，就会导致电极间气体泄漏，电池阻抗增大，引起电池性能的急剧下降。要判断这个现象比较简单，即在加入磷酸后性能很快恢复就表明电池内磷酸不足。另外，测量电池内阻抗的增加和阴极 CO_2 含量的增加都可以判断磷酸的不足。一般磷酸的损失是由于磷酸的挥发而引起的，因此，可通过降低电池反应气体出口处附近的温度，使在高温部位蒸发掉的磷酸在出口处凝聚而抑制磷酸的外泄[95]。

2) 氢气不足导致电池性能的下降

如果电池气室沟槽内存留有异物或者在双极板上出现针孔，从而在燃料极与空气极导致局部的气体泄漏，这种情况下，在燃料气的下流侧会造成局部的氢气供给不足。另外，当要求增加负荷时，如燃料气体不能增加，都会造成氢气供给量的不足。而氢气量的不足会使空气极的电位正移，当达到碳材料的腐蚀电位以上时，在空气极侧就会发生电极中材料的腐蚀，情况严重时，电池输出电压甚至会变成负电压，造成电池不能运转。

3. 电池性能缓慢下降的原因的判断

1) 由催化剂电催化下降导致电池性能的下降

催化剂电催化性能下降的主要原因是在运行过程中，催化剂粒子会慢慢团聚，导致催化剂比表面积下降或催化剂的脱落。特别是由于氧气电还原比氢难，阴极性能更易变坏。

2) 由催化剂层湿润导致性能的下降

所谓催化剂层的湿润，是指在电极催化剂层内随时间的推移，磷酸逐渐地渗透，其结果是反应气体的供给受到阻碍，造成向催化剂输送的反应气体不足，从而导致电池性能的下降。这可通过检测反应气的浓度和电池性能的关系来判断。特别容易的是用空气作为氧化剂和用纯氧情况下的电池性能的电压差(称为氧差压)来衡量气体扩散性的指标。

3.5.7 PAFC 的优缺点

经过多年的努力，PAFC 得到了很大的进展，已经进入了商业化初期的阶段，是所有燃料电池中发展最快的燃料电池，这主要得益于 PAFC 具有如下优点：①PAFC 耐燃料气体及空气中 CO_2，无须对气体进行除 CO_2 的预处理，所以系统简化，成本降低；②电池的工作温度在 180～210℃，工作温度较温和，所以对构成电池的材料要求不高；③PAFC 在运行时所产生的热水可供饮用，即可以热电联供；④稳定性比较好。

虽然 PAFC 的技术比较成熟，但 PAFC 依然存在着比较明显的缺点：①发电效率低，仅能达到 40%～45%；②由于采用酸性电解质，所以必须使用稳定性较好的贵金属催化剂，如价格高的铂催化剂，因而成本较高；③磷酸具有腐蚀作用，使得电池的寿命很难超过 55000h，离商业化 15 年的要求还有很大一段距离；④由于采用贵金属 Pt 作为催化剂，所以为了防止 CO 对催化剂的毒化，必须对燃料气进行净化处理；⑤PAFC 电堆的启动时间较长，需要几个小时，因此不适合作为快速启动装置的电源，如汽车用等移动电源，应用范围受到限制。如果这些难题不能克服，PAFC 就很难实现真正意义上的商业化，加上 PEMFC 技术的快速发展，近年来，各国对 PAFC 研制的投入逐渐减少，使 PAFC 的技术进展速度也日趋缓慢。

3.6 熔融碳酸盐燃料电池

3.6.1 MCFC 结构与工作原理

如图 3.60 所示，MCFC 由阳极、阴极、充有碳酸盐电解质的隔膜、集流板和双极板等关键材料和部件组成。熔盐电解质必须保持在多孔惰性基体中，它既具有离子导体的功能，又有隔离燃料气和氧化剂的功能，在阴极和阳极中的分配良好，同时电极与隔膜必须具有适宜的孔匹配率。

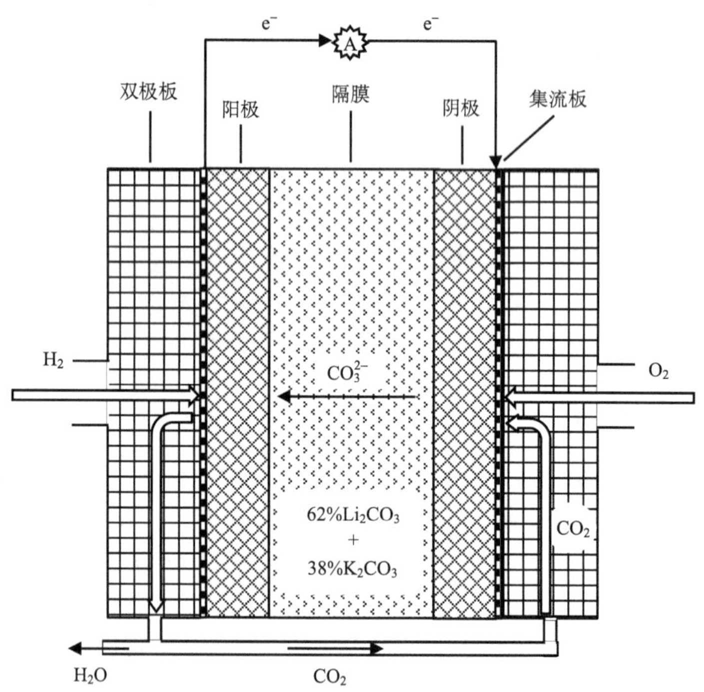

图 3.60　熔融碳酸盐燃料电池单电池组成示意图

MCFC 用碱金属(Li、Na、K)的碳酸盐作为电解质，电池工作温度 873～973K。在此温度下电解质呈熔融状态，载流子为碳酸根离子。典型的电解质为 62%Li_2CO_3+38%K_2CO_3(摩尔分数)。MCFC 的燃料气是 H_2，也可以为 CO 等，氧化剂为 O_2。当电池工作时，阳极上的 H_2 与从阴极上通过电解质迁移过来的 CO_3^{2-} 反应，生成 CO_2 和 H_2O，同时将电子输送到外电路。阴极上 O_2 和 CO_2 与从外电路输送过来的电子结合，生成 CO_3^{2-}。

熔融碳酸盐燃料电池的电化学反应式如下。

阴极反应：
$$\frac{1}{2}O_2 + CO_2 + 2e^- \longrightarrow CO_3^{2-} \tag{3.31}$$

阳极反应：
$$H_2 + CO_3^{2-} \longrightarrow CO_2 + H_2O + 2e^- \tag{3.32}$$

总反应：
$$\frac{1}{2}O_2 + H_2 + CO_2(\text{阴极}) \longrightarrow H_2O + CO_2(\text{阳极}) \tag{3.33}$$

由电极反应式可知，在阴极，CO_2 为反应物，在阳极，CO_2 为产物，导电离子为 CO_3^{2-}，即每通过 2mol 法拉第常数的电量，就有 1mol 的 CO_2 从阴极转移到阳极。为确保电池稳定连续地工作，必须将在阳极产生的 CO_2 返回到阴极，通常采用的办法就是将阳极室所排出的尾气经燃烧消除其中的氢气和一氧化碳后，进行分离除水，再将 CO_2 送回阴极。

3.6.2　MCFC 发展概况

熔融碳酸盐燃料电池的概念最早出现于 20 世纪 40 年代。50 年代，Broes 等演示了世界上第一台 MCFC。由于 MCFC 采用液体电解质，比较容易建造，成本也比较低，近年来发展迅速，除了高的能量转换效率，其副产的高温气体也可以得到有效的利用。因此，MCFC 是很有前途的新能源。80 年代，MCFC 作为第二代地面用的燃料电池基本上已经进入了商业化阶段。世界各国，尤其是美国、日本和德国都投入了巨资开发 MCFC。MCFC 的开发者认为天然气将是商业系统的燃料，其他的燃料如水分解气、垃圾场气、生物废气、石油冶炼的剩气和甲醇均可用于 MCFC。

现在 MCFC 的研究在国外已经进入了早期商业化阶段，主要集中在美国、日本、西欧等国家和地区。当时最大的 MCFC 发电装置是 1994 年开始在美国 Santa Clara 城建造的 2MW 的示范电站，该电站由 16 个 125kW 的电堆组成，发电效率为 44%，它的建成为大规模发电站提供了有益的经验。美国能源部的 MCFC 计划在 2010 年，燃用天然气的 0.25～20MW MCFC 分散电源达到商业化，100MW 以上的 MCFC 中心电站也进入商业化；2020 年，100MW 以上燃煤 MCFC 中心发电站也进入商业化。德国的 MTU Friendrichshafen 公司已经建成了一种内部重整型的 MCFC 堆发电装置，该电堆由 200 个交叉流型的单电池组成，其发电功率为 250kW，总发电效率超过了 50%。德国还研制了一种使用污水废气为燃料的 1kW 的 MCFC 发电装置，这种技术使污水废气成为 100%的可回收利用能源。日本有关 MCFC 的研究是从 1981 年开始的，通过自主开发并与美国合作。1987 年 10kW MCFC 开发成功，1993 年 100kW 加压型 MCFC 开发成功，1997 年开发出 1MW 先导型 MCFC 发电厂，并投入运行。已被列为日本“新阳光计划”的一个重点，于 2000 年完成了 1MW 级的 MCFC 电站实验，2010 年实现天然气的 10～50MW 分布式 MCFC 发电机组的商业化，并进行 100MW 以上用天然气的 MCFC 联合循环发电机组的示范，2010 年后，实现煤气化 MCFC 联合循环发电，并逐步替代常规火电厂。荷兰、意大利、西班牙等国也分别完成了 10kW、100kW、280kW 级 MCFC 电堆的开发。

国内 MCFC 研究的主要机构是中国科学院大连化学物理研究所、长春应用化学研究所和上海交通大学等单位。大连物理化学研究所从 1993 年开始对 MCFC 研究，实现了单电池发电，其电池密度 100mA/cm^2，燃料利用率达到 80%。上海交通大学已经研制了千瓦级的 MCFC，并实验发电，现在正在进行 10kW 和 50kW MCFC 电堆的研究。

3.6.3 MCFC 关键材料

1. 电极

在 MCFC 的阴极和阳极上分别进行氧阴极还原反应和氢阳极氧化反应，由于反应温度高达 650℃，反应有电解质碳酸根参与，这就要求电极材料要有很高的耐腐蚀性能和较高的电导率。阴极上氧化剂和阳极上燃料气均为混合气，尤其是阴极的空气和 CO_2 混合气在电极反应中浓差极化较大，因此电极均为多孔气体扩散电极，同时要具有优良的电催化活性。此外，要确保电解液在隔膜与阳极、阴极间良好的分配，增大电化学反应面积、减小电池的活化与浓差极化[96]。

1) 阳极

MCFC 的阳极催化剂最早用银和铂，为降低成本，后来采用了电导性与电催化性能良好的镍。但纯镍在 MCFC 的工作温度与电池组装力的作用下会发生阳极蠕变现象，晶体结构产生微形变会破坏阳极结构，导致电极性能的衰减。因此为改善合金的性能，特别是蠕变性能，需要对纯镍阳极进行改性。常在 Ni 中加入摩尔分数 10%左右的 Cr、Co、Al 等金属与 Ni 形成合金，对电极起加固、对蠕变应力起分散作用。

阳极用带铸法制备，将一定粒度分布的电催化剂粉料(如碳基镍粉)、用高温反应制备的偏钴酸锂($LiCoO_2$)粉料或用高温还原法制备的镍-铬合金粉料与一定比例的黏合剂、增塑剂和分散剂混合，并用正丁醇和乙醇的混合物作为溶剂，配成浆料，用带铸法制备阳极。既可单独程序升温烧结制备多孔电极，也可在电池程序升温过程中与隔膜一起去除有机物而形成多孔气体扩散电极和膜电极“三合一”组件。

2)阴极

目前 MCFC 的电极反应稳定很高，电极催化活性也较高，因此电解材料一般采用非贵金属。阴极一般采用多孔 NiO，是由于多孔镍在电池升温过程中原位氧化，并且部分被原位锂化，形成非化学计量化合物 $Li_xNi_{1-x}O$，具有电导率高、电催化活性高和制备方便的优点。因此 NiO 作为标准的 MCFC 阴极材料。但是在长期的运行中，NiO 易溶解于熔盐电解质中导致电极性能下降[97]。NiO 在电解质中的溶解度与 CO_2 的分压有关系。一般随着 CO_2 的分压增加，NiO 的溶解先经历“碱性溶解”再经历“酸性溶解”，因此 CO_2 的分压较高时，以“酸性溶解”为主，其反应机理为

$$NiO + CO_2 \longrightarrow Ni^{2+} + CO_3^{2-} \tag{3.34}$$

产生的 Ni^{2+}扩散进入隔膜，被电解质板阳极一侧渗透过来的 H_2 还原成金属 Ni 而沉积在电解质中，这些 Ni 微粒相互连接成为 Ni 桥，最终可导致电池阴极和阳极的短路，成为 MCFC 技术的主要问题。

$$Ni^{2+} + CO_3^{2-} + H_2 \longrightarrow Ni + H_2O + CO_2 \tag{3.35}$$

开发新型阴极材料是解决这个问题的主要途径之一。目前使用的几种阴极材料其对应阴极的结构参数和在高温电解质中的溶解速率和交换电流密度列于表 3.8 中，从表中可以看出，$LiCoO_2$ 阴极在高温电解质中的溶解速率是 NiO 阴极

表 3.8　不同阴极结构参数及其在高温电解质($62\%Li_2CO_3+38\%K_2CO_3$)中的溶解速率和交换电流密度

阴极		NiO	$LiCoO_2$	$LiFeO_2$
孔隙率/%		60～62	58～68	58～68
孔径/μm		18～26	13	11
电极厚度/mm		0.4	0.4	0.4
溶解速率/($\mu g \cdot cm^{-2} \cdot h^{-1}$)		4～5	0.5～2	0.1～0.5
交流电流密度/(mA/cm^2)	650℃	3.4	1.0	0.05
	700℃	—	3.6	0.5

的 1/10～1/2，但其交换电流密度明显低于 NiO，因此也不是理想的阴极材料，需要经过掺杂增加电导率，才有可能成为阴极。$LiFeO_2$ 阴极在高温电解质中虽然有很低的溶解速率，但其交换电流密度较低，电性能也较低，同样需要掺杂改善其电性能。

根据 NiO 易溶于酸性介质的特点，在阴极制备过程中加入 MgO、CaO、SrO 和 BaO 等碱土元素化合物，制成碱性较强的掺杂型 NiO 多孔阴极，碱土元素的引入能够有效降低熔盐中 Ni 的溶解性，因而有利于提高阴极的稳定性。其中，添加 x=5%（x 表示摩尔分数）的 MgO 具有最佳效果。La、Al、Ce、Co 等元素掺杂也能够显著提高 NiO 阴极的性能和化学稳定性。

$LiCoO_2$ 近年来成为新阴极材料探索的重点，经过半导体掺杂 Mg 后，进一步掺杂 La 和 Ce 等稀土元素后制得阴极材料，其性能优于 NiO 阴极。用 $LiCoO_2$ 材料作为阴极是较好的选择。但是需要解决的另一个问题是如何提高 $LiCoO_2$ 的导电性能。$LiFeO_2$ 作为阴极材料在 MCFC 工作条件下几乎不溶解，但其在常压下的催化活性低，电极极化大，不适用。对于加压 MCFC，其活性有提高，掺 Co 的 $LiFeO_2$ 值得研究。此外还有一些钙钛矿和尖晶石结构的材料，既有较高电导率和交换电流密度，又有较低的溶解速率，但此类材料组成复杂、制备难度大，阴极成型也是一个难题。

2. 隔膜

1）隔膜材料的性能

电解质隔膜是 MCFC 的重要组成部件，其中电解质被固定在隔膜载体内，它的使用也是 MCFC 的特征之一。电解质隔膜应至少具备四种功能：①隔离阴极与阳极的电子绝缘体。②碳酸盐电解质的载体，碳酸根离子迁移的通道。③浸满熔盐后防止气体的渗透。因此隔膜既是离子导体，又是阴、阳极隔板。它必须具备强度高，耐高温熔盐腐蚀，浸入熔盐电解质后既能够阻挡气体通过，又具有良好的离子导电性能。④它的可塑性可用于电池的气体密封，防止气体外泄，即所谓的“湿封”。当电池的外壳为金属时，湿封是唯一的气体密封方法。

隔膜是陶瓷颗粒混合物，以形成毛细网络来容纳电解质。隔膜为电解质提供结构，但不参加电学或电化学过程。电解质的物理性质在很大程度上受隔膜控制。隔膜颗粒的尺寸、形状及分布决定孔隙率的孔隙分布，进而决定电解质的欧姆电阻等性质。隔膜一般是粗、细颗粒及纤维的混合物。其中，细颗粒提供高的孔隙率，粗粒材料用于提高抗压强度和热循环能力。早期采用过 MgO 作为 MCFC 的隔膜材料，但 MgO 在高温下熔融碳酸盐中会有微量的溶解，使隔膜的强度变差。目前，几乎所有 MCFC 使用的细颗粒材料都是偏铝酸锂，它具有很强的抗碳酸熔盐腐蚀能力。

偏铝酸锂($LiAlO_2$)有α、β和γ三种晶型，分别属于六方、单斜和四方晶系。其外形分别为棒状、针状和片状。其中 γ-$LiAlO_2$ 和α-$LiAlO_2$ 都可用于 MCFC 的隔膜材料，早期 γ-$LiAlO_2$ 用得多一点。但是由于在 MCFC 的工作温度以及熔融碳酸盐存在的情况下，β-$LiAlO_2$和γ-$LiAlO_2$都要不可逆地转变为α-$LiAlO_2$，同时伴随着颗粒形态的变化和表面积的降低，因此现在的α-$LiAlO_2$ 用得更多一些。

隔膜的孔隙率越大，浸入的碳酸盐电解质就越多，隔膜的电阻率也就越小。考虑一方面应能承受较大的穿透气压，另一方面还应尽量减小电阻率，隔膜应具有小的孔半径和大的孔隙率，因此，孔半径和孔隙率经常作为衡量隔膜性能的重要指标。一般熔融碳酸盐燃料电池隔膜的厚度为 0.3～0.6mm，孔隙率为 60%～70%，平均孔径为 0.25～0.8μm。

2) 隔膜材料的制备

目前，国内外已发展了多种偏铝酸锂隔膜的制备方法，如热压法、电沉积法、真空铸法、冷热法和带铸法等。其中带铸法制备的偏铝酸锂隔膜，性能与重复性好，而且适宜大批量生产。制备时将 $LiAlO_2$ 与有机溶剂、分散剂、黏合剂和增塑剂等按配方经球磨形成浆料，浇筑在一固定带上或连续运行的带上，待溶剂挥发后，从带上剥下 $LiAlO_2$ 薄层，将薄层中残留的溶剂、黏合剂等在低于电解质熔点的温度(约 763K)下烧掉，即得基底。电解质可在电池装配前通过浸渍进入基底的孔隙中，也可在浆料中先加入，后者所获得的基底孔隙率更大。为了减少制膜过程对环境的污染，在制膜过程中以水为溶剂，添加剂也选择水溶性的有机物，如表 3.9 所示。

表 3.9　带铸法制备隔膜的物料及配比

类型	常用物料	物料用量/质量比	环保型物料
主体	α-$LiAlO_2$	100	γ-$LiAlO_2$
黏合剂	聚乙烯醇缩丁醛	10～12	水溶性聚合物(如聚乙烯醇)
溶剂	正丁醇和乙醇混合物	200～350	水
增塑剂	邻苯二甲酸二正辛酯	6～13	甘油
分散剂	鳕鱼油	1.6～4.3	柠檬酸
消泡剂	硅油	0.4～1.7	高级醇

3. 电解质

MCFC 以摩尔分数 62%Li_2CO_3+38%K_2CO_3 的混合物为标准电解质。这是一个低共熔混合物，熔点为 761K，Li_2CO_3-K_2CO_3 体系还有一个低共熔混合物为 43%Li_2CO_3+57%K_2CO_3，其熔点为 773K。20 世纪 70 年代之前，MCFC 电解质材料大多选用 Li_2CO_3-Na_2CO_3 二元混合物或 Li/Na/K(43∶31∶26)低共熔混合物作为电解质。因为 Li/Na 体系的蒸汽压和热膨胀系数均略低于 Li/K 体系，近几年又重新得到重视。在确定电解质组成时需要考虑的因素很多。其中，电解质影响电池性能的因素有电导率、气体溶解度、扩散能力、表面张力及对电催化的作用等；影响电池长期工作寿命的因素有电解质的蒸汽压和腐蚀性对基底及电极稳定性的影响，电解质与基底的热膨胀匹配，以及由离子迁移速度不同导致的电池堆两端电解质组成的变化等；另外，还需要考虑其在应用中的价格。

4. 双极板

双极板通常用不锈钢和镍基合金钢制成。目前使用最多的还是 316L 不锈钢和 310 不锈钢双极板。对于小型电池组，其双极板采用机械方法进行加工；对于大型电池组，其双极板采用冲压方法进行加工。

在高温电解质的环境中，双极板产生腐蚀，腐蚀产物主要为 $LiCrO_2$ 和 $LiFeO_2$，其反应式如下：

$$\mathrm{M}+\frac{1}{2}\mathrm{Li_2CO_3}+\frac{3}{4}\mathrm{O_2}\longrightarrow \mathrm{LiMO_2}+\frac{1}{2}\mathrm{CO_2}\quad (\mathrm{M=Fe,\ Cr}) \tag{3.36}$$

由式(3.36)可知，在双极板受到腐蚀的同时，还消耗了电解质，同时在密封面的腐蚀易引起电解质流失，若不及时补充电解质，会导致电池性能的衰减。此外腐蚀作用会导致双极板的电导降低，欧姆极化增加，机械强度降低。为了提高双极板的防腐蚀性能，除了采用防腐蚀性能更好的材料，如特种钢，制备双极板，还可以对 316L 不锈钢双极板的表面进行防腐蚀处理，一般在阳极侧镀镍、在密封面镀铝来提高防腐蚀性能。

3.6.4 MCFC 单电池与电池组

MCFC 单电池由隔板、双极板、集流板、电极和充有碳酸盐电解质的隔膜组成。单电池工作时输出电压为 0.6～0.8V，电流密度为 150～200mA/cm^2。为获得高电压，往往将多个单电池串联，构成电堆。

MCFC 均按压滤机方式进行组装。在隔膜两侧分置阴极和阳极，再置双极板，周而复始进行，最终由单电池堆积成电池堆。在电池组与气体管道的连接处要注意安全密封技术，需要加入由偏铝酸锂和氧化锆制成的密封垫。当电池在高压下工作时，电池堆应安放在圆形或方形的压力容器中。使密封件两侧的压力差减至最小。两个单电池间的隔离板，既是电极集流体，又是单电池间的连接体。它将一个电池的燃料气与邻近电池的空气隔开。因此，它必须是良好的电子导体并且不透气，在电池工作温度下及熔融碳酸盐存在时，以及在燃料气和氧化剂的环境中具有十分稳定的化学性能。此外，阴阳极集流板不仅要起到电子的传递作用，还要具有适当的结构，为空气和燃料气流提供通道。

单独的燃料电池本体还不能工作，必须有一套包括燃料预处理系统、电能转换系统(包括电性能控制系统及安全装置)、热量管理与回收系统等辅助系统。靠这些辅助系统，燃料电池本体才能得到所需的燃料和氧化剂，并不断排出燃料电池反应所生成的水和热，安全持续地供电。

3.6.5　操作条件对 MCFC 性能的影响

MCFC 的性能除了取决于电池堆的大小、传热率、电压水平、负载和成本等相关的因素，还取决于压力、温度、气体组成和利用率等。图 3.61 是不同类型氢氧燃料电池性能极化曲线的比较[98]，从图中可以看出，MCFC 具有最高的开路电压，但其极化曲线几乎是一条斜率很大的直线，如此斜率的极化曲线极大地限制了 MCFC 的工作电流，因此典型的 MCFC 的运行范围是 100～200mA/cm^2，单电池电压为 750～900mV。

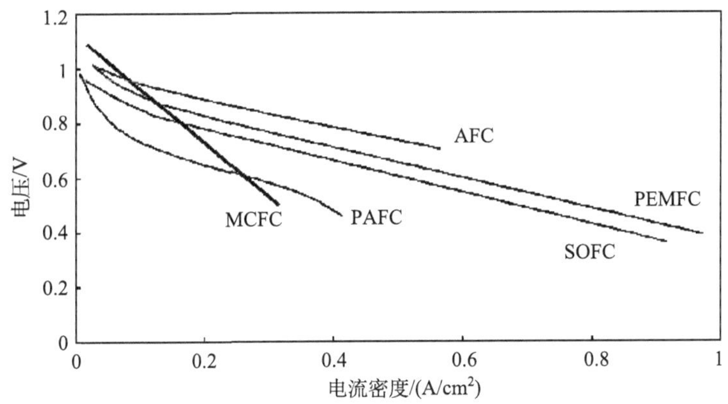

图 3.61　不同类型氢氧燃料电池性能极化曲线的比较

1. 压力的影响

MCFC 的可逆电动势依赖于压力的变化。提高 MCFC 的工作压力，导致反应物分压提高，气体溶解度增大，传质速率增加，从而导致电池电动势增大。显然提高压力也促进一些副反应的发生，如碳沉积，碳沉积可能堵塞阳极气体通路。为了提高电池的性能，应避免这些副反应的发生，增加水蒸气可避免碳沉积反应。

2. 温度的影响

大多数碳酸盐在低于 520℃时不为熔融状态。在 575～650℃，电池性能随温度升高而提高。而当温度高于 650℃时，性能提高有限，而且电解质因挥发而消失，腐蚀性也会增强。因此，将工作温度取为 650℃可以达到最佳性能和最长电堆寿命。

3. 反应气体利用率的影响

MCFC 电压随反应气体(氧化剂气体和燃料气体)的组成而变化。当反应物气体消耗时，电池电压将下降，这些影响与反应物气体的分压有关。对 MCFC 而言，提高氧化剂或燃料的利用率，均会导致电池性能下降，但反应气利用率过低将增加电池系统的内耗，综合两方面的因素，一般氧化剂的利用率控制在 50%左右，而燃料的利用率控制在 75%～85%。

4. 燃料中杂质的影响

预计煤气将是 MCFC 的主要原料，而煤以及煤的衍生燃料也含有相当数量的杂质。燃料中的硫化物，即使只有每立方米几毫克，对 MCFC 也是有害的。影响电池性能的硫化物主要是 H_2S。H_2S 在镍催化剂表面发生化学吸附，反应如式(3.37)所示生成 Ni_xS_y，从而堵塞了电化学反应活性中心，燃烧后变成 SO_2，会与电解质中的碳酸根反应［式(3.38)和式(3.39)］[99]。为保证 MCFC 长期运行(40000h)，燃料气体中的硫含量(以 H_2S 计)应低于 0.01mg/m^3，如果定期除硫，硫化物含量可放宽到 1mg/m^3。

$$x\mathrm{Ni} + y\mathrm{H_2S} \longrightarrow \mathrm{Ni}_x\mathrm{S}_y + y\mathrm{H_2} \tag{3.37}$$

$$\mathrm{H_2S} + \frac{3}{2}\mathrm{O_2} \longrightarrow \mathrm{SO_2} + \mathrm{H_2O} \tag{3.38}$$

$$\mathrm{CO_3^{2-}} + \mathrm{SO_2} + \frac{1}{2}\mathrm{O_2} \longrightarrow \mathrm{CO_2} + \mathrm{SO_4^{2-}} \tag{3.39}$$

卤化物也会严重腐蚀阴极材料，对 MCFC 的影响是破坏性的。少量的含氮化合物，如 NH_3、HCN 对 MCFC 影响非常小，如图 3.62 所示[100]，阳极气体燃烧产生 NO_x 将在阴极与电解质反应生成硝酸盐。固体颗粒物对 MCFC 的影响主要是堵塞气体通路或覆盖阳极表面。燃料气体中粒径大于 3μm 的固体颗粒含量一般应低于 100mg/m³。燃料中的 AsH_3 含量应低于 3mg/m³，对 MCFC 性能无影响。但含量达到 27mg/m³ 时，影响显著。微量金属，如 Pb、Cd、Hg 和 Sn，其影响主要是在电极表面的沉积，或与电解质反应。

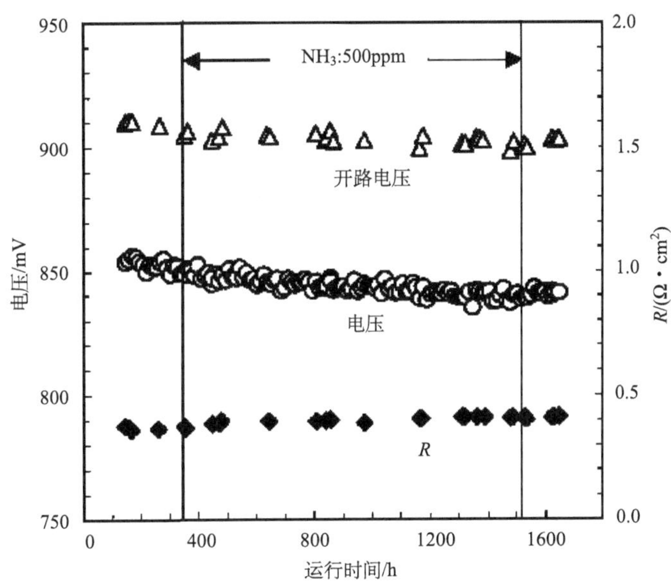

图 3.62　MCFC 单电池的电压、开路电压和内阻随时间的变化图

测试条件：恒流 150mA/cm²，923K，氧化气体组成为在 $N_2/O_2/CO_2$=55/15/30 混合气体中加入 500ppm NH_3，燃料组成为 $H_2/CO_2/H_2O$=64/16/20，压力 2.94atm

5. 电流密度和运行时间的影响

为了降低成本，MCFC 电堆应当工作在较高的电流密度。但由于欧姆极化、电化学极化和浓度差极化都随电流密度的增加而增加，导致 MCFC 的电压下降。在当前应用的电流密度范围内，电压下降主要是由于线性欧姆损失。为此应当采取措施减小欧姆阻抗，如提高集流电板和电极的导电性、减小电解质板厚度等。在 20000h 内，腐蚀造成的阻抗增加，导致电池性能下降。MCFC 电堆寿命的缩短往往是由于电解质损失、NiO 溶解或 Ni 沉积引起短路造成的，电池堆的耐久性是 MCFC 商业化进程中的一个关键因素。

3.6.6 MCFC 的优缺点

1. 优点

(1) 可用的燃料广泛。MCFC 的燃料广泛，如天然气、石油、柴油、乙醇和从煤、生物质、工业废料、城市垃圾中提取的合成气均可作为燃料。特别在工作的温度条件下，燃料(如天然气)的重整可在电池堆内部进行，如甲烷的重整反应可以在阳极反应室进行，重整反应所需热量由电池反应提供。这一方面降低了系统成本，另一方面提高了效率[101]。

(2) 总的热效率高。MCFC 的工作温度足够产生有价值的余热，又不至于有过高的自由能损失。电池排放的余热温度高达 673K，可用来压缩反应气体以提高电池性能，还可用于燃料的吸热重整反应，或用于锅炉供暖，使总的热效率达到 80%。

(3) CO 可作为燃料。几乎所有燃料重整都产生 CO，它可使低温燃料电池电极催化剂中毒，但可作为 MCFC 的燃料。因此 MCFC 可以使用如煤气等 CO 含量高的燃料气。

(4) 污染物排放指标低。MCFC 的污染物排放指标低，可以满足环保方面的要求。

(5) 可用非贵金属催化剂。MCFC 的工作温度高，电极反应活化能小，不论是氢的氧化还是氧的还原，都不需要贵金属催化剂，MCFC 的阳极催化剂可用镍，阴极催化剂可用氧化镍。

(6) 用空气冷却。MCFC 可以不用水冷却，而用空气冷却，尤其适用于缺水的边远地区。

2. 缺点

(1) 电解质的高腐蚀性。MCFC 电解质的腐蚀性以及高温对电池各种材料的长期耐腐蚀性能有十分严格的要求，电池的寿命因而受到一定的影响。

(2) 电池的密封技术难度大。单电池边缘的高温湿密封技术难度大，尤其是在阳极区，这里会遭受严重的腐蚀。另外，还有熔融碳酸盐的一些固有问题，如冷却导致的破裂等。

(3) CO_2 的循环增加了系统结构的复杂性。电池系统中需要有 CO_2 的循环，将阳极析出的 CO_2 重新输送到阳极，这增加了系统结构的复杂性。

思考题

1. 简述不同类型燃料电池（PEMFC/DMFC/SOFC/AFC/PAFC/MCFC）的基本原理，画出其结构原理示意图并写出电极反应式和总反应式。

2. 质子交换膜燃料电池中用于质子交换膜的材料至少要满足哪些要求？

3. 质子交换膜燃料电池组在长时间运行中常见的失效有哪些？

4. 固体氧化物燃料电池电解质材料必须具备哪些特征？目前使用的电解质材料主要包括哪些？

5. 简述固体氧化物燃料电池的发展趋势。

6. 对于碱性燃料电池的阳极而言，其电催化剂失活主要受哪些方面的影响？

7. 简述碱性燃料电池目前主要采用的防止催化剂中毒的方法。

8. 磷酸燃料电池性能下降的现象有哪些？分别是什么原因导致的？

9. 熔融碳酸盐燃料电池中在双极板产生腐蚀时会产生哪些不良影响？

参考文献

[1] Costamagna P, Srinivasan S. Quantum jumps in the PEMFC science and technology from the 1960s to the year 2000: Part Ⅰ. Fundamental scientific aspects. J. Power Sources, 2001, 102: 242-252.

[2] Costamagna P, Srinivasan S. Quantum jumps in the PEMFC science and technology from the 1960s to the year 2000: Part Ⅱ. Engineering, technology development and application aspects. J. Power Sources, 2001, 102: 253-269.

[3] 吴玉厚, 陈士忠. 质子交换膜燃料电池的水管理研究. 北京: 科学出版社, 2011.

[4] Zhang J J. PEM fuel cell electrocatalysts and catalyst layers. Berlin: Springer, 2008.

[5] 肖钢. 燃料电池技术. 北京: 电子工业出版社, 2009.

[6] Hinatsu J T, Mizuhata M, Takenaka H. Water uptake of perfluorosulfonic acid membranes from liquid water and water vapor. J. Electrochem Soc., 1994, 141: 1493-1498.

[7] Collier A, Wang H J, Yuan X Z, et al. Degradation of polymer electrolyte membranes. Int. J. Hydrogen Energy, 2006, 31: 1838-1854.

[8] Sakai T. Gas diffusion in the dried and hydrated nafions. Journal of The Electrochemical Society, 1986, 133(1): 88-92.

[9] Chandan A, Hattenberger M, El-kharouf A, et al. High temperature (HT) polymer electrolyte membrane fuel cells (PEMFC)-A review. J. Power Sources, 2013, 231: 264-278.

[10] Adjemian K T, Srinivasan S, Benziger J, et al. Investigation of PEMFC operation above 100℃ employing perfluorosulfonic acid silicon oxide composite membranes. J. Power Sources, 2002,

109: 356-364.

[11] Litster S, Mc Lean G. PEM fuel cell electrodes. J. Power Sources, 2004, 130: 61-76.

[12] 衣宝廉. 燃料电池——原理·技术·应用. 北京: 化学工业出版社, 2003.

[13] Wilson M S, Gottesfeld S. Thin-film catalyst layers for polymer electrolyte fuel cell electrodes. J. Appl. Electrochem, 1992, 22: 1-7.

[14] Wilson M S, Gottesfeld S. High performance catalyzed membranes of ultra-low Pt loadings for polymer electrolyte fuel cells. J. Electrochem Soc. , 1992, 139: 28-30.

[15] Wilson M S, Valerio J A, Gottesfeld S. Low platinum loading electrodes for polymer electrolyte fuel cells fabricated using thermoplastic ionomers. Electrochim. Acta, 1995, 40: 355-363.

[16] Saha M S, Li R Y, Sun X L. High loading and monodispersed Pt nanoparticles on multiwalled carbon nanotubes for high performance proton exchange membrane fuel cells. J. Power Sources, 2008, 177: 314-322.

[17] Lee K C, Zhang J J, Wang H J, et al. Progress in the synthesis of carbon nanotube and nanofiber-supported Pt electrocatalysts for PEM fuel cell catalysis. J. Appl. Electrochem, 2006, 36: 507-522.

[18] Zhang H Y, Lin R, Cao C H, et al. High specific surface area $Ce_{0.8}Zr_{0.2}O_2$ promoted Pt/C electro-catalysts for hydrogen oxidation and CO oxidation reaction in PEMFCs. Electrochim. Acta, 2011, 56: 7622-7627.

[19] Chen C Y, Lai W H, Yan W M, et al. Effects of nitrogen and carbon monoxide concentrations on performance of proton exchange membrane fuel cells with Pt-Ru anodic catalyst. J. Power Sources, 2013, 243: 138-146.

[20] Chen G X, Zhao Y, Fu G, et al. Interfacial effects in iron-nickel hydroxide platinum nanoparticles enhance catalytic oxidation. Science, 2014, 344: 495-499.

[21] Yu X W, Ye S Y. Recent advances in activity and durability enhancement of Pt/C catalytic cathode in PEMFC: Part Ⅰ. Physico-chemical and electronic interaction between Pt and carbon support, and activity enhancement of Pt/C catalyst. J. Power Sources, 2007, 172: 133-144.

[22] Yu X W, Ye S Y. Recent advances in activity and durability enhancement of Pt/C catalytic cathode in PEMFC: Part Ⅱ: Degradation mechanism and durability enhancement of carbon supported platinum catalyst. J. Power Sources, 2007, 172: 145-154.

[23] Kim M, Park J N, Kim H, et al. The preparation of Pt/C catalysts using various carbon materials for the cathode of PEMFC. J. Power Sources, 2006, 163: 93-97.

[24] Shukla A K, Neergat M, Bera P, et al. An XPS study on binary and ternary alloys of transition metals with platinized carbon and its bearing upon oxygen electroreduction in direct methanol fuel cells. J. Electroanal. Chem. , 2001, 504: 111-119.

[25] Huang K L, Lai Y C, Tsai C H. Effects of sputtering parameters on the performance of electrodes fabricated for proton exchange membrane fuel cells. J. Power Sources, 2006, 156: 224-231.

[26] Sun S H, Jaouen F, Dodelet J P. Controlled growth of Pt nanowires on carbon nanospheres and their enhanced performance as electrocatalysts in PEM fuel cells. Adv. Mater., 2008, 20: 3900-3904.

[27] 王海鹏, 王海人, 屈钧娥, 等. 质子交换膜燃料电池双极板的研究进展. 材料研究与应用, 2014, 8: 211-214.

[28] Shimpalee S, Lilavivat V, McCrabb H, et al. Investigation of bipolar plate materials for proton exchange membrane fuel cells. Int. J. Hydrogen Energy, 2016, 41(31): 13688-13696.

[29] Li X G, Sabir I. Review of bipolar plates in PEM fuel cells: Flow-field designs. Int. J. Hydrogen Energy, 2005, 30: 359-371.

[30] Yoon Y G, Lee W Y, Park G G, et al. Effects of channel and rib widths of flowfield plates on the performance of a PEMFC. Int. J. Hydrogen Energy, 2005, 30: 1363-1366.

[31] Hsieh S S, Yang S H, Kuo J K, et al. Study of operational parameters on the performance of micro PEMFCs with different flow fields. Energy Conversion and Management, 2006, 47: 1868-1878.

[32] Lim B H, Majlan E H, Daud W R W, et al. Effects of flow field design on water management and reactant distribution in PEMFC: A review. Ionics, 2016, 22: 301-316.

[33] 赵强, 郭航, 叶芳, 等. 质子交换膜燃料电池流场板研究进展. 化工学报, 2020, 71(5): 1943-1963.

[34] Damian-Ascencio C E, Saldaña-Robles A, Hernandez-Guerrero A, et al. Numerical modeling of a proton exchange membrane fuel cell with tree-like flow field channels based on an entropy generation analysis. Energy, 2017, 133: 306-316.

[35] Konno N, Mizuno S, Nakaji H, et al. Development of compact and high-performance fuel cell stack. SAE International Journal of Alternative Powertrains, 2015, 4(1): 123-129.

[36] 肖宽, 潘牧, 詹志刚, 等. PEMFC 双极板流场结构研究现状. 电源技术, 2018, 42: 153-156.

[37] Manso A P, Marzo F F, Barranco J, et al. Influence of geometric parameters of the flow fields on theperformance of a PEM fuel cell. A review. International Journal of Hydrogen Energy, 2012, 37(20): 15256-15287.

[38] Scholta J, Häussler F, Zhang W, et al. Development of a stack having an optimized flow field structure with low cross transport effects. Journal of Power Sources, 2006, 155: 60-65.

[39] Jouin M, Gouriveau R, Hissel D, et al. Degradations analysis and aging modeling for health assessment and prognostics of PEMFC. Reliability Engineering and System Safety, 2016, 148:

78-95.

[40] 于振振. 直接甲醇燃料电池及其阳极催化剂的研究进展. 广州化学, 2020, 45: 15-22.

[41] Kamarudin S K, Hashim N. Materials, morphologies and structures of MEAs in DMFCs. Renewable and Sustainable Energy Reviews, 2016, 56: 51-74.

[42] Mallick R K, Thombre S B, Shrivastava N K. Vapor feed direct methanol fuel cells (DMFCs): A review. Renewable and Sustainable Energy Reviews, 2012, 16: 2494-2515.

[43] Sathish A. Performance evaluation of nickel as anode catalyst for DMFC in acidic and alkaline medium. 燃料化学学报, 2018, 46(5): 592-599.

[44] Huang H J, Wang X. Recent progress on carbon-based support materials for electrocatalysts of direct methanol fuel cells. Journal of Materials Chemistry, 2014, 2(18): 6266-6291.

[45] Liu M M, Zhang R Z, Chen W. Graphene-supported nanoelectrocatalysts for fuel cells: synthesis, properties, and applications. Chemical Reviews, 2014, 114(10):5117-5160.

[46] Sharma S, Pollet B G. Support materials for PEMFC and DMFC electrocatalysts—A review. J. Power Sources, 2012, 208: 96-119.

[47] 刘昊喆, 张欢, 梁海. 甲醇燃料电池高性能催化剂. 辽宁化工, 2018, 47(11): 1087-1089.

[48] Xu C, Faghri A, Li X L, et al. Methanol and water crossover in a passive liquid-feed direct methanol fuel cell. Int. J. Hydrogen Energy, 2010, 35: 1769-1777.

[49] Kamarudin S K, Achmad F, Daud W R W. Overview on the application of direct methanol fuel cell (DMFC) for portable electronic devices. Int. J. Hydrogen Energy, 2009, 34: 6902-6916.

[50] Singhal S C, Kendall K. 高温固体氧化物燃料电池——原理、设计和应用. 韩敏芳, 蒋先锋, 译. 北京: 科学出版社, 2007.

[51] Mahato N, Banerjee A, Gupta A, et al. Progress in material selection for solid oxide fuel cell technology: A review. Progress in Materials Science, 2015, 72: 141-337.

[52] 王志成. 基于纳米结构的中低温固体氧化物燃料电池电极的制备和性能研究. 杭州: 浙江大学, 2008.

[53] Steele B C H, Heinzel A. Materials for fuel-cell technologies. Nature, 2001, 414: 345-352.

[54] Ishihara T, Shibayama T, Ishikawa S, et al. Novel fast oxide ion conductor and application for the electrolyte of solid oxide fuel cell. J. Eur. Ceram. Soc. , 2004, 24: 1329-1335.

[55] Sansom J E H, Najib A, Slater P R. Oxide ion conductivity in mixed Si/Ge-based apatite-type systems. Solid State Ionics, 2004, 175: 353-355.

[56] Sansom J E H, Sermon P A, Slater P R. Synthesis and conductivities of the Ti doped apatite-type phases $(La/Ba)_{10-x}(Si/Ge)_{6-y}Ti_yO_{26+z}$. Solid State Ionics, 2005, 176: 1765-1768.

[57] Sun C, Stimming U. Recent anode advances in solid oxide fuel cells. J. Power Sources, 2007, 171: 247-260.

[58] Shaikh S P S, Muchtar A, Somalu M R. A review on the selection of anode materials for solid-oxide fuel cells. Renewable and Sustainable Energy Reviews, 2015, 51: 1-8.

[59] Gorte R J, Kim H, Vohs J M. Novel SOFC anodes for the direct electrochemical oxidation of hydrocarbon. J. Power Sources, 2002, 106: 10-15.

[60] Laosiripojana N, Assabumrungrat S. Catalytic dry reforming of methane over high surface area ceria. Appl. Catal. B: Environ. , 2005, 60: 107-116.

[61] Murray E P, Barnett S A. (La, Sr) MnO_3-(Ce, Gd) O_{2-x} composite cathodes for solid oxide fuel cells. Solid State Ionics, 2001, 143: 265-273.

[62] Leone P, Santarelli M, Asinari P, et al. Experimental investigations of the microscopic features and polarization limiting factors of planar SOFCs with LSM and LSCF cathodes. J. Power Sources, 2008, 177: 111-122.

[63] Jo K H, Kim J H, Kim K M, et al. Development of a new cost effective Fe-Cr ferritic stainless steel for SOFC interconnect. Int. J. Hydrogen Energy, 2015, 40: 9523-9529.

[64] Jung H Y, Choi S H, Kim H, et al. Fabrication and performance evaluation of 3-cell SOFC stack based on planar 10cm×10cm anode-supported cells. J. Power Sources, 2006, 159: 478-483.

[65] 桑绍柏，李炜，蒲健，等. 平板式 SOFC 用密封材料研究进展. 电源技术，2006，11: 871-875.

[66] Steele B C H. Fuel cell technology running on natural gas. Nature, 1999, 400: 619-620.

[67] Tu H, Stimming U. Advances, aging mechanisms and lifetime in solid-oxide fuel cells. J. Power Sources, 2004, 127: 284-293.

[68] Sasaki K, Teraoka Y. Equilibria in fuel cell gas Ⅱ. The C-H-O ternary diagrams. J. Electrochem. Soc. , 2003, 150: 885-888.

[69] Sasaki K, Teraoka Y. Equilibria in fuel cell gas Ⅰ. Equilibrium compositions and reforming conditions. J. Electrochem. Soc. , 2003, 150: 878-884.

[70] Skorodumova N V, Simak S I, Lundqvist B I, et al. Quantum origin of the oxygen storage capability of ceria. Phys. Rev. Lett. , 2002, 89: 166601-(1-4).

[71] Murray E P, Tsai T, Barnett S A. A direct-methane fuel cell with a ceria-based anode. Nature, 1999, 400: 649-651.

[72] Liu Z B, Liu B B, Ding D, et al. Fabrication and modification of solid oxide fuel cell anodes via wet impregnation/infiltration technique. J. Power Sources, 2013, 237: 243-259.

[73] Osinkin D A, Bogdanovich N M, Beresnev S M, et al. High-performance anode-supported solid oxide fuel cell with impregnated electrodes. J. Power Sources, 2015, 288: 20-25.

[74] Jung S, Lu C, He H, et al. Influence of composition and Cu impregnation method on the performance of Cu/CeO/YSZ anodes. J. Power Sources, 2006, 154: 42-50.

[75] Zhu W, Xia C, Fan J, et al. Ceria coated Ni as anodes for direct utilization of methane in low-temperature solid oxide fuel cells. J. Power Sources, 2006, 160: 897-902.

[76] Wang Z C, Weng W J, Cheng K, et al. Catalytic modification of Ni-Sm-doped ceria anodes with copper for direct utilization of dry methane in low-temperature solid oxide fuel cells. J. Power Sources, 2008, 179: 541-546.

[77] Beckel D, Bieberle-Hütter A, Harvey A, et al. Thin films for micro solid oxide fuel cells. J. Power Sources, 2007, 173: 325-345.

[78] Fleig J. Solid oxide fuel cell cathode: Polarization mechanisms and modeling of the electrochemical performance. Annu. Rev. Mater. Res. , 2003, 33: 361-382.

[79] Horita T, Yamaji K, Sakai N, et al. Imaging of oxygen transport at SOFC cathode/electrolyte interfaces by a novel technique. J. Power Sources, 2002, 106: 224-230.

[80] Fukunaga H, Koyama M, Takahashi N, et al. Reaction model of dense $Sm_{0.5}Sr_{0.5}CoO_3$ as SOFC cathode. Solid State Ionics, 2000, 132: 279-285.

[81] Liu Z, Liu M F, Nie L F, et al. Fabrication and characterization of functionally-graded LSCF cathodes by tape casting. Int. J. Hydrogen Energy, 2013, 38: 1082-1087.

[82] 彭珍珍, 杜洪兵, 陈广乐, 等. 国外 SOFC 研究机构与研发现状. 硅酸盐学报, 2010, 38(3): 542-548.

[83] Singhal S C. Solid oxide fuel cells. Electrochem. Soc. Interface, 2007, 16(4): 41-44.

[84] 杨乃涛. 微管式固体氧化物燃料的制备及其性能研究. 上海: 上海交通大学, 2009.

[85] Funahashi Y, Suzuki T, Fujishiro Y, et al. Optimization of configuration for cube-shaped SOFC bundles. ECS Transactions, 2007, 7 (1): 643-649.

[86] Suzuki T, Funahashi Y, Yamaguchi T, et al. Fabrication and characterization of micro tubular SOFCs for advanced ceramic reactors. Journal of Alloys and Compounds, 2008, 451: 632-635.

[87] Tsuchiya M, Lai B K, Ramanathan S. Scalable nanostructured membranes for solid-oxide fuel cells. Nature nanotechnology, 2011, 6: 282-286.

[88] Kruusenberg I, Matisen L, Shah Q, et al. Non-platinum cathode catalysts for alkaline membrane fuel cells. Int. J. Hydrogen Energy, 2012, 37: 4406-4412.

[89] Wagner N, Schulze M, Gülzow E. Long term investigations of silver cathodes for alkaline fuel cells. J. Power Sources, 2004, 127: 264-272.

[90] Naughton M S, Brushett F R, Kenis P J A. Carbonate resilience of flowing electrolyte-based alkaline fuel cells. J. Power Sources, 2011, 196: 1762-1768.

[91] Bidault F, Brett D J L, Middleton P H, et al. Review of gas diffusion cathodes for alkaline fuel cells. J. Power Sources, 2009, 187: 39-48.

[92] Verhaert I, Verhelst S, Janssen G, et al. Water management in an alkaline fuel cell. Int. J.

Hydrogen Energy, 2011, 36: 11011-11024.

[93] Song R H, Kim C S, Shin D R. Effects of flow rate and starvation of reactant gases on the performance of phosphoric acid fuel cells. J. Power Sources, 2000, 86: 289-293.

[94] Sammes N, Bove R, Stahl K. Phosphoric acid fuel cells: Fundamentals and applications. Current Opinion in Solid State and Materials Science, 2004, 8: 372-378.

[95] Hirata H, Aoki T, Nakajima K. Liquid phase migration effects on the evaporative and condensational dissipation of phosphoric acid in phosphoric acid fuel cell. J. Power Sources, 2012, 199: 110-116.

[96] Kulkarni A, Giddey S. Materials issues and recent developments in molten carbonate fuel cells. J. Solid State Electrochem, 2012, 16: 3123-3146.

[97] Bergaglio E, Capobianco P, Dellepiane S, et al. MCFC cathode dissolution: An alternative approach to face the problem. J. Power Sources, 2006, 160: 796-799.

[98] Tomczyk P. CFC versus other fuel cells—Characteristics, technologies and prospects. J. Power Sources, 2006, 160: 858-862.

[99] Rexed I, Lagergren C, Lindbergh G. Effect of sulfur contaminants on MCFC performance. Int. J. Hydrogen Energy, 2014, 39: 12242-12250.

[100] Kawase M, Mugikura Y, Watanabe T, et al. Effect of NH_3 and NO_x on the performance of MCFCs. J. Power Sources, 2002, 104: 265-271.

[101] Heidebrecht P, Sundmacher K. Optimization of reforming catalyst distribution in a cross-flow molten carbonate fuel cell with direct internal reforming. Ind. Eng. Chem. Res., 2005, 44: 3522-3528.

第4章　燃料电池用氢燃料的制备、纯化与储存

目前影响燃料电池大规模应用的因素除了燃料电池本身存在的问题，另一个是氢燃料的制备和储存问题。因为氢气的制备是氢能应用的基础，氢气的储存是氢能能否得到规模应用的关键。

燃料电池最理想的燃料是纯氢，即氢气的体积分数≥99.99%，将含有其他气体的氢燃料应用于低温燃料电池(特别是质子交换膜燃料电池)时，燃料电池电极催化剂会发生中毒，电池性能急剧下降。而通过碳氢化合物或醇类重整反应得到的氢气中一般水蒸气及未完全反应的原料含有CO、CO_2、N_2，以天然气、石油等为原料时可能还会含有硫化物，如H_2S等。此外，通过甲烷重整制氢，在自热重整或部分氧化重整过程中由于H_2和N_2同时存在，在高温、催化剂条件下会生成NH_3，浓度为30～90ml/m^3。氢燃料中的这些杂质气体可能会对燃料电池性能带来负面影响，导致电池性能衰减。

各种类型燃料电池对燃料纯度的要求存在一定的差异，一般来说，电池的工作温度越低，对燃料处理的要求就越高，如CO对于质子交换膜燃料电池、碱性燃料电池和磷酸盐燃料电池都是毒物，而对高温下工作的熔融碳酸盐燃料电池和固体氧化物燃料电池来说则是燃料。由于质子交换膜燃料电池工作温度较低(一般≤80℃)，CO对质子交换膜燃料电池影响显著，燃料气中CO浓度应控制在10ml/m^{3}以下。燃料气中极少量的H_2S也会造成电催化剂的永久中毒，因此燃料气中H_2S的体积比应控制在1×10^{-12}以下。

4.1　氢气的制备

根据制备氢气的原料不同，氢气的制备方法可分为非再生制氢和可再生制氢，前者的原料是化石燃料，后者的原料是水或可再生物质。目前应用较多的制氢方法有以下几种类型。

4.1.1　化石能源制氢

虽然化石能源储量有限，制氢过程会对环境造成污染，但是在今后相当长时期内利用烃类等化石能源制氢仍将是氢气的主要来源。利用天然气和裂解石油气等烃类混合物制氢是现在大规模制氢的主要方法，目前全球商业用的氢大约有

96%是从天然气、石油和煤等化石能源制取的。

1. 天然气制氢

天然气是重要的气态化石燃料，其主要成分是烷烃，其中甲烷占绝大多数，另有少量的乙烷、丙烷和丁烷，此外一般有硫化氢、二氧化碳、氮气、水蒸气和少量一氧化碳及微量的稀有气体，如氦气和氩气等。天然气制氢[1, 2]的方法主要有水蒸气重整制氢、部分氧化重整制氢、裂解制氢。

1) 水蒸气重整制氢

如图 4.1 所示，天然气经过预处理送到转化炉对流段预热以后，经脱硫处理与水蒸气混合再进入转化炉对流段加热到 400℃以上，进入反应炉，在催化剂作用下发生蒸汽转化反应和部分 CO 变换反应，生成氢以及其他副产品，出口温度 780℃左右含氢量 70%的转化气经废热锅炉回收热量冷却送甲烷化提纯单元最后得到氢气产品。烃类混合物与水蒸气反应制氢是一个多种平行反应和串联反应同时发生的复杂过程，主要包括转化和变换两类反应。转化反应的化学反应式为

$$C_nH_m + nH_2O \xrightarrow{\text{催化}} nCO + \left(n + \frac{m}{2}\right)H_2 \tag{4.1}$$

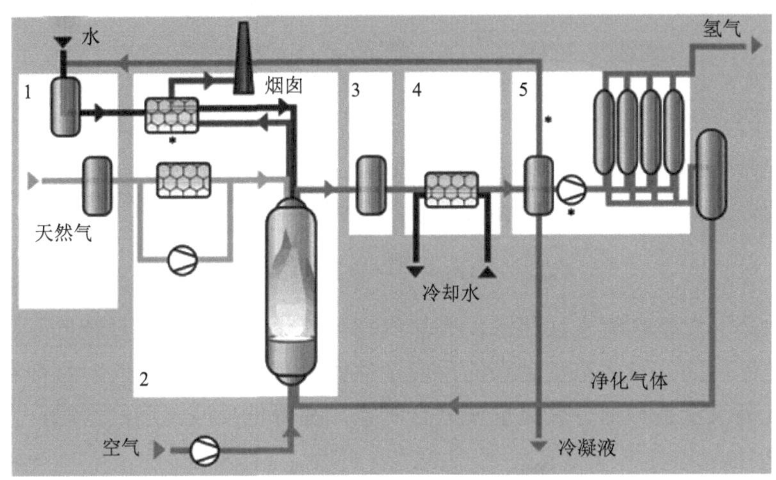

图 4.1　天然气水蒸气重整制氢流程图

1-进料预处理；2-重整和蒸汽生成；3-高温转化；4-热交换单元；5-氢气纯化

对于甲烷而言，其氢碳比 (n ∶ m=4 ∶ 1) 最高，因此用甲烷作为生产氢气的原料最为理想。甲烷经过转化反应生成 CO 和 H_2，转化反应产物中的一氧化碳与水经变换反应生成氢气和二氧化碳。该制氢技术中所发生的基本反应为

转化反应：
$$CH_4 + H_2O \xrightarrow{\text{催化}} CO + 3H_2 \tag{4.2}$$

变换反应：
$$CO + H_2O \xrightarrow{\text{催化}} H_2 + CO_2 \tag{4.3}$$

总反应式：
$$CH_4 + 2H_2O \xrightarrow{\text{催化}} CO_2 + 4H_2 \tag{4.4}$$

该反应过程中，转化反应为强吸热反应，变换反应为放热反应，转换反应吸收的热量超过变换反应放出的热量，因此整个过程是吸热的。为了提高烃类的转化率，转化反应在高温下进行，但高温不利于变换反应的进行，因此转化气的产物中含有较多的一氧化碳。此外，由于受到化学平衡和生产工艺的影响，一般一次转化不能将甲烷完全转化，有 3%～4%的甲烷会残余在转化气中，甚至有时高达 8%～10%，因此需要二次转化。设备规模大，成本较高。

2) 部分氧化重整制氢

天然气部分氧化重整制氢分为直接部分氧化重整制氢和催化部分氧化重整制氢两种方式，而直接部分氧化重整制氢需要在高温下进行。天然气氧化反应的生成物一般随反应物中氧含量和反应条件的不同而变化：当氧含量为 10%～20%时，在 50～300atm 下主要生成甲醇、甲醛和甲酸；当氧含量为 35%～37%时，可以得到乙炔；当氧含量继续增加时，主要生成的是一氧化碳和氢气；如果氧气过量则发生完全反应，生成二氧化碳和水。因此天然气部分氧化制氢的主要反应如下：

$$CH_4 + \frac{1}{2}O_2 \xrightarrow{\text{催化}} CO + 2H_2 \tag{4.5}$$

为了防止天然气部分氧化过程中发生析碳，需要在反应体系中加入一定量的水蒸气，则在此过程中还会发生以下反应：

$$CH_4 + H_2O \xrightarrow{\text{催化}} CO + 3H_2 \tag{4.6}$$

$$CH_4 + CO_2 \xrightarrow{\text{催化}} 2CO + 2H_2 \tag{4.7}$$

同水蒸气重整制氢方法相比，天然气部分氧化重整制氢能耗较低、设备规模小。但是催化部分氧化重整制氢的反应条件比较苛刻，不宜控制。目前存在将天然气、水蒸气重整和部分氧化重整联合制氢，在降低反应温度的同时，获得纯度更高的氢气。

3) 裂解制氢

天然气采用裂解的方式可以直接制得碳和氢气，产物中不含或含有少量的碳氧化合物，不需要进一步的变换反应。相较于前面两种制氢方式，裂解制氢分离设备简单，缩短了制氢工艺流程，简化了操作单元，是一种在经济上非常有吸引力的小规模天然气现场制氢方法。目前裂解制氢可采用的方法包括热裂解、催化裂解、等离子体热裂解、太阳能热裂解等方法，其裂解反应式为

$$CH_4 \xrightarrow{\text{热、催化、等离子体、太阳能}} 2H_2 + C \tag{4.8}$$

(1) 热裂解。

热裂解是将天然气经燃烧和裂解分别进行的一种间歇式的方法。首先将天然气和空气按照完全燃烧比例混合，进入炉内燃烧，使温度逐渐上升，待温度升至1300℃后停止供给空气，继续供给天然气，使之在高温下发生热分解生成炭黑和氢气。天然气裂解吸收热量会导致炉温下降，待温度降到1000～1200℃时，再通入空气使天然气完全燃烧，升高炉内温度，待温度达到要求后停止供应空气进行天然气的裂解反应，如此间歇往复进行。该反应在炭黑、颜料工业上的应用已有多年历史，可以在内衬为耐火砖的炉子中常压进行。

(2) 催化裂解。

甲烷裂解的反应活化能较高，C—H 键非常稳定，因此反应要求温度很高。在无催化剂条件下，反应温度必须在 700℃以上才能保证反应进行。若要有较高产氢量，反应温度要高达 1300℃甚至更高。为了降低反应温度，一般采用加入催化剂的方法，催化剂的加入一方面可以降低反应活化能，另一方面还可以加快反应速率。

$$CH_4 \longrightarrow C + 2H_2 \left(\Delta H_{298}^0 = 75\text{kJ/mol}\right) \tag{4.9}$$

研究表明，催化剂的种类、反应温度、反应时间以及气流速率等对天然气裂解制氢都有显著的影响。而催化剂的研究依然是当前的重点。目前采用的催化剂主要是两类。

一类是担载型金属催化剂，一些迁移性金属如 Ni、Fe、Co 等金属和贵金属作为催化剂，这些催化剂的活性很高，但 Otsuka 等[3]研究发现同等质量(0.5g)的催化剂在相同的实验条件下(773K)反应相同的时间(120min)，不同催化剂对甲烷裂解反应的转化率影响差异较大，如图 4.2 所示。

生成的碳会沉积在金属催化剂的表面，导致催化剂失活。为了循环连续地生产 H_2，失活的催化剂需要经过再生过程以除去积炭恢复其活性。催化剂的再生方法一般用氧气、水蒸气等氧化剂与 C 经如下反应以除去沉积在催化剂表面的碳。

$$C + O_2 \longrightarrow CO_2 \tag{4.10}$$

$$C + 2H_2O \longrightarrow CO_2 + 2H_2 \tag{4.11}$$

这两种再生方法都能恢复催化剂的活性。氧气氧化过程比水蒸气氧化过程快，再生效率随温度的升高而增加。但是氧气氧化过程在完全除去积炭的同时，可能将金属氧化为金属氧化物，而水蒸气再生过程中催化剂保持催化剂的金属的形式，相比于前者更适合循环反应工艺。

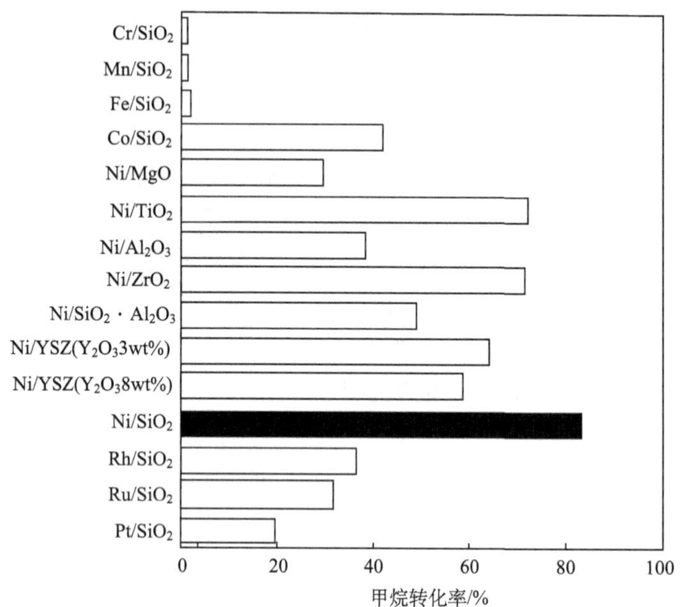

图 4.2　相同实验条件下使用不同催化剂对甲烷转化率的影响

另一类是碳基催化剂[4]，包括活性炭、炭黑、碳纤维、石墨碳以及碳纳米管和 $C_{60/70}$ 等纳米碳晶体。此类物质对甲烷的裂解也有催化作用，实验研究表明活性炭和炭黑具有更高的催化活性。而且对于碳催化剂，由于催化剂与反应产物相同，无须分离经过处理即可作为催化裂解的催化剂继续利用，因此可以连续发生反应。Muradov [5]研究认为，以炭黑为催化剂，在较大型的流化床反应器中进行甲烷的催化裂解反应，生成的炭黑很容易连续排出反应器，排出的炭黑部分可以经过粉碎和热处理后制得粒径为 10～100μm 的炭黑颗粒(此粒径范围内的炭黑催化甲烷裂解反应活性最高)，再返回流化床反应器中补充反应器内的催化剂，另一部分排出的纯炭黑将作为商品进入化学原料市场。反应尾气经过气体分离单元将甲烷与氢气分离，富甲烷气被引回流化床反应器作为原料气。

由此可见，与金属催化剂裂解工艺相比，碳基催化剂催化天然气裂解制氢工艺具有以下特点：①无须经过再生反应，因此只需一个反应器即可连续运行。②在获得不含 CO 的高纯氢气以外，还可以生产出作为商品的纯炭黑，经济价值高。③生产过程中产生的废气无导致温室效应的气体 CO_2，污染比其他的天然气制氢工艺要低。但该工艺反应温度偏高、甲烷的转化率较低。因此目前的研究都把目标聚焦在降低反应温度、寻找最佳催化效果的碳结构方面[6]。

(3) 等离子体热裂解。

等离子体是一种以自由电子和带电粒子为主要成分的物质形态，它不同于常规的气态、液态和固态，是物质存在的第四态。高温等离子体是在电弧或射频的激发下，在较高的压力下，物质中原子的外层电子摆脱原子核的束缚成为自由电子形成的，如图 4.3 所示，多用于提供极高温度，实现常规方法难以转化的稳态分子的转化。高温等离子可以起到高温热源和化学活性粒子源的双重作用，可在无催化剂的条件下加速反应进程，并为反应提供吸热过程中所需的能量。用等离子技术可实现天然气的高转化率的裂解，生成氢气和炭黑。

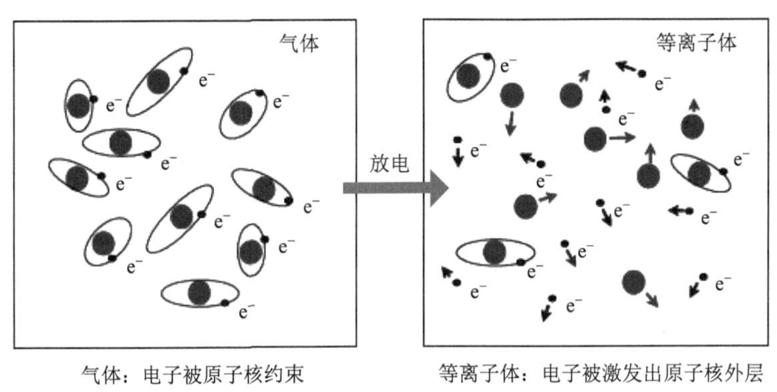

图 4.3　等离子体形成示意图

等离子体反应器还用来联合催化剂进行甲烷的氧气/水蒸气重整制氢。结果发现当只采用等离子体反应器时，只会发生甲烷和氢气的转化反应。在引入催化剂后，水蒸气参加反应，甲烷的转化率不变，但氢气的产率增加。美国麻省理工学院 (MIT) 的 Bromberg 等研究表明[7]：使用催化等离子体重整反应比高温等离子体重整反应具有更低的能耗，而且在同样的能耗下，部分氧化反应能够比氧气/水蒸气重整反应产生更多的氢气。等离子体法制氢具有以下优势：①制氢成本低。如果考虑炭黑的价值，等离子体法的成本比水电解制氢、生物制氢和天然气水蒸气重整制氢等方法低。②原料利用率高。除了原料中含有的杂质，几乎所有的原料都转化为氢气和炭黑，且没有二氧化碳生成。③原料的适应性强。除了天然气，几乎所有的烃类都可作为制氢原料，原料的改变只是影响产物中氢气和炭黑的比例。④制氢装置体积小、启动快、能耗低，特别适合以天然气为原料的车载制氢系统 (图 4.4) 和小型分布式制氢系统。不足之处在于等离子发生器的工业应用技术方面仍有诸多问题尚待解决。

图 4.4　美国 MagneGas 公司的车载等离子制氢装置

(4) 太阳能热裂解。

天然气太阳能热裂解制氢是一种利用聚光器将太阳能聚集太阳能反应器产生超过 2000K 的温度，使天然气在太阳能反应器中裂解成氢气和炭黑的工艺。美国 Colorado 大学在美国国家可再生能源实验室的高流量太阳能反应炉的基础上设计了太阳能反应器[8]，该反应器将一个 V 字锥形的二级聚光器放置在太阳能反应炉的一级聚光器的焦点上，可以向反应区传递 10kW 的太阳能，从而产生超过 2000K 的高温。在此太阳能反应器上进行甲烷的热裂解反应，转化率达到 75%(1875K，停留时间 0.1s)。而在此温度条件下的理论应为 100%，这主要是由于传热限制了转化率的提高。

中国科学院电工研究所太阳能热发电实验室在宁夏惠安堡镇承担研制的大功率太阳炉聚光器，如图 4.5 所示，该系统通过将平面定日镜作为反射器把太阳光反射到对面的抛面聚光器上，经过抛面聚光器聚焦至焦点位置的太阳炉中心处，中心温度高达 3000℃，可在氧化气氛和高温下对试验样品进行观察，不受燃料产物的干扰。目前，该系统平台与西安交通大学的反应器接口已经成功产出氢气。

太阳能热裂解制氢工艺在生产出不含碳氧化物的氢气的同时，副产品炭黑也可进入商业领域。这个工艺最大的优点在于直接使用太阳能，并且不产生 CO_2 等温室气体，是一种清洁、经济的制氢工艺，具有较好的发展前景。不过由于传热限制，转化效率不能达到预期目标，同时生产规模有待改进。

2. 煤制氢

中国的煤炭资源丰富，是世界上煤产量最高的国家。2024 年，煤炭消费量占我国能源消费总量比重为 53.2%，根据《BP 世界能源统计年鉴》（2024 版）的数据，2023 年中国是全球最大的煤炭消费国，占世界煤炭总消费量的 56%。如此大的煤炭使用将排出大量的温室气体 CO_2，世界 CO_2 排放第一使我国受到了巨大的国际压力。因此，洁净煤技术在我国势在必行，煤制氢(煤制气，Coal To Gas, CTG)作为最重要的煤洁净技术，是综合高效清洁使用煤炭的重要途径。

图 4.5　大功率太阳炉聚光器

煤制氢技术以煤为原料制取含氢气体，此技术已有 200 多年的历史。目前，煤制氢过程可以分为直接制氢和间接制氢。间接制氢是指利用煤发电后再电解水制氢，或将煤先转化为甲醇、氨气等化工产品后，再将其制氢，这种方式效率低。煤的直接制氢则主要有两种方法[9]：一是煤的焦化(又称高温干馏)，是指煤在隔绝空气的条件下，在 900～1000℃制取焦炭，副产品焦炉气中有氢气、甲烷、一氧化碳以及少量其他气体，其中氢气含量高达 55%～60%；二是煤的气化，煤在高温、常压或加压下，与水蒸气或氧气(空气)发生一系列化学反应全部转化为以氢气和一氧化碳为主的合成气，然后经变换反应得到氢气和二氧化碳，其工艺流程如图 4.6 所示。煤气化制氢主要包括三个过程：造气反应、水煤气变换反应、氢气的提纯与压缩。气化反应如下：

$$C(s) + H_2O(g) \longrightarrow CO(g) + H_2(g) \tag{4.12}$$

$$CO(g) + H_2O(g) \longrightarrow CO_2(g) + H_2(g) \tag{4.13}$$

煤气化是一个吸热反应，反应所需的热量由氧气和碳的氧化反应提供，氢气的提纯主要通过变压吸附(Pressure Swing Adsorption，PSA)法获得。传统的煤气化制氢不仅会排放出灰分、含硫物质以及大量的温室气体二氧化碳，而且生产过程和装置繁杂，投资较大。目前煤气化制氢的工艺很多，如 Koppers-Totzek 法、Texco 法、Lurgi 法、气流床法、流化床法。

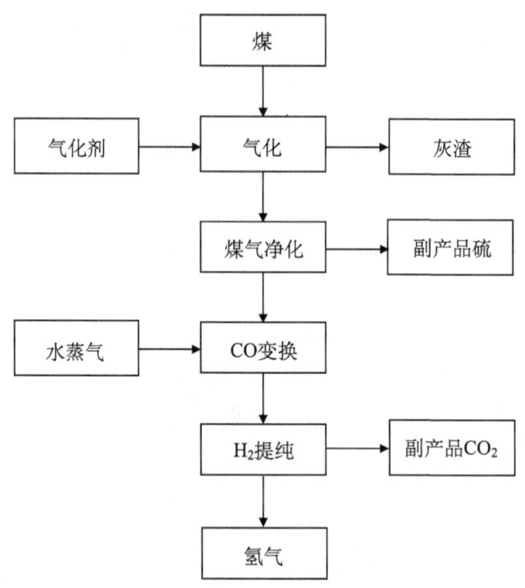

图 4.6　煤气化制氢工艺流程图

在此基础上发展起来的地下煤气化[10,11](Underground Coal Gasification, UCG)技术就是将处于地下的煤炭直接进行有控制的燃烧，通过对煤的热作用及化学作用而产生可燃气体的过程。该技术集建井、采煤和煤气化工艺于一体，变传统的物理采煤为化学采煤，省去了庞大的煤炭开采、运输、洗选以及气化等工艺的设备，具有安全性好、投资小、经济效益高、污染少等优点，受到世界各国的重视。

随着氢燃料电池的逐步推广使用和商业化，煤气化在制氢方面将得到广泛的应用。尤其是零排放煤制氢/发电技术的提出，该技术利用高温蒸汽和煤反应生成氢气和二氧化碳，通过在水煤气化过程中加入钙基催化剂(如 CaO)作为二氧化碳的吸收剂，在显著提高气化反应速率的同时，极大地提高碳转化为氢的效率，生成的氢气可以直接作为固体氧化物燃料电池的燃料产生电能和热量。吸收了 CO_2 的 CaO 转变成了 $CaCO_3$，$CaCO_3$ 又可以利用固体氧化物燃料电池产生的热量煅烧，使 CaO 再生的同时收集到纯的 CO_2 气体，从而实现整个系统的循环利用和零排放[12]。

3. 液体化石能源制氢

液体化石能源主要指石油，石油是一种黏稠的、深褐色液体，主要成分是各种烷烃、环烷烃、芳香烃的混合物。目前还没有直接利用石油制氢的工艺，通常用石油初步裂解后的产品，如重油、石脑油等制氢。重油原料主要包括原油加工过程中的常压油、减压渣油、裂化渣油、裂化柴油和催化柴油等，重油与氧气及水蒸气发生部分氧化反应制得含氢的混合气体，不完全氧化法涉及碳氢化合物与氧气和水蒸气反应转化为氢气和碳氧化物的过程，包括以下 3 个主要步骤：

$$C_nH_m + \frac{n}{2}O_2 \longrightarrow nCO + \frac{m}{2}H_2 \tag{4.14}$$

$$C_nH_m + nH_2O \longrightarrow nCO + \left(n + \frac{m}{2}\right)H_2 \tag{4.15}$$

$$H_2O + CO \longrightarrow CO_2 + H_2 \tag{4.16}$$

在有水蒸气参与和加氧不足条件下，式(4.14)是烃类燃料的不完全氧化反应，式(4.15)是烃类燃料与水蒸气的转化反应，式(4.16)是变换反应。不完全氧化反应是放热反应，而转化反应是吸热反应，转化反应需要的热量由不完全氧化反应供给。不完全氧化反应可以在催化剂的参与下在较低的温度下进行，也可不用催化剂在适当的压力和较高的温度下进行，具体的压力和温度要看所采用的烃类原料和选取的过程而定。催化部分氧化通常以石脑油为主的低碳烃为原料，而非催化氧化则以重油为原料，反应温度一般控制在 1150～1315℃，重油制氢的产物组成包括体积分数为 46%的氢气、46%的一氧化碳和 6%的二氧化碳。与天然气/水蒸气重整制氢相比，重油的部分氧化需要有空分设备提供氧气。

4.1.2　水电解制氢

水电解制氢是一种成熟的工业制氢的方法，通过电能破坏水分子的氢氧键以获得氢气和氧气，该方法具有制氢纯度高和操作简便的特点，其效率一般在 75%～85%。

传统的水电解制氢的核心设备电解池由浸没在电解液中的正负电极和用于隔离生成的氢、氧气体的隔膜组成。如图 4.7 所示，目前常用的电解液为碱性电解质溶液，如氢氧化钾(KOH)、氢氧化钠(NaOH)水溶液。当通以一定电压的直流电时，电解液中处于无秩序运动的离子进行定向运动。阳离子向阴极移动，在阴极得到电子，被还原；阴离子向阳极移动，在阳极失去电子，被氧化。在水电解过程中，OH^-在阳极失去电子，被氧化成氧气放出；H^+在阴极得到电子，被还原成氢气放出。其反应式为

阳极反应：
$$2OH^- \longrightarrow \frac{1}{2}O_2(g) + H_2O + 2e^- \tag{4.17}$$

阴极反应：
$$2H_2O + 2e^- \longrightarrow H_2(g) + 2OH^- \tag{4.18}$$

总反应：
$$H_2O \xrightarrow{\text{电解}} H_2(g) + \frac{1}{2}O_2(g) \tag{4.19}$$

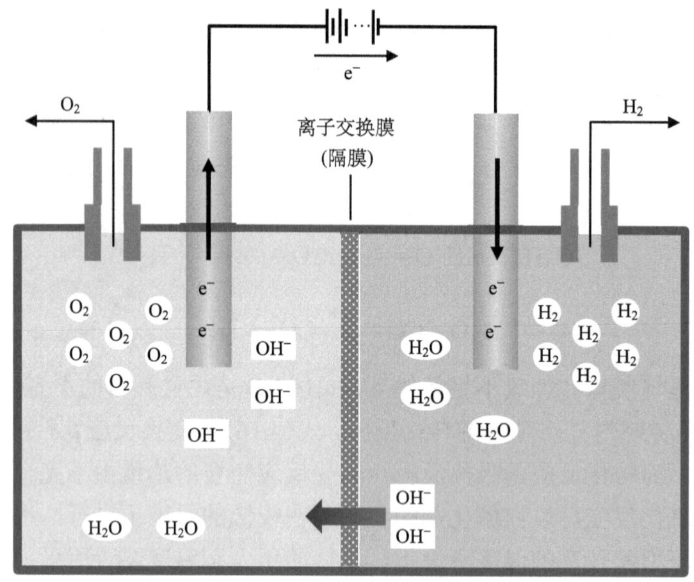

图 4.7　水电解制氢原理图

但是水电解制氢电耗较大，每立方米氢气的电耗为 4～5kW·h，其电费约占制氢成本的 80%，水电解制氢在经济上缺乏竞争力，目前国际上利用水电解制氢的产量约占氢气总产量的 4%。

在燃料电池研究的基础上，一项比传统碱性水溶液电解更清洁和高效的固体聚合物电解质(Solid Polymer Electrolyte，SPE)水电解技术被开发出来，并得到了快速发展。其工作原理如图 4.8 所示，SPE 水电解技术具有体积小、结构紧凑、效率高、耗能低的优点，在高电流密度下电解制氢的产氢速率至少是碱液电解的 5 倍；非透气性质子交换膜极大地提高了氢氧分离程度，使获得的氢气纯度更高。此外该技术直接以纯水作为电解液，运行稳定可靠且无腐蚀性，使用寿命长。但是 SPE 水电解技术由于采用质子交换膜和贵金属催化剂，依然存在着成本过高的问题[13]。

固体氧化物电解池（Solid Oxide Electrolysis Cell，SOEC）技术因其无与伦比的转化效率而备受关注，因为其在较高的操作温度下具有良好的热力学和动力学特性。SOEC 可用于将水蒸气、二氧化碳或两者分别直接电化学转化为氢气、一氧化碳或合成气(H_2+CO)，如图 4.9 所示。SOECs 可与一系列化学合成进行热集成，使捕获的 CO_2 和 H_2O 能够再循环成合成天然气或汽油、甲醇或氨，与低温电解技术相比，进一步提高了效率。在过去的 15～20 年中，SOEC 技术经历了巨

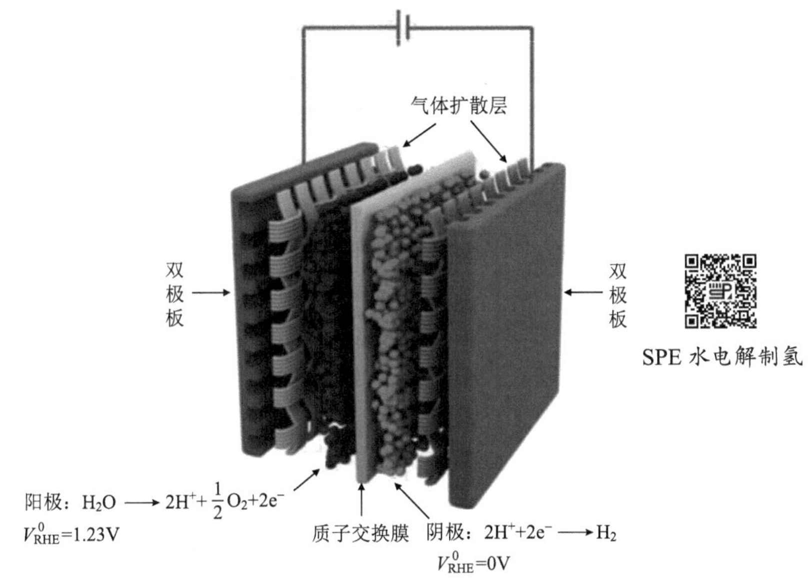

图 4.8　SPE 水电解工作原理示意图

RHE：Reversible Hydrogen Electrode，可逆氢电极

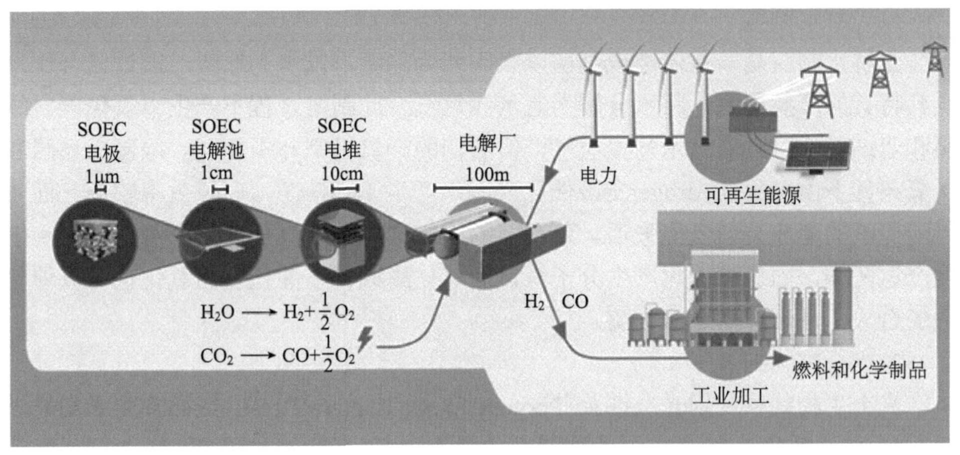

图 4.9　将 SOEC 技术整合到 100%基于可再生能源的未来能源系统中示意图

大的发展和改进。此外，SOEC 原材料来源丰富，如镍、氧化锆和钢，而不是贵金属，成本大大降低。在过去的十五年里，随着 SOEC 的性能和耐用性的提高以及规模的扩大，气体的产能提高了百倍，首批产业化的 SOEC 工厂也投入试运营[14]。

但是，随着目前大力推进可再生能源，通过风力发电、太阳能发电后将水电解制取氢气，以储氢方式替代传统的蓄电池储能环节，在需要用电时可随时采用燃料电池发电方式得到电力。这样可以大幅度降低风能、太阳能发电系统的成本，同时可以实现长时间“储能”的目的，对能源、环境和经济都具有巨大的现实意义。

绿氢与储能

4.1.3　生物质制氢

生物质是指利用大气、水、土地等通过光合作用而产生的各种有机体，即一切有生命的可以生长的有机物质通称为生物质，包括所有的植物、微生物以及以植物、微生物为食物的动物及其生产的废弃物。从广义上讲，生物质能是太阳能的一种表现形式。生物质能是可再生能源的重要组成部分。生物质能的高效开发利用，对解决能源、生态环境问题将起到十分积极的作用。当前生物质能的利用主要有生物化学法和热化学法两大类方法。生物制氢是指利用生物质产生氢气的方法，目前主要有微生物转化法和热化学转化法。

1. 微生物转化法

微生物制氢是指利用某些微生物代谢过程来生产氢气的一项生物工程技术，包括光解水制氢、光合生物制氢和厌氧发酵制氢三种[1, 15]。

1) 光解水制氢

光解水制氢是一些藻类或细菌以太阳能为能源，以水为原料，通过光合作用及其特有的产氢酶系，将水分解为氢气和氧气。此制氢过程不产生二氧化碳。绿藻和蓝细菌均可光裂解水产生氢气，但它们的产氢机制却不相同。绿藻在光照和厌氧条件下由氢酶(hydrogenase)催化光解水产生 H_2 和 O_2，产氢效率较低，而且伴随着氧的释放会使氢酶失活。蓝细菌的产氢则分为固氮酶催化产氢和氢化酶催化产氢两类，固氮酶催化产生分子氢，而氢化酶既可以催化氢的氧化也可以催化氢的合成，是一种可逆双向酶。

2) 光合生物制氢

光合生物制氢利用光合细菌(Photosynthetic Bacteria，PSB)或微藻将太阳能转化为氢能。目前，研究较多的产氢光合生物主要有深红红螺菌(Rhodospirillum rubrun)、夹膜红细菌(Rhodobacter capsulatus)、红假单胞菌(Rhodopseudomonas palustris)、类球红细菌(Rhodobacter sphaeroids)等。光合细菌只含有一个光合作用中心，缺少类似于藻类中起光解水作用的系统，所以只进行以有机物作为电子供体的不产氧的光合作用。光合细菌光分解有机物产生氢气的具体过程为：有机物[$(CH_2O)_n$]→铁氧还蛋白(Ferredoxin，Fd)→氢化酶→H_2，此外，研究发现光合细菌还能利用 CO 产生氢气。光合细菌制氢的示意图如图 4.10 所示。

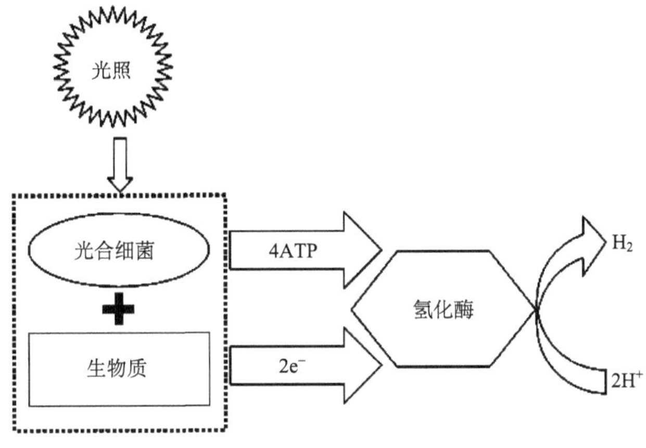

图 4.10　光合细菌制氢示意图

3) 厌氧发酵制氢

厌氧发酵制氢又称为暗发酵制氢，是异养型厌氧细菌利用碳水化合物等有机物，通过暗发酵作用生成氢气。该过程产生的是混合气，除含有氢气外还含有一定量的 CO_2，以及少量的甲烷、一氧化碳以及 H_2S。在暗发酵制氢过程中，体系的 pH、温度、金属离子、产物种类与基质类型都是其考量的关键因素。目前可利用有机物质产氢的厌氧微生物有多种，主要分为严格厌氧菌和兼性厌氧菌两大类。严格厌氧菌主要包括梭状芽孢杆菌属(Clostridium sp.)、脱硫弧菌属(Desulfovibrio sp.)等菌属的细菌，而兼性厌氧菌主要包括肠杆菌属(Enterobacter sp.)、埃希氏杆菌属(Escherichia sp.)、芽孢杆菌属(Bacillus sp.)和克雷伯氏菌属(Klebsiella sp.)等。

相比光合生物制氢，暗发酵制氢有很多优点：暗发酵产氢菌株的制氢速率高于光合制氢菌株，而且发酵产氢细菌的生长速率较快；暗发酵法生物制氢不需光源，不但可以实现持续稳定制氢，而且反应装置的设计、操作及管理方便简单；暗发酵生物制氢设备的反应容积可根据制氢规模进行设计，控制产氢量；可生物降解的工农业有机废料都可能成为暗发酵法生物制氢的原料，来源广泛且成本低廉；兼性的发酵产氢细菌更易于保存和运输。所以目前暗发酵法生物制氢技术比光合生物制氢技术发展更快，已经实现规模化工业化生产，受到国内外广泛关注。

表 4.1 给出了不同类型微生物的产氢特性。为了最大限度地提高产氢量和产氢速率，增大底物利用率，以及更好地发挥菌种间的协同作用，联合制氢技术逐渐被人们关注和重视。目前研究的联合制氢技术包括同类群生物联合制氢、光合生物与暗发酵生物联合制氢、暗发酵与光发酵两阶段联合生物制氢、多阶段联合生物制氢等。暗发酵与光发酵两阶段联合生物制氢技术是将暗发酵与光发酵进行

耦联的生物制氢技术。暗发酵的液相末端产物多为乙酸、乙醇、丁酸等小分子有机酸和醇类物质，是光发酵菌种可利用的底物，两者联合起来能够极大地提高光能转换效率和底物的利用效率，降低挥发酸对细菌的毒性，增大产氢量，实现有机物的高效降解。实践证明，工业化生产延展性最好的是两阶段和多阶段的联合制氢技术[15, 16]。

表 4.1　不同类型的微生物产氢特性的比较

生物类群	可制氢生物	产氢酶	抑制物	特点
绿藻	Scenedesmus obliquus Chlamydiminas reindardtii Chlamydiminas moewusii Porphyra umbilicalis	氢化酶	CO，O_2	需要光；可由水产生氢气；体系存在氧气威胁；产氢速度慢
蓝细菌	Anabaena aeollae Synechococcus elongates Synechocysus sp. Anabaena variabilis	固氮酶	O_2，N_2，NH_3	需要光；可由水产生氢气；固氮酶主要产生氢气；具有从大气中固氮的能力；氢气中混有氧气；氧气对固氮酶有抑制作用
光合细菌	Rhodospirillum rubrun Rhodobacter capsulatus Rhodobacter sphaeroides Rhodospirillum vannielii Rhodopeudomonas palustris	固氮酶	O_2，N_2，NH_3	需要光；可利用的光谱范围较宽；可利用不同的废料；能量利用率高；产氢速率较高
厌氧细菌	Clostridium butyricum Clostridium paraputrificum Escherichia coli Enterobacter cloacae	产氢酶	CO，O_2	不需要光；可利用的碳源多；可产生有价值的代谢产物如丁酸等；多为无氧发酵，不存在供氧；产氢速率相对最高

2. 热化学转化法

1）热裂解制氢

生物质热裂解是在高温和无氧条件下对生物质的热化学过程。热裂解包括慢速裂解和快速裂解。热裂解的效率和产物质量与温度、加热速率等因素有关，也受反应器类型及催化剂种类的影响。目前，国内外的生物质热裂解反应器主要有机械接触式反应器、间接式反应器和混合式反应器。其中机械接触式反应器包括烧蚀热裂解反应器、旋转锥反应器等，其特点是通过灼热的反应器表面直接与生物质接触，以导热的形式将热量传递给生物质，实现快速升温裂解。这类反应器原理简单，产油率可达 67%，但易造成反应器表面的磨损，并且生物质颗粒受热不均匀。间接式反应器主要通过热辐射的方式对生物质颗粒进行加热，由于生物质颗粒及产物对热辐射的吸收存在差异，反应效率较低、产物质量较差。混合式反应器主要以对流换热的形式辅以热辐射和导热对生物质进行加热，加热速率高，反应温度比较容易控制，且流动的气体便于产物的析出，是目前国内外广泛采用的反应器，主要有流化床反应器、循环流化床反应器等。

催化剂的使用能加速生物质原料的热解速率，降低焦炭的产量，达到提高效率和产氢质量的目的。目前用于生物质热裂解的催化剂主要有 Ni 基催化剂、沸石、K_2CO_3、Na_2CO_3、$CaCO_3$ 以及各种金属氧化物如 Al_2O_3、SiO_2、ZrO_2、TiO_2 等。热裂解得到的产物组成类似合成气，主要含氢和其他碳氢化合物(如甲烷、一氧化碳、二氧化碳等)，可以通过重整和水气置换反应提高氢的产量。

利用生物质热裂解并联同重整和水气置换反应制氢具有良好的经济性，其工艺流程如图 4.11 所示，尤其是当反应物为各种废弃物时，既为人类提供了能量，又解决了废弃物的处理问题，并且技术上也日益成熟，逐渐向大规模方向发展[17]。

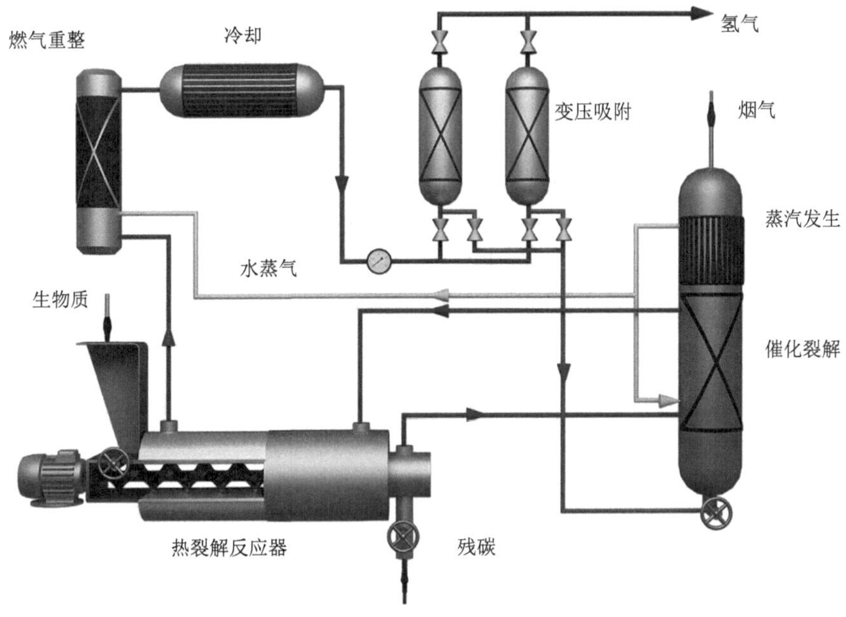

图 4.11　生物质热裂解联合水蒸气重整反应制氢工艺流程图

2) 气化制氢

生物质气化是在高温下(600～800℃)利用空气中的氧气和水蒸气对生物质进行加热并产生部分氧化的热化学过程。气化和热裂解的区别在于裂解是在无氧条件下进行的，而气化是在有氧条件下对生物质的部分氧化过程。首先，生物质原料在反应器中的气化段经催化气化反应生成含氢的生物质燃气，燃气中的 CO、焦油及少量的固体碳在反应器的另一段与水蒸气进行变换和改质等催化反应，从而减少污染物含量、提高转化率和氢气的产率，然后产物气进入固体床焦油裂解器，在高活性催化剂上进一步进行焦油裂解反应，最后经变压吸附制得高纯氢气。

对于生物质气化技术，最大的问题在于焦油含量。焦油含量过高，不仅影响气化产物的质量，还容易阻塞和粘住气化设备，严重影响气化系统的可靠性和安全性[18]。

3）水热解制氢

所谓超临界流体（Super Critical Fluid，SCF）是指温度及压力均处于临界点以上的流体。超临界流体是非气体、非液体的单一相态物质，具有黏度小、扩散系数大、密度大、溶解度大以及传质好等许多独特的性质，是一种良好的分离介质和反应介质。水的临界温度是 647.3K、临界压力为 22.05MPa，如图 4.12 所示，当水的温度和压力超过临界点时就称为超临界水（Super Critical Water，SCW）。超临界水具有非常强的极性，可以溶解极性极低的芳烃化合物及各种气体（氧气、氮气、一氧化碳、二氧化碳等），能够促进扩散控制的反应速率和氧化反应快速进行。

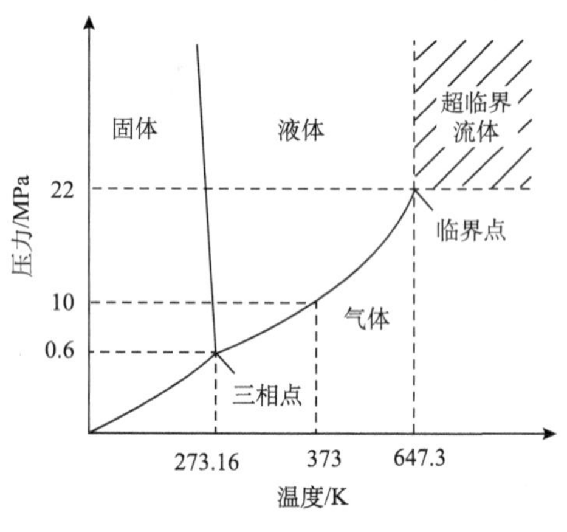

图 4.12　水的相图

超临界水热解生物质制氢技术是在超临界水中进行生物质的催化气化，生物质的气化率可达 100%，气体产物中氢的体积分数甚至可以超过 50%，并且反应不生成焦油、木炭等副产品，不会造成二次污染。但由于在超临界水气中所需温度和压力对设备要求比较高，这方面的研究还停留在小规模的实验研究阶段[19]。

4.1.4　氮氢化合物制氢

氨气与肼均为富氢的氮氢化合物，在制氢过程中无 CO 副产物的产生，因而作为氢源深受燃料电池项目的重视。

1. 氨气制氢

氨气(NH_3)的分子量为 17，其中氢的质量分数为 17.6%。氨气在常温常压下为气态，密度为 0.7kg/m^3。氨气的液化温度随压力的变化而变化，在标准大气压下的液化温度为−33.35℃，液氨的单位体积含氢为 12.1kg/100L，高于液氢的 7.06kg/100L。氨以液态的形式存在便于存储和运输，其在空气中燃烧的范围为 15%～34%(质量分数)，范围较小；氨气比空气轻，易于扩散；氨具有毒性但毒性相对较小，且具有强烈的刺激性气味易于发现，因此在存储和使用中比较安全。

氨气的分解只生成氢气和氮气，但在其重整中会有氨和氮气残余而不利于部分低温燃料电池的正常运行，需要增加纯化流程(图 4.13)，因此氨分解制氢工艺由氨分解和氢气纯化两部分组成。液氨经预热蒸发成氨气，然后通过填充催化剂的氨分解炉，在 650～800℃下被分解为氢气和氮气。其反应式如下：

$$2NH_3 \xrightarrow{\text{催化剂，}\triangle} 3H_2 + N_2 \tag{4.20}$$

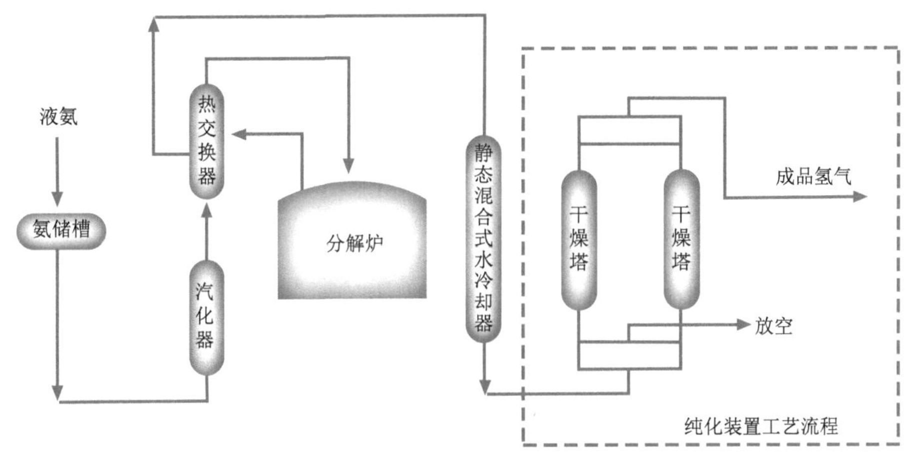

图 4.13　氨分解制氢工艺流程图

氨分解的机理比较复杂，其与反应的路径、催化剂的种类以及反应条件等因素有关，目前普遍认为 NH_3 在催化剂表面分解主要是由一系列逐级脱氢过程组成的，具体的化学反应方程式如下：

$$2NH_{3,g} \rightleftharpoons 2NH_{3,ad} \quad \text{氨气吸附} \tag{4.21}$$

$$2NH_{3,ad} \rightleftharpoons 2NH_{2,ad} + 2H_{ad} \quad \text{第一解离} \tag{4.22}$$

$$2NH_{2,ad} \rightleftharpoons 2NH_{ad} + 2H_{ad} \quad \text{次解离} \tag{4.23}$$

$$2NH_{ad} \rightleftharpoons 2N_{ad} + 2H_{ad} \tag{4.24}$$

$$6H_{ad} \longrightarrow 3H_{2,ad} \longrightarrow 3H_{2,g} \quad \text{氢气脱附} \tag{4.25}$$

$$2N_{ad} \longrightarrow N_{2,ad} \longrightarrow N_{2,g} \quad \text{氮气脱附} \tag{4.26}$$

气相 NH_3 分子逐级脱 H 所需的能量如表 4.2 所示。

表 4.2　NH_3 分子中 N—H 键的解离能

断裂键	解离能	
	kJ/mol	eV
H—NH_2	450.2±0.4	4.7
H—NH	389.4	4.0
H—N	328.0±15.4	3.4

催化剂是氨分解的关键，目前常用的氨分解催化剂的活性组分以 Pt、Ir、Pd、Ru、Fe 和 Ni 为主。虽然 Ru 的催化活性最高，但其价格高；而廉价的 Ni 基催化剂的催化活性仅次于上述贵金属，因此更具有工业应用前景。催化剂的载体则主要有三氧化二铝、氧化镁、二氧化钛、二氧化硅、碳纳米管、活性炭、分子筛等。

氨分解的分解率一般在 99%以上，混合气体经冷却至常温后，进入纯化系统。氨气制氢的纯化可以采用变压吸附和膜分离法。

2. 肼制氢气

肼(N_2H_4)作为一种重要的氮氢化合物，在常温下为无色透明液体，密度为 1.004g/ml，氢质量分数高达 12.5%，远高于一般的物理储氢材料，而且完全分解后的副产物仅为氮气，无须进一步回收利用。如果能够在温和条件下实现肼的完全分解，则可以在无须外加能源的条件下快速制备氢气，为燃料电池提供所需的原料，是一种理想的液体氢源。但是肼与金属催化剂接触时易发生爆炸，存在一定的安全隐患。水合肼($N_2H_4 \cdot H_2O$)为肼的水合物，完全分解产物与肼相同，可释氢质量分数为 8.0%，其中的水分子不参与反应，化学性质较为稳定，因而更适合作为液体氢源。肼在常温下，可发生热分解和催化分解，肼的分解有两种途径。

完全分解：
$$N_2H_4 \longrightarrow N_2(g) + 2H_2(g) \tag{4.27}$$

不完全分解：
$$3N_2H_4 \longrightarrow N_2(g) + 4NH_3(g) \tag{4.28}$$

上述两个反应可以同时进行，但在高温条件下生成的中间产物 NH_3 能够进一步分解生成 N_2 和 H_2，肼也能够与 H_2 反应生成 NH_3。因此，肼的分解并不是严格按照上述的化学计量式进行的，而是受到催化剂种类及反应条件(温度、压力)的影响。肼的分解机理还没有定论，由于在肼的分解过程中涉及 N—N 键和 N—H 键断裂的次序问题。N—N 键的键能为 60kJ/mol，N—H 键的键能为 84kJ/mol，因此肼在催化剂的催化分解过程中通常认为有以下三种机理：①N—N 键断裂，解离分解机理；②N—H 键断裂，非解离分解机理；③N—N 键和 N—H 键同时断裂机理[20]。

肼主要用于空间飞行器的入轨、定点的推进系统和姿态控制系统，需要瞬间产生大量的高温高压气体，因此关注的是催化剂的活性和稳定性，而对催化剂的选择性并没有特别强调。一些传统的高活性肼分解催化剂，如 Ir/Al_2O_3，在 100℃以下的温度区间更容易促进肼分解生成氨而不是生成氢气。但作为燃料电池的可靠氢源，则需要在温和条件下实现高效、高选择性的水合肼分解制氢气。目前，水合肼分解制氢使用的催化剂主要有金属纳米粒子和负载型催化剂。

金属纳米粒子主要是指一些尺寸均一、组分均匀的双金属纳米粒子催化剂，这些新型金属纳米粒子能够有效促进水合肼的分解制氢，如表 4.3 所示。

表 4.3　不同纳米粒子在水合肼分解制氢中的催化性能对比

金属粒子组成	反应温度/℃	氢的选择性/%
$Ni_{0.2}Rh_{0.8}$	25	100
$Ni_{0.93}Pt_{0.07}$	25	100
$Ni_{0.95}Ir_{0.05}$	25	100
$Ni_{0.6}Pd_{0.4}$	50	82
NiFe	70	100
NiCo	70	18
NiCu	70	15
Fe-Ni/Cu	70	100
$Co_{0.2}Rh_{0.8}$	25	20
$Fe_{0.2}Rh_{0.8}$	25	30

金属纳米粒子虽然能够高选择性地分解水合肼制氢，但是在制备以及反应过程中都容易发生团聚，催化活性相对较低。虽然在制备过程中加入表面活性剂可

以降低金属的粒径，但是保护剂同样会覆盖金属活性位，而不能从根本上提高催化剂的活性。此外，保护剂的加入使得催化剂的分离更加困难，影响其循环利用。

负载型催化剂是最常用的工业催化剂之一，制备过程较为简单，可以通过调节活性组分的负载量、载体的种类及结构、助剂的加入量等因素，调变催化剂的活性和选择性。目前用于水合肼分解制氢的负载型催化剂主要包括贵金属催化剂和非贵金属催化剂(表 4.4)。虽然贵金属催化剂的水合肼制氢选择性很高，但是价格高，因此非贵金属催化体系的开发有利于实际需要。在众多的非贵金属催化剂中，Ni 和 Fe 基催化剂表现出最好的水合肼分解制氢性能。

表 4.4　不同负载型催化剂在水合肼分解制氢中的催化性能对比

催化剂	反应温度/℃	氢的选择性/%	助剂
Ir/Al_2O_3	＞200	100	—
RhNi@Graphene	25	100	NaOH
PtNi@ZIF-8	50	100	NaOH
$NiPt_x/Al_2O_3$	30	＞99	—
$NiIr_x/Al_2O_3$	30	＞99	—
$Pt_{0.1}Ni_{0.9}/Ce_2O_3$	25	100	NaOH
$Pt_{0.30}Co_{0.65}/(CeO_x)_{0.05}$	25	60	NaOH
$Ni\text{-}Al_2O_3\text{-}HT$	30	93	—
Raney Ni-300	30	＞99	NaOH
$NiMoB\text{-}La(OH)_3$	50	100	NaOH
Fe-B/MWCNTs	25	97	—
Fe-B/NaOH-MWCNTs	25	99	—
Ni_3Fe/C	25	100	—
$Ni_{1.5}Fe_{1.0}/(MgO)_{3.5}$	25	99	—

在负载型催化剂的载体方面，使用范围也由氧化物材料如 Al_2O_3 逐渐扩展到碳材料、金属有机框架等领域。此外，强碱性助剂在水合肼分解制氢反应中也表现出显著的促进作用，催化剂载体中强碱的存在也能够起到提高水合肼分解制氢选择性的作用。

4.1.5　硼氢化钠制氢

在众多的氢化物中，硼氢化钠($NaBH_4$)由于具有较高的理论储氢密度、可长期稳定储存、水解过程温和，并且制氢规模可以根据需要进行调整、全过程环境友好等众多优点，而受到科学界和产业界的广泛兴趣。

$NaBH_4$的催化放氢工艺分为$NaBH_4$溶液和$NaBH_4$固体两种方式，而$NaBH_4$溶液制氢是目前研究的主流。$NaBH_4$的催化水解反应，可在常温下生成高纯度的氢气，且在生成的氢气中不含一氧化碳气体，不需要纯化，可以直接作为质子交换膜燃料电池供电系统的燃料源。$NaBH_4$在水溶液中会发生自发水解，而碱性条件可以显著降低其水解速度，只要与特定的催化剂接触，其碱性溶液可以按照下式反应快速、可控地释放出氢气：

$$NaBH_4 + (2 + x)H_2O \xrightarrow{\text{催化剂}} 4H_2\uparrow + NaBO_2 \cdot xH_2O \tag{4.29}$$

对于催化剂的应用目前主要分为贵金属盐催化剂（如铑盐和钌盐）和非贵金属盐催化剂（如镍盐和钴盐），相对于贵金属，Ni、Co 等金属盐的催化剂由于价格低廉、资源丰富而受到更多的重视，也是目前研究的重点。

在没有催化剂的条件下，其反应速率与溶液的 pH 和温度有关，可以通过以下经验公式估算该反应的反应速率：

$$\lg t_{1/2} = \text{pH} - (0.034T - 1.92) \tag{4.30}$$

式中，$t_{1/2}$是$NaBH_4$水解的半衰期（min）；T为反应时的热力学温度（K）。由此可以计算出不同 pH 和不同温度下$NaBH_4$水解的半衰期，见表 4.5。

表 4.5　不同 pH 和温度下的 $NaBH_4$ 水解的半衰期　（单位：天）

pH	温度				
	0℃	25℃	50℃	75℃	100℃
8	3.0×10^{-3}	4.3×10^{-4}	6.0×10^{-5}	8.5×10^{-6}	1.2×10^{-6}
10	3.0×10^{-1}	4.3×10^{-2}	6.0×10^{-3}	8.5×10^{-4}	1.2×10^{-4}
12	3.0×10^{1}	4.3×10^{0}	6.0×10^{-1}	8.5×10^{-2}	1.2×10^{-2}
14	3.0×10^{3}	4.3×10^{2}	6.0×10^{1}	8.5×10^{0}	1.2×10^{0}

$NaBH_4$ 本身的储氢量为 10.6%（质量分数），其饱和水溶液的质量分数可达 35%，此时的储氢量亦达到了 7.4%（质量分数），而且$NaBH_4$溶液无可燃性，储运和使用都十分安全。因此$NaBH_4$水解制氢技术是一种安全、高效、实用性强的制氢技术。$NaBH_4$水解反应唯一的副产物$NaBO_2$对环境无害，当 pH＞11 时，其副产物为可溶性的 $NaB(OH)_4$，均对环境无害，回收后可直接作为防腐剂、显影促进剂和阻燃剂等，以及制备无机硼化合物，还可以作为合成$NaBH_4$的原料，从而实现资源的循环利用。

$NaBH_4$作为氢源的一大优势在于其水解制氢可控，$NaBH_4$可控水解制氢系统主要由燃料储罐、燃料泵、催化反应器、气液分离器、副产物储罐、储氢缓冲罐等部分构成，如图 4.14 所示[21]，该系统制氢采用压力控制方式，即通过实时采集系统压力信号控制燃料泵的开启和关断，调控燃料液向催化反应器的输运，以实现即时按需制氢。该系统在实际运行过程面临的关键问题是如何及时有效地清除副产物$NaBO_2$。

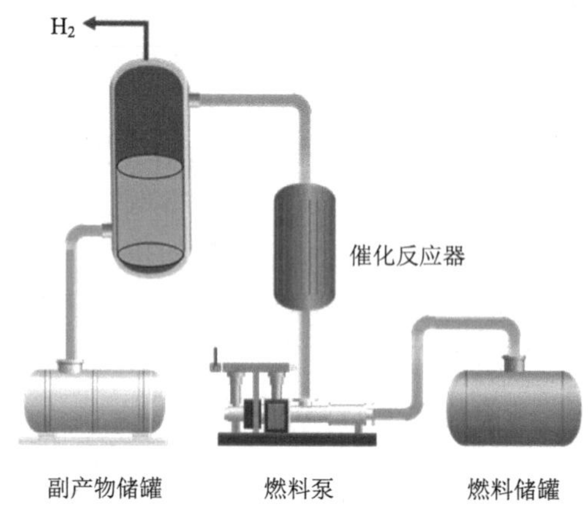

图 4.14　$NaBH_4$可控水解制氢系统示意图

日本丰田汽车公司于 2004 年就成功研制了可与 10kW 燃料电池配套使用的$NaBH_4$可控水解制氢系统。如图 4.15 所示[21]，该系统应用 Pt-$LiCoO_2$负载型催化剂，在燃料液(25wt%$NaBH_4$+4wt%NaOH)流速为 200ml/min 条件下，制氢速率可达 120nl/min，燃料转化率可达 100%。

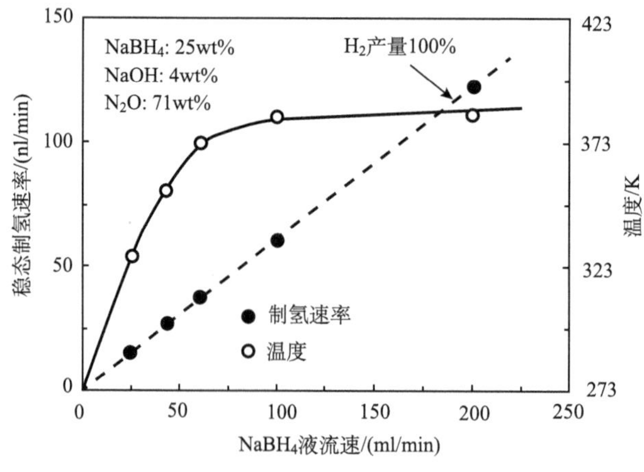

图 4.15　$NaBH_4$燃料液流速对稳态制氢速率的影响

4.2　氢气的纯化

大多数制氢过程都包含氢气的纯化过程，以除去粗制氢气中的各种杂质。根据氢气来源不同，可采用不同的纯化方法来获得纯度更高的氢气。氢的纯化方法有多种，按机理可分为化学方法和物理方法两大类。其中，化学方法包括催化纯化法；物理方法包括金属氢化物分离法、变压吸附法、等温分离法。此外，近年来发展起来的膜分离技术也可用于氢气的提纯。常用的氢气纯化方法如表 4.6 所示[2, 22]。

表 4.6　氢气的纯化方法

纯化方法	纯化材料	原料气	原理	制氢纯度/%	主要用途	制氢规模	备注
催化纯化法	Pt、Pd、Cu、Ni 等金属催化剂	含氧氢气	与氢气发生催化反应除去氧	99.999	去除氢气中的氧气	小至大规模	一般用于提高电解水制氢中氢气的纯度，有机物、铅汞等金属及含硫和碳化合物会使催化剂中毒
有机膜分离法	聚酰胺、聚砜、醋酸纤维、聚酰亚胺等	含氢气的混合气体	利用不同气体在薄膜中扩散速率的差异	92～98	氢气的提纯	小至大规模	氦气、CO_2和水也可能渗透过薄膜
无机膜分离法	质子电子混合导体膜、分子筛膜、纳米孔碳膜、超微孔无定形二氧化硅膜等	含氢气的混合气体	包括微孔膜分离机理(Knudsen 扩散、表面扩散、毛细管冷凝和分子筛分)和致密膜分离机理(质子电子混合传导)		氢气的提纯	小至中等规模	可在高达800℃的高温下使用，化学稳定性好，不适宜在热碱系统
金属膜分离法	钯及其合金膜	煤制氢、烃裂解气	溶解扩散	99.9999	氢气的精制纯化	小至中等规模	硫化物和不饱和烃会降低渗透性
变压吸附法	分子筛、活性炭	富氢原料气	选择性吸附气流中的杂质	99.999	氢气的提纯	大规模	清洗过程会损失氢气，降低回收率

续表

纯化方法	纯化材料	原料气	原理	制氢纯度/%	主要用途	制氢规模	备注
低温吸附法	硅胶、活性炭、分子筛（液氮）	氢含量大于99.5%的工业氢气	在液氮温度下对气体中的杂质选择性吸附	99.9999	氢气的精制纯化	小至中等规模	要先采用冷凝干燥除水，再经催化脱氧
低温分离法	-	石油化工和炼油厂废气	混合气体在低温下部分冷凝	90～98	氢气的提纯	大规模	需要预先纯化以除去CO_2、H_2S和水
金属氢化物分离法	稀土系、钛系、锆系、镁系等合金		氢气和金属生成金属氢化物的可逆反应	99.9999	氢气的精制纯化	小规模	氧、氮、CO和硫会使氢吸附中毒

由于分离要求和原料气体的组成不同，有时仅使用一种分离工艺难以实现既定的分离目标，因此会将不同的分离工艺进行合理组合，发挥每种方法的优势，从而达到更好的纯化效果。

4.2.1 变压吸附法

变压吸附法纯化氢气的基本原理是利用固体材料对气体混合物的选择性吸附，以及吸附量随压力改变而变化的特点，通过周期性改变压力来吸附和解吸，从而实现气体的分离和提纯。变压吸附工艺主要包括高压吸附、低压解析、塔间均压、逆向放压、顺向放压、吹扫冲洗、终压等工序，通过设定循环来达到吸附纯化的目的。这一技术最早由美国联碳公司（Union Carbide Corporation）发明，并推广到各个国家。20 世纪 70 年代后，该技术获得迅速发展，逐渐成为一种主要的气体高效分离提纯技术[23,24]。

变压吸附法在工业上通常使用的吸附剂是固相，吸附质是气相，同时采用固定床结构与两个或更多的吸附床系统，从而可以保证吸附剂能交替进行的吸附与再生，因此能持续进行分离过程。变压吸附法主要由以下三个基本过程组成：①在相对较高的吸附压力条件下，吸附床在通入混合气体后，易被吸附剂吸附的组分被选择性吸附，而不易吸附的杂质组分则从吸附床出口流出；②吸附剂通过抽真空、降压、置换冲洗盒等方法使吸附剂解吸，然后再生；③解吸剂通过不易吸附的杂质组分使吸附床加压，从而达到吸附压力值，以便进行下一次吸附。

利用变压吸附技术纯化氢气，是基于吸附剂对杂质气体的选择吸附性远高于氢气的吸附原理，从而将氢气分离，其中吸附剂的选择是影响变压吸附性能的关键因素。在选择吸附剂的材料时，应结合实际变压吸附要解决的问题，需要考虑吸附剂对多组分吸附的平衡吸附量、选择吸附性能和吸附热等因素。目前被应用于变压吸附过程的吸附材料有很多，如活性炭、硅胶、沸石分子筛和活性氧化铝等。研究发现在一个吸附床中采用多种吸附剂可以显著提高系统吸附性能。研究表明，活性炭对变压吸附制氢过程中，相比于沸石分子筛，对杂质气体 CO_2 有更好的吸附和脱附性能，而 CO 和 N_2 在沸石分子筛上的吸附效果要优于活性炭，CH_4 则在活性炭和沸石分子筛上有着接近的吸附性能。

吸附剂从吸附方式上可以分为物理吸附和化学吸附。物理吸附由于是可逆的，脱附较容易，主要缺点是选择性不高，分离系数小；化学吸附的选择性比较高，但是吸附剂解析困难，因为吸附的结合力比较强，所以很多化学吸附过程是不可逆的。有一种化学吸附选择性高，也是可逆的，就是络合吸附，它可以通过其他工艺方法使该键断裂，从而把吸附质从吸附剂上脱附下来。近几年，CO 络合吸附剂成为研究的一个重点，目前采用的活性组分以铜系吸附剂为主，Cu^+可以与 CO 形成络合物从而对 CO 有选择性吸附的作用[25]。

变压吸附法具有低能耗、产品纯度高，且可灵活调节、工艺流程简单，并可实现多种气体的分离、自动化程度高、操作简单、吸附剂使用周期长、装置可靠性高的优点，最大的缺点是产品回收率低，一般只有 75% 左右。目前变压吸附的研究方向包括优化纯化流程、变压吸附与选择性扩散膜联用，主要是围绕提高氢气回收效率展开的。

4.2.2　膜分离技术

膜分离技术是利用混合物中各组分在膜中的相对渗透速率不同，以膜两侧气体的分压差为推动力，通过溶解、扩散、脱附等步骤而实现分离的技术。与其他分离技术相比，膜分离技术具有投资少、占地小、操作方便等优点。通常对分离膜的要求是：具有良好的成膜性，热稳定性，化学稳定性，耐酸、碱、微生物侵蚀和耐氧化性能。目前按制膜材料不同，一般将分离膜主要分为有机膜和无机膜两类。

1) 有机膜分离法

在气体膜分离技术中，氢气膜分离技术是开发应用最早，技术上最成熟，范围广泛，经济效益特别显著的气体膜分离技术。可用于氢气分离的有机膜包括聚酰胺、聚砜、醋酸纤维、聚酰亚胺等。美国的 Du Pont、Air Product 和日本的工业株式会社都是当前生产氢气膜分离器的主要厂家。而最早使用聚合物膜来分离氢气的是 1965 年的 DuPont 公司，他们发明了聚酯中空纤维膜分离器(permasep) 来分离氢气。但是膜的厚度过厚，强度也不高，分离器的结构上存在一些缺陷，没能在工业上获得广泛应用。直到 1979 年，Monsanto 公司研制出了“Prism”中空纤维膜分离器，被广泛用于工业中纯化氢气。

聚合物膜扩散法纯化氢气的基本原理是：在工作压力下，气体通过聚合物膜的扩散速率不同，从而可以达到分离氢气的效果。它主要适用于以下情形：原料气的压力较高，原料气中氢浓度较高，对于富氢气体在低压条件下使用，对于贫氢气体在高压条件下使用。聚合物膜扩散法操作简单，适用范围较为广泛，同时氢气回收率也比较高，一般为 70%～85%，但是回收的氢气压力较低，一般可以将它与变压吸附法或低温分离法联合使用，从而产生最好的效果。

2) 无机膜分离法[26]

无机膜是指采用陶瓷、金属、金属氧化物、玻璃、硅酸盐、沸石及碳素等无机材料制成的半透膜。它包括陶瓷膜、微孔玻璃、金属膜、沸石膜、碳分子筛膜及金属陶瓷复合膜等。根据膜的结构不同可分为致密膜、多孔膜及复合膜与有机膜相比，无机膜具有热稳定性和化学稳定性好、强度大、不易老化、孔径易控制，以及容易实现电催化和电化学活化等诸多优良的特性。

按无机膜表层孔结构的不同可以将其分为致密无机膜和多孔无机膜。致密无机膜包括致密金属膜(如钯膜、银膜以及合金膜)和氧化物固体电解质膜(如二氧化锗膜)。致密膜在气体分离中，只选择透过某一组分，选择性很高。如钯膜只透过氢，银膜和二氧化锗膜只透过氧。致密金属膜的制备技术已经成熟并已工业化。致密金属膜的缺点在于其化学稳定性和热稳定性不够理想。但致密膜研究应用于纯氢燃料的获得方面。多孔膜主要有多孔陶瓷膜(如 Al_2O_3、ZnO_2、TiO_2 膜等)、多孔玻璃膜(如 SiO_2 膜)、多孔金属膜(如多孔不锈钢膜)和分子筛膜(如沸石分子筛膜、碳分子筛膜）等。多孔膜的渗透通量较致密膜高，但是渗透选择性却较低。多孔无机膜在使用中大多制备成多层的不对称复合结构，多孔无机分离膜主要是由多孔载体，过渡层和活性分离层三部分构成。在各种多孔无机膜材料中，分子筛膜是被研究最多的，因其具有独特的性能，如规则排列的孔道结构，特殊性质，孔径均一、阳离子可交换、耐高温、抗化学溶剂、具有不同的酸性、亲憎水性和催化性能等而被广泛应用于分离、吸附、扩散等方面的研究。

作为无机膜的一种，金属膜尤其是钯基金属膜被广泛应用于超纯氢气(氢气的体积分数≥99.9999%)的分离。钯的选择性透氢性质是 Thomas Graham 在 1866 年首先发现的，后来被应用于氢气纯化的工业化。但是纯钯如果长期用作氢的扩散体效果很不好，因为纯钯在 571K 和 2MPa 的临界条件下吸氢，可以生成 α 相和 β 相两种固溶体(如图 4.16 所示[27])，它们的点阵常数约相差 3%，因此在吸氢和脱氢的过程中会反复发生相转变，同时伴有 10%左右晶胞体积变化，体积膨胀和收缩产生应力导致钯膜发生氢脆现象。为了解决这一问题，最好的方法是将钯合金化。目前应用较多的合金元素主要包括 Ag、Au、Cu、Y、V、Al、Pt、Fe、Ni、

Rh，它们能抑制合金在室温下发生相转变，降低合金膜在吸放氢时的扭曲变形，提高透氢速率(如表 4.7 所示)，同时更改善了钯在氢气中的热稳定性和膜的抗毒化能力[28]。

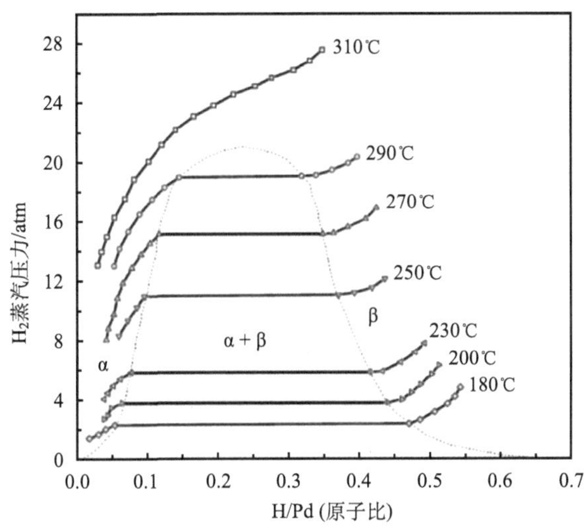

图 4.16　不同温度和压力下的钯氢体系 P-C-T 相图

钯合金膜的透氢过程主要通过溶解-扩散的机理实现，即：由于钯原子的 4d 层缺少两个电子，表面具有较强的吸氢能力，在氢分子与钯合金膜接触时，氢分子在钯合金膜表面上解离吸附，并在钯膜的催化作用下电离成质子和电子，在浓度梯度的作用下扩散到钯膜的另一侧，质子再从晶格中获得电子变成吸附原子，氢原子重新结合成分子后脱附并离开膜表面，从而实现了氢气的透过扩散。

钯合金膜法纯化氢气有很大优点：纯化效率高，纯化后的氢气纯度可达 99.9999%；氢气回收率极高，可达 99%，几乎没有氢气的损耗；钯合金膜抗杂质气体的毒化能力强，能适用于多种气体类型下的氢气纯化。但是采用钯合金膜纯化氢气也有很明显的缺点，钯膜的透氢速度不高，导致生产量很小，而且钯金属膜极为昂贵，生产成本很高，因此无法实现工业上的大规模应用。

无机复合膜是在无机多孔膜和金属致密膜研究的基础上发展起来的一种新型结构的无机膜材料，它主要由多孔载体（如陶瓷、石英玻璃、不锈钢等）、中间膜（如 γ-Al_2O_3 等）和表层金属致密膜（如钯、钯合金等）或表层金属氧化物微孔膜（如纳米粒子级 SiO_2、TiO_2、ZrO_2 等）组成，具有耐高温、耐腐蚀、机械性能稳定、氢分离因子高和氢渗透系数大、流程简单、操作方便、成本低等优点，可从工厂废气中回收高纯度氢气。

表 4.7　不同钯合金相对于纯钯的氢透过率

Pd 合金	合金含量/wt%	氢透过率（Pd 合金/Pd）	Pd 合金	合金含量/wt%	氢透过率（Pd 合金/Pd）
Pt	0	1.0	Pd-Cu	10	0.48
Pd-Y	6.6	3.5	Pd-Au	5	1.1
Pd-Y	10	3.8	Pd-Ru-In	0.5, 6	2.8
Pd-Ag	23	1.7	Pd-Ag-Ru	30, 2	2
Pd-Ce	7.7	1.6	Pd-Ag-Ru	19, 1	2.6

4.2.3　低温分离法

低温分离法的基本原理是在相同的压力下，利用氢气与其他组分的沸点差，采用降低温度的方法，使沸点较高的杂质部分冷凝下来，从而使氢与其他组分分离开来，得到纯度 90%～98%的氢气。在 20 世纪 50 年代以前，工业制氢主要是采用低温分离法进行的，主要用于合成氨和煤的加氢液化。

低温分离法在分离前需要进行预处理，先除去 CO_2、H_2S 和 H_2O，然后再把气体冷却至低温去除剩余的杂质气体，它适用于氢含量较低的气体，一般为 30%～80%，氢气的回收率较高，可以达到 95%，但是在实际操作中需要使用气体压缩机及冷却设备，能耗高，在适应条件、温度控制方面存在着许多问题，一般适用于大规模生产。

4.2.4　金属氢化物法

储氢合金在适当的温度和压力条件下，可以直接与氢气发生可逆反应，生成金属氢化物。它具有在降温升压时可以吸收氢，升温减压时释放氢的性质，同时表面具有很高的活性，利用储氢合金的这一性质，故而被用于纯化氢气。

利用金属氢化物用于纯化氢气时极易吸附杂质气体的性质，发展出了金属氢化物回收材料和金属氢化物纯化材料。金属氢化物回收材料是利用在高压下会选择性吸附待纯化气体中的氢，随后在低压下又可逆地释放出氢的性质达到纯化氢的目的; 金属氢化物纯化材料是通过利用材料表面的高活性，直接吸除待纯化气体中的杂质气体而富集氢。为了实现氢气的高效纯化，选用金属氢化物纯化材料时应考虑两个条件：对杂质气体的纯化效率及吸附容量高；吸放氢平台高，氢滞留量低。

金属氢化物法具有产出氢纯度高（99.9999%）、操作简单、能耗低、材料价格低廉等特点，是最适用于获得高纯氢的技术之一。但缺点也比较明显，在回收氢气过程中，材料易与杂质气体发生反应，引起纯化材料中毒而丧失活性，降低纯化效率，失去回收能力，同时氢处理量相对更小，适用于小或中规模产氢。

4.3　氢气的储存

氢的储存是氢能应用的关键，国内外都非常注重这项技术的研究和开发。衡量一种氢气储运技术好坏的依据有储氢成本、储氢密度和安全性等方面，对于移动式或便携式氢气的应用，上述指标显得更为重要。储氢材料性能的衡量标准主要用以下两个参量表示：质量储氢密度和体积储氢密度。其中，质量储氢密度为系统储存氢气的质量与系统质量的比值(质量分数)，体积储氢密度为系统单位体积内储存氢气的质量(kg/m^3)。美国能源部提出的车载氢源的储氢要求是质量和体积储氢密度分别达到 6%和 $60kg/m^3$。

氢能够以气态、液态、固态三种状态储存。根据储存机理的不同又可分为高压气态存储、低温液态存储、金属氢化物储氢、新型碳材料储氢和有机液体氢化物储氢等方法。

4.3.1　高压气态存储

高压气态存储是最普通和最直接的储氢方式，通过调节减压阀就可以直接释放出氢气。目前，高压气态储氢容器主要分为纯钢制金属罐(Ⅰ型)、钢制内胆纤维缠绕罐(Ⅱ型)、铝内胆纤维缠绕罐(Ⅲ型)及塑料内胆纤维缠绕罐(Ⅳ型)4 个类型。其中Ⅰ型、Ⅱ型储氢罐储氢密度低、氢脆问题严重，难以满足车载储氢密度要求；而Ⅲ型、Ⅳ型储氢罐由内胆、碳纤维强化树脂层及玻璃纤维强化树脂层组成，明显减少了气罐质量，提高了单位质量储氢密度。因此，车载储氢罐大多使用Ⅲ型、Ⅳ型两种容器。

高压钢瓶是常用的储氢容器，其储存压力一般为 12～15MPa，储存压力在 20MPa 以下的压缩技术已经比较成熟，但储氢质量效率还比较低。目前，常用的 15MPa 的 40L 的钢瓶只能存储 $6m^3$ 的氢气，氢气的质量约为 0.54kg，质量储氢密度约为 1.2%。2017 年新日铁和住友金属公司与日本钢铁厂有限公司联合推出了采用免焊接的无缝钢管制成的加氢站用新型储氢罐(如图 4.17 所示)。该新型储氢罐完全由钢制成，相比于传统采用高价的碳纤维缠绕的钢制储氢罐产品，其价格降低了 30%，有助于降低加氢站的成本，加快下一代氢动力车用加氢站的建设。

图 4.17　新型全钢高压储氢罐

近年来丰田汽车公司开发了一种由碳纤维复合材料组成的新型耐压储氢容器，如图 4.18 所示，其储氢压力可达 70MPa。这种耐压容器是由玻璃纤维、碳纤维及密封塑料组成的薄壁容器，质量储氢密度可达 5.7%。但这类高压钢瓶必须配备特殊的减压阀及控制阀门才能使用。目前，美国 Quantum 公司、Hexagon Lincoln 公司、通用汽车公司、丰田汽车公司等国外多家知名企业，已成功研制多种规格的纤维全缠绕高压储氢气罐。

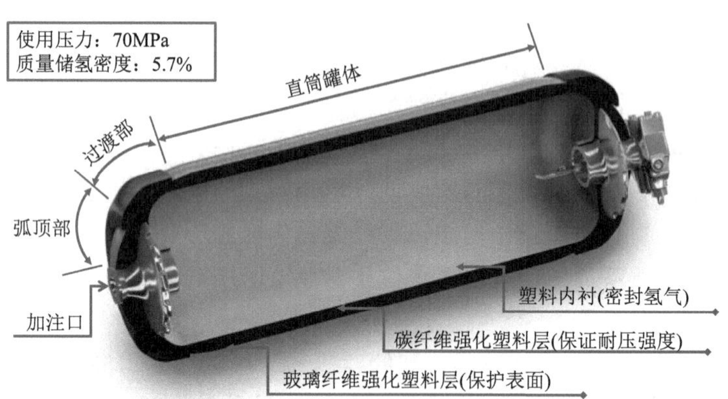

图 4.18　碳纤维复合材料高压储氢罐

此外，还可以在容器中加入一些吸氢物质，从而大幅度地提高压缩储氢的储氢密度，甚至使其达到“准液化”的程度，当压力降低时，氢可以自动地释放出来。高压压缩储氢应用广泛、简便易行，而且压缩储氢成本低，充放气速度快，常温下就可进行。压缩储氢的缺点是能量密度低，当增大容器内气体的压力时，需要消耗较多的压缩功，而且存在氢气易泄漏和容器爆破等不安全因素。

4.3.2　低温液态存储

低温液态存储是一种深冷的氢储存技术。氢气经过压缩之后，深冷到–253℃(20K)或以下而变为液氢，使得氢的密度极大地提高，是气态氢密度的845 倍。这样，对同等体积的储氢容器，其储氢量大幅度提高。液化储氢特别适用于储存空间有限的场合，如航天飞机火箭发动机、汽车发动机和洲际飞行运输工具等。

若仅从质量和体积上考虑，液化储氢是一种极为理想的储氢方式。但是氢的液化面临以下几个主要难题：①氢气的深冷液化能耗高，目前制取液氢的能耗相当于液氢质量能量的 30%；②液氢的储存和保养问题，由于液氢储器内的温度与环境的温差大，为了给液氢保冷和防止挥发对储存容器材料、结构设计和加工工艺等都提出了苛刻的要求，液氢储存容器(图 4.19[29])必须使用耐超低温的特殊容器，需要用多层、绝热的真空夹套结构，并在夹层中放置铝箔来防止热辐射；③液氢由于绝热不完善而不能长期保持，不能达到完全绝热，部分液氢会发生气化而导致储罐内压力增加，当压力增加到一定数值时必须启动安全阀排出氢气，目前液氢的单日蒸发损失率在 1%～2%。

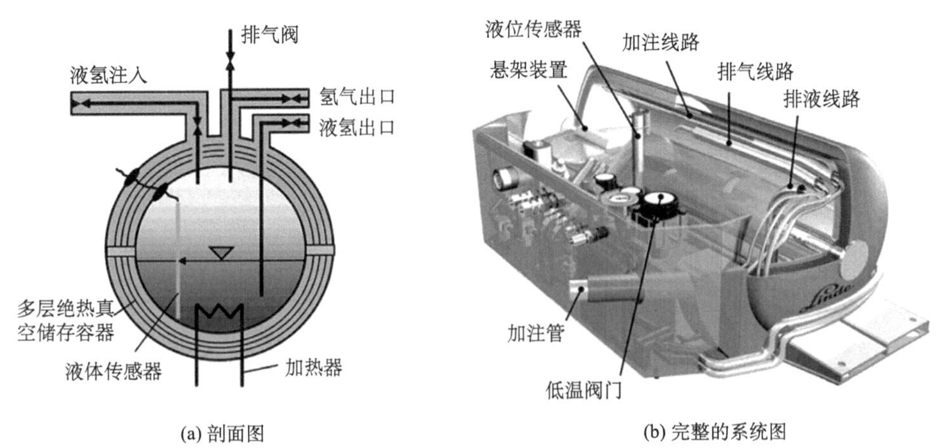

(a) 剖面图　　(b) 完整的系统图

图 4.19　低温液态储氢系统图

现在有一种壁间充满中空微珠的绝热容器已经问世。这种二氧化硅的微珠直径为 30～150μm，中间空心，壁厚 1～5μm。在部分微珠上镀上厚度为 1μm 的铝可抑制颗粒间的对流换热，将部分镀铝微珠(一般为 3%～5%)混入不镀铝的微珠中可有效地切断辐射传热。这种新型的热绝缘容器不需抽真空，但绝热效果远优于普通高真空的绝热容器，是一种理想的液氢储存罐，美国宇航局已开始研究使用这种新型的储氢容器，是未来储氢容器的发展方向。

此外，高压低温液态储氢是另一种液态储存方式。在高压下，液氢的体积储氢密度随压力升高而增加，在–252℃下液氢的压力从 0.1MPa 增至 23.7MPa，其储氢密度从 70g/L 增至 87g/L，质量储氢密度也达到 7.4%。美国加利福尼亚州的劳伦斯利沃莫尔国家实验室研发的新型高压低温液态储罐采用储氢罐内衬为铝，外部缠绕碳纤维，其外套保护由高反射率的金属化塑料和不锈钢组成，储氢罐和保护套之间为真空状态。与常压液态储氢相比，高压低温液态储氢的氢气挥发性小、体积储氢密度更大，但成本、安全性等问题亟待解决。

4.3.3　金属氢化物储氢

元素周期表中，除了惰性气体，几乎所有元素都能与氢反应生成氢化物。金属氢化物储氢技术[30]就是利用金属和氢反应生成金属氢化物而将氢存储和固定的技术，其机理是：在一定的压力和温度下，氢分子被吸附在金属表面后，离解成氢原子嵌入金属的晶格中形成含氢固溶体（α 相，MH_x），随后固溶体继续与氢反应，产生相变生成金属氢化物（β 相，MH_y），继续增加氢气压力，可以生成含氢更多的金属氢化物（图 4.20）。该反应有很好的可逆性，当适当升高温度和减小压力时，即可发生逆反应，并释放出氢气，其反应式如下：

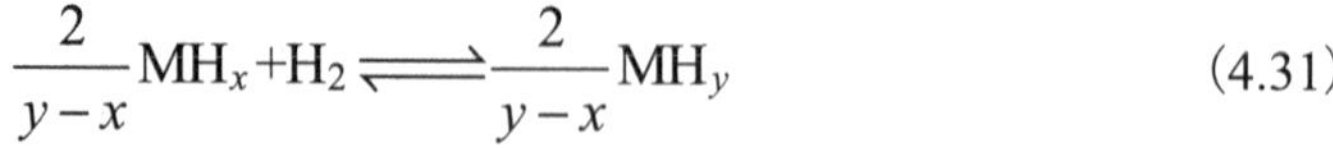

$$\frac{2}{y-x}MH_x+H_2 \rightleftharpoons \frac{2}{y-x}MH_y \tag{4.31}$$

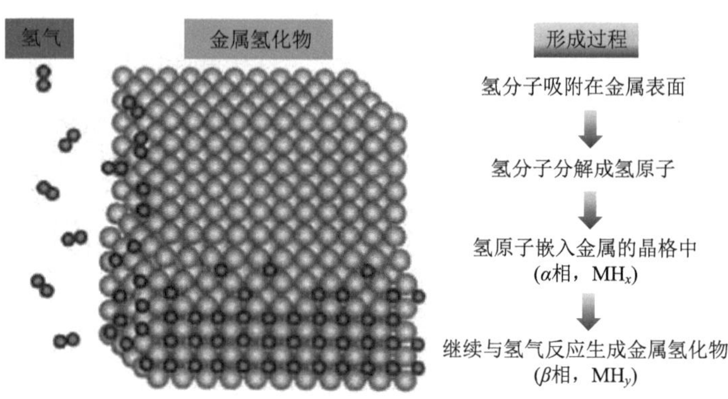

图 4.20　金属氢化物生成示意图

金属氢化物储氢材料可分为两大类：一类是合金氢化物材料；另一类是金属配位氢化物材料。迄今为止，趋于成熟和具备实用价值的金属氢化物储氢材料主要有稀土系、Laves 相系、镁系和钛铁系四大系列。

1) 稀土系(AB_5 型)

以 $LaNi_5$ 为代表的稀土系储氢合金，是所有储氢合金中应用性能最好的一类。1969 年，荷兰 Philips 实验室首次报道了 $LaNi_5$ 合金具有很高的储氢能力，从此储氢合金的研究与利用得到了较大的发展。金属间化合物 $LaNi_5$ 具有六方结构，$LaNi_5$ 晶胞由 3 个十二面体、9 个八面体、6 个六面体和 36 个四方四面体组成。其中 3 个十二面体、9 个八面体和 6 个六面体的晶格间隙半径大于氢原子半径，可以储存氢原子。而 36 个四方四面体间隙较小，不能储存氢原子。这样，一个晶胞内可以储存 18 个氢原子，生成具有六方结构的 $LaNi_5H_6$，如图 4.21 所示，此时的储氢量最大为 1.4%。$LaNi_5$ 活化容易，平衡压力适中，滞后系数较小，吸放氢性能优良。但是随着吸放氢的循环进行，易于粉化，从而导致容量严重衰减。此外，$LaNi_5$ 合金中的镧的价格高，导致合金成本较高。

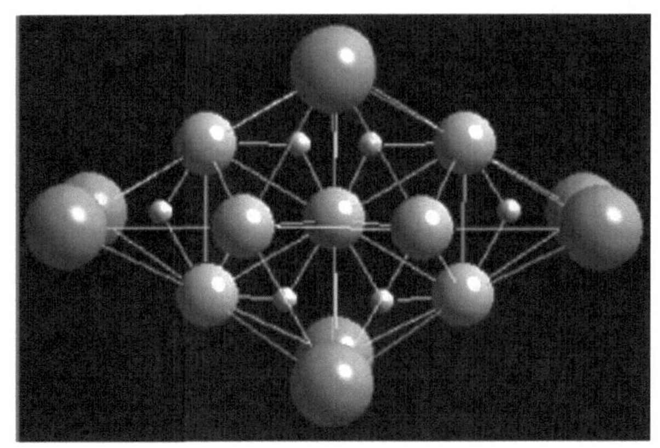

图 4.21　$LaNi_5H_6$ 的晶体结构图(La：大球；Ni：中球；H：小球)

为了降低成本，采用其他稀土元素，如 Ce、Sm 部分取代 La 形成富镧混合稀土 M_{mix}，但 $M_{mix}Ni_5$ 的氢分解压升高，滞后压差大，给使用带来困难。而为了克服 $LaNi_5$ 合金的粉化问题，则采用了 Al、Mn、Co 等金属元素置换 Ni。加入 Al 后合金可以形成致密的 Al_2O_3 薄膜，该氧化物可以提高氢的反应性，延长储氢合金的循环寿命，降低室温时的吸氢压力，但氧化层却会阻碍氢的扩散；Mn 元素可以降低合金吸放氢的平衡压力，并使滞后现象减小。但 Mn 的加入也增加了固化过程中其他元素的溶解，使合金的腐蚀和粉化过程加快，降低了合金的稳定性。而适量 Co 的加入可以增强氢化物的稳定性，延长合金的循环寿命，一般 Mn 和 Co 两者同时加入。

2) Laves 相系(AB_2 型)

AB_2 型 Laves 相系合金材料是一类非常具有潜在研究价值的储氢材料。已经发现的 Laves 相系合金材料有三种晶体结构：面心立方晶相 C_{15}($MgZn_2$ 型)、六方晶相 C_{14}($MgCu_2$ 型)和面心六方晶相 C_{36}($MgNi_2$ 型)。与稀土系储氢材料相比，Laves 相系合金材料具有较高的存储容量、更高的动力学效率、没有滞后效应、更长的使用寿命和相对较低的成本等特点。然而此类材料的氢化物在室温时稳定性很好，不易脱氢。更深入的研究侧重于多组分元素同时或部分取代 A、B 原子后形成的 Laves 相系合金材料。目前常提到的钛系储氢材料(钛铁系除外)、锆系储氢材料(理论质量储氢密度为 1.5%)都属于 Laves 相系合金材料。

3) 镁系

镁基储氢材料以储氢量高(纯镁的理论质量储氢密度 7.6%)、资源丰富、价格低廉、质量轻和无污染而作为最有发展前途的固态储氢材料，引起了研究者广泛关注。但镁基储氢材料存在工作温度高、吸/放氢动力学性能差等缺点，阻碍其应用。纯 Mg 在常压下，必须在 287℃以上才能放出氢气。而最具代表性的 Mg-Ni 系储氢合金 Mg_2Ni 虽然可在比较温和的条件下与氢气反应生成 Mg_2NiH_4，而且该合金密度很小、储氢容量高(质量储氢密度可达 3.8%)、解吸平台好、滞后很小、资源也非常丰富，但是常压下放氢温度亦高达 250℃，不能在常温附近使用。

20 世纪 90 年代以后，随着机械合金化手段的提高，对镁基储氢材料的研究取得了长足的发展。近年来在镁基储氢复合材料的研究方面做了大量的工作。根据复合材料的性质可把镁基储氢复合材料分为两类：单质-镁基储氢复合材料与化合物-镁基储氢复合材料。在镁基储氢材料中添加单质元素较多的是 Fe、V、Pd 等，而常见的化合物-镁基储氢复合材料有 Mg-$LaNi_5$、Mg-TiFe、Mg-Mg_2Ni 等。虽然镁基储氢材料的种类不下千种，但目前其研究的重点依然集中在改进镁基材料的吸放氢速度慢、温度高以及抗腐蚀性差等方面[31]。

2024 年 11 月 18 日，上海氢枫能源技术有限公司制造的全球首例镁基固态储氢罐(图 4.22)从上海顺利出口，通过海运发往马来西亚砂拉越州，标志着我国在氢能储运技术领域的商业化应用取得了重大进展，该设备的质量储氢密度达到 6.4wt%，体积储氢密度为 57.8kg/m^3，一个罐体可存储一吨氢气；常温常压的运输环境配套热管理系统，对比传统的气态或液态氢储存方式极大地降低了氢气运输的风险。

4) 钛铁系

具有 CsCl 结构的 TiFe 合金在 1974 年由美国 Brookhaven 国家实验室首次合成，活化后 TiFe 合金在室温下能可逆地大量吸放氢，储氢量可达 1.8%(质量分数)，其氢化物的分解压低(室温下为 0.3MPa)，而且两元素在自然界中含量丰富，价格

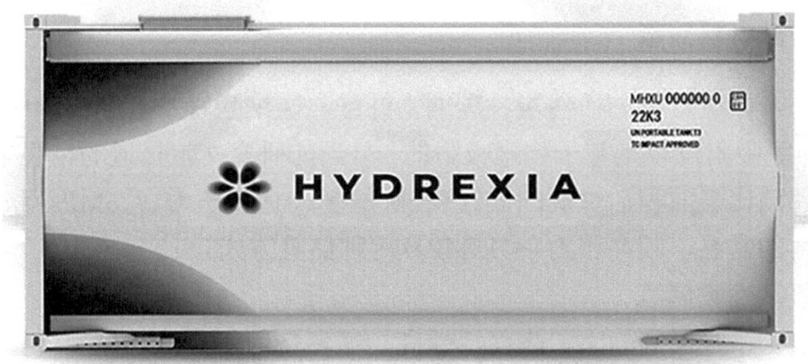

图 4.22　上海氢枫能源技术有限公司制造的镁基固态储氢罐

低，在工业中已得到一定程度的应用。因此，TiFe 合金一度作为一种很有应用前景的储氢材料而深受人们关注。但 TiFe 合金易被氧化，使得该材料极难活化，而且当成分不均匀或偏离化学计量点时储氢容量明显降低，此外 TiFe 合金抗杂质气体能力差，易中毒，使其应用受到很大限制。

为了改善 TiFe 合金的储氢性能，在实际应用中可通过元素的替代，用 Mn、Cr、Zr、Ni 等过渡族元素取代 TiFe 合金中的部分 Fe 就可以明显改善合金的活化性能，但会影响合金的其他储氢性能，如储氢量减小、吸放氢平台斜率增大等。另外，纳米化也是有效途径之一，纳米晶 TiFe 的储氢能力比多晶材料有显著提升，而且其活化处理也更加简便，所以纳米晶 TiFe 有望成为一种具有更高储氢容量的储氢材料。

金属合金虽然具有较大的储氢容量，其储氢的密度可达标准状态下氢气的 1000 倍，与液氢相当甚至超过液氢。但金属氢化物储氢依然存在缺点：①目前发现的绝大多数金属储氢材料的储氢质量分数仅为 1.5%～3%，储氢密度低，会增加移动工具的负载；②金属储氢材料在吸放氢的过程中会伴随有体积的膨胀和收缩，这样的多次循环会导致储氢金属的破碎粉化，使后继的氢化和释氢渐趋困难，同时会引起储氢量下降；③金属氢化材料对氢气的要求较高，氢气中夹杂的微量气体，如 O_2、CO_2、CO、H_2O 等气体都会对储氢金属产生不可忽视的影响，首先会吸附在金属的表面或在金属的表面形成氧化膜层，阻碍金属氢化物的形成，因此必须进行活化处理，部分储氢材料就是因为活化十分困难而限制了其应用，其次再经过多次的吸放氢反复操作，部分金属可能会发生不同程度的中毒，从而影响氢化和释氢特性；④金属氢化物释放氢气需要向其提供热量，增加了设备的复杂性[2]。

4.3.4 新型碳材料储氢

近年来，碳质材料如活性炭、碳纳米纤维、碳纳米管、富勒烯等作为储氢材料，其可逆氢吸附过程是基于物理吸附的。从当前研究文献报道的结果来看[32-34]，普遍看好超高比表面积活性炭的低温（液氮温度）、适度压力（<6MPa）和新型碳纳米吸附材料的常温、较高压力（<15MPa）两种储氢方式。

1）超级活性炭储氢

活性炭由于吸附能力大、表面活性高、循环使用寿命长、易规模化生产等优点而成为一种独特的多功能吸附材料。超级活性炭储氢始于 20 世纪 70 年代，是利用超高比表面积的活性炭作为氢气吸附剂，在中低温（–196～0℃）、中高压（1～10MPa）条件下的吸附储氢技术。高比表面积活性炭储氢是利用其巨大的表面积与氢分子之间的范德瓦耳斯力来实现的，是典型的超临界气体吸附。一方面 H_2 的吸附量与碳材料的表面积成正比；另一方面 H_2 的吸附量随着温度的升高而呈指数规律降低，因此其吸附储氢性能与储氢的温度和压力密切相关，一般来说，温度越低，压力越高，活性炭的储氢量越大。例如，在–120℃、5.5MPa 下，储氢量高达 9.5%（质量分数），在小于 6MPa 氢压和–196～–123℃的低温下，活性炭吸氢率随温度的降低而急剧增加。与其他储氢技术相比，高比表面积活性炭吸附储氢具有经济、储氢量高、解吸快、循环使用寿命长和易实现规模化生产等优点，是具有潜力和竞争力的碳质吸附储氢技术[35]。

2）活性炭纤维储氢

活性炭纤维是在碳纤维技术和活性炭技术相结合的基础上发展起来的一种具有丰富发达孔隙结构的功能型碳纤维。与活性炭相比，活性炭纤维具有优异的结构特性，不但比表面积大，微孔结构丰富，孔径分布窄，而且微孔直接开孔于纤维的表面，因而比活性炭具有更加优良的吸附性能和吸附力学行为。此外活性炭纤维还具有比铝轻、比钢强、比头发细等特征。目前关于活性炭纤维储氢的研究报道不是很多，作为一种具有独特结构的性能优良的吸附材料，其储氢性能值得深入研究。

3）碳纳米纤维储氢

碳纳米纤维（Carbon Nanofibers，CNFs）是由多层石墨片卷曲而成的纤维状纳米碳材料，其直径一般为 10～500nm，长度分布为 0.5～100m，是介于碳纳米管和普通碳纤维之间的准一维碳材料。碳纳米纤维具有很高的比表面积，大量的氢气被吸附在碳纳米纤维表面，并为氢气进入碳纳米纤维提供了主要通道；碳纳米纤维的层间距远大于氢气分子的动力学直径（0.289nm），大量的氢气可进入碳纳米纤维的层面之间；碳纳米纤维有中空管，可以像碳纳米管一样具有毛细作用，氢气可凝结在中空管中，从而使碳纳米纤维具有超级储氢能力。

碳纳米纤维的储氢量与其直径、结构和质量有密切关系。在一定范围内，直径越小，质量越大，碳纳米纤维的储氢量越大。采用催化浮动法制备的碳纳米纤维，在室温、11MPa 条件下储氢量为 12%。

4）碳纳米管储氢

碳纳米管（Carbon Nanotubes，CNTs）是一类拥有特殊结构的一维材料：它是一种特殊的管状结构的碳分子，其中每个原子都是 sp^2 杂化的，它们之间通过碳-碳键结合起来，构成以六边形状的蜂窝结构为骨架的碳基材料。碳纳米管具有非常大的比表面积，而且它本身拥有大量的微孔，它的储氢量也非常大，是许多传统的储氢材料无法比拟的。

从微观结构上来看，碳纳米管由单层或多层同轴中空管状石墨烯构成，可以简单地分为单壁碳纳米管、多壁碳纳米管（图 4.23）以及由单壁碳纳米管束形成的复合管，管直径通常为纳米级，长度在微米到毫米级。氢气在碳纳米管中的吸附储存机理比较复杂，根据吸附过程中吸附质与吸附剂分子之间相互作用的区别，以及吸附质状态的变化，可分为物理吸附和化学吸附。物理吸附表现为氢分子和碳原子之间是通过分子间的作用力结合在一起的，而化学吸附主要考虑吸附过程中所发生的纳米管的电子态的变化和量子效应[36]。目前用计算机模拟则认为碳纳米管储氢主要是靠物理吸附作用，同时也伴随有化学吸附。

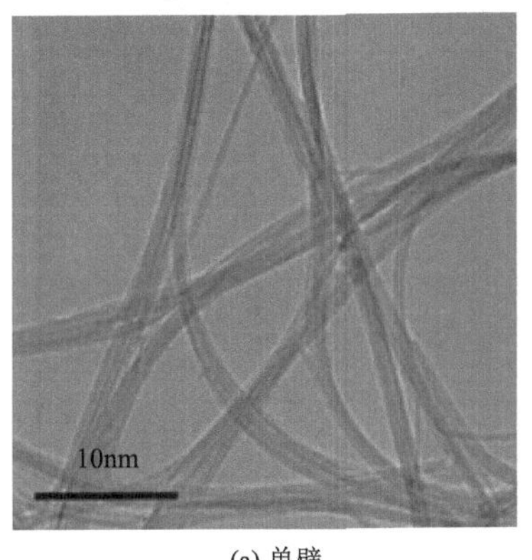
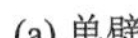

(a) 单壁

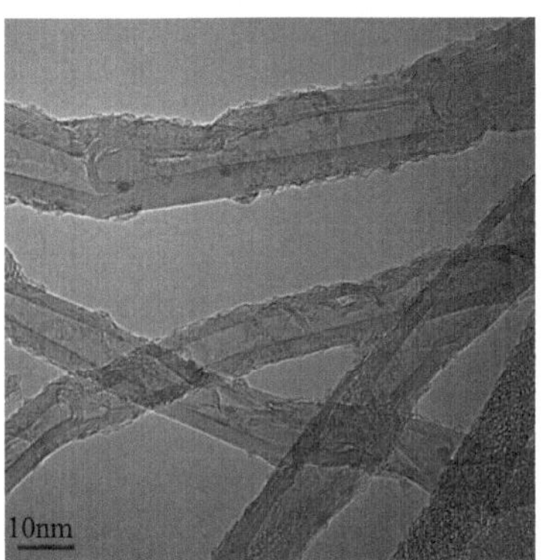

(b) 多壁

图 4.23　碳纳米管 TEM 照片

5）富勒烯储氢

富勒烯（Fullerene）是指除金刚石、石墨之外的碳的第三种同素异形体，它不同于无限个原子组成的金刚石和石墨，富勒烯不是原子束，而是确定数目的碳原子组成的聚合体，富勒烯中以 C_{60} 最为稳定，其簇状结构酷似足球，根据 C_{60} 分子的球形中空结构可以推断，它应具有芳香性，能够进行一般的稠环芳烃所进行的反应，如能够发生烷基化、进行还原生成氢化物等。氢可以化合键合到 C_{60} 和 C_{70} 等富勒烯上，其中 C_{60} 中可以包含 29 个 H_2，其储氢量高达 7.5%。与简单的活性炭不同的是 C_{60} 碳原子与氢原子形成相当强的共价键，ΔH 为 285kJ/mol，这意味着要打破这种键释放出氢气，需要 400℃以上的温度，图 4.24 为利用从头算分子动力学模拟含有 29 个氢分子的 C_{60} 在不同时间氢分子逃逸的状态[29]。

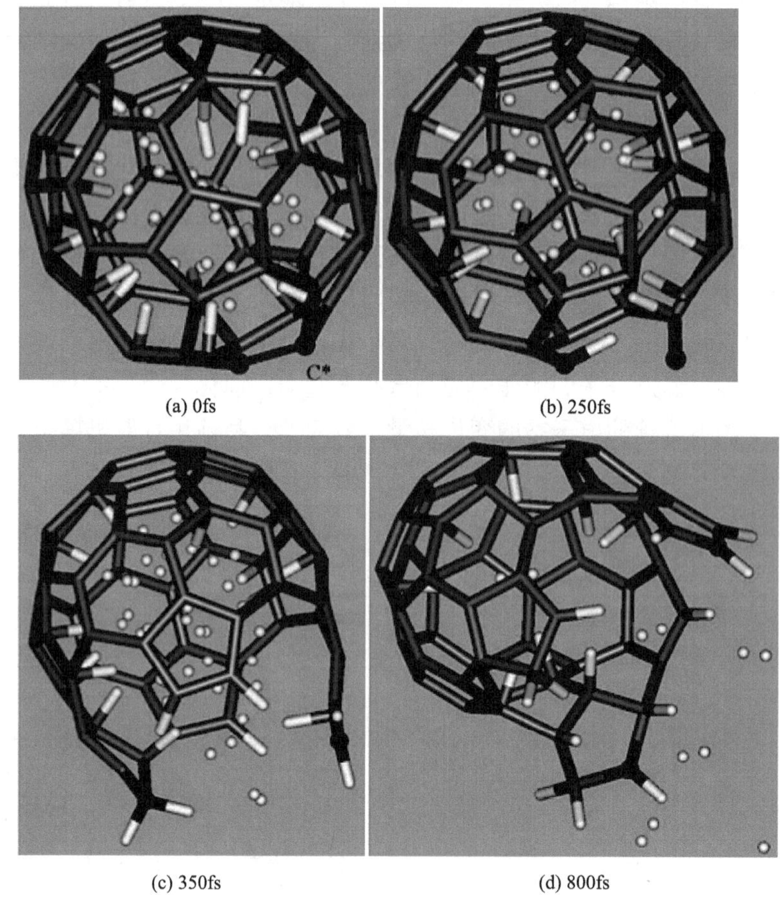

(a) 0fs　(b) 250fs　(c) 350fs　(d) 800fs

图 4.24　利用从头算分子动力学模拟含有 29 个氢分子的 C_{60} 在不同时间氢分子逃逸的状态

而经过金属原子修饰的富勒烯作为新型储氢纳米材料，是目前研究较热的国际前沿课题之一。研究发现 $Ca_{32}C_{60}$ 可吸附 62 个 H_2 分子，对 H_2 的平均吸附能为 0.4eV；$Li_{12}C_{60}$ 中每个 Li 原子能够吸附 5 个 H_2 分子；而 Ti_6C_{48} 体系的储氢密度为 7.7%，远高于美国能源部提出的到 2017 年储氢材料的储氢密度达到 5.5%的目标，因此有望开发成新型纳米储氢材料。

4.3.5 有机液体氢化物储氢

利用有机液体氢化物作为储氢载体的设想早在 1975 年就被提出，开辟了有机液体氢化物储氢技术研究领域，并逐渐得到世界各国科学工作者的重视，有机液体氢化物储氢是借助某些不饱和的烯烃、炔烃或芳香烃等储氢载体与氢气的一对可逆反应(加氢反应和脱氢反应)来实现的。加氢反应实现氢的储存(化学键合)，脱氢反应实现氢的释放。

有机液体氢化物储氢系统的工作原理如下：首先，作为氢能载体的有机液体通过催化加氢反应实现氢能的储存；然后，无须特殊设备即可实现有机液体氢化物的储存和运输，将其存储备用或输送到目的地；最后，在脱氢反应装置中(膜反应器)发生催化脱氢反应，将储存的氢气释放出来。脱氢反应完的氢能载体可再次实现催化加氢过程，从而使有机液态氢载体达到循环使用的目的。

常用的有机液体氢化物是苯和甲苯。理论上而言，不饱和的烯烃、炔烃或芳香烃等均可作为储氢材料，但从原料的储氢容量和反应的可逆性等方面考虑，芳烃特别是单环芳烃最适合作为储氢材料。虽然十氢化萘的理论储氢密度和储氢量最大，但十氢化萘在常温下为固态，因此不适于在此体系应用。而苯和甲苯也具有较强的储氢能力，是比较理想的有机液体储氢剂(表 4.8)。它们的氢化产物环己烷(Cyclohexane，Cy)和甲基环己烷(Methylcyclohexane，MCH)在常温和常压下均呈液体状态，且其脱氢过程可逆，因此环己烷和甲基环己烷是比较理想的有机液体储氢载体[37]。

表 4.8　苯与甲苯储氢性能参数

储氢材料	储氢密度/(g/L)	理论储氢量(质量分数)/%	储存 1kg H_2 所需储氢材料的质量/kg
苯	56.0	7.2	12.9
甲苯	47.4	6.2	15.2

有机液体氢化物储氢技术相比于其他的储氢方法，如高压压缩储氢、液化储氢、金属氢化物储氢等，具有以下明显的优点：①储氢量大、储氢密度高。苯和甲苯的理论储氢量分别为 7.2wt%和 6.2wt%，比传统高压储氢和金属氢化物储氢的储氢量要高，储氢密度分别为 56.0g/L 和 47.4g/L，接近美国能源部对储氢系统的要求。②循环系统热效率较高。加氢过程为放热反应，脱氢过程为吸热反应，加氢反应过程中释放出的热量可以回收作为脱氢反应中所需的热量，从而有效地

减少热量损失，使整个循环系统的热效率提高。③氢载体环己烷和甲基环己烷在常温下呈液态，在储存和运输时对设备的要求不高，可以方便地利用现有的设备进行储存，适合于长距离氢能的输送。另外原料对设备要求也不高，维护安全且方便，可以直接用作 FCV 的燃料(图 4.25)。④加氢反应和脱氢反应高度可逆，有机液体成本低廉，且可循环使用，污染小。有机液体储氢技术虽然取得长足的进展，但仍然存在着明显的不足之处和有待解决的问题：①催化加氢和催化脱氢装置的投资费用较大，操作比其他储氢方法复杂；②低温脱氢效率较低；③在有机液体氢载体脱氢催化剂中，贵金属组分起着脱氢作用，而酸性载体起着裂化和异构化的作用，会导致催化剂结焦、积炭失活[38]。

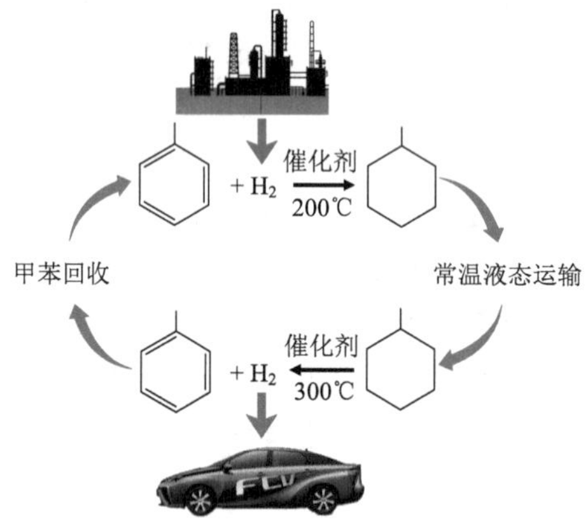

图 4.25　甲苯储氢用作 FCV 燃料构想图

4.3.6　其他储氢技术

1) 碳凝胶储氢

碳凝胶(carbon aerogel)是一种类似于塑料的物质，具有超细孔、表面积大(约 1000m²/g)、密度小(0.02～1.2g/cm³)的特点，并且有一个固态的基体(图 4.26)。碳凝胶通常由间苯二酚和甲醛溶液经过缩聚作用后，在 1050℃的高温和惰性气体中进行超临界分离和热解而得到。这种材料具有纳米晶体结构，微孔尺寸小于 2nm，在 8.3MPa 的高压下，其储氢量可达 3.7%(质量分数)。

2) 玻璃微球储氢

玻璃微球(glass microsphere)属于非晶态结构材料，一般是将熔融的液态合金骤冷而获得的。用于储氢的玻璃微球的尺寸一般在 25～500μm，其中随机分布着大量的不规则的孔隙，孔隙壁的厚度非常薄，甚至仅为 1μm。在 200～400℃，玻

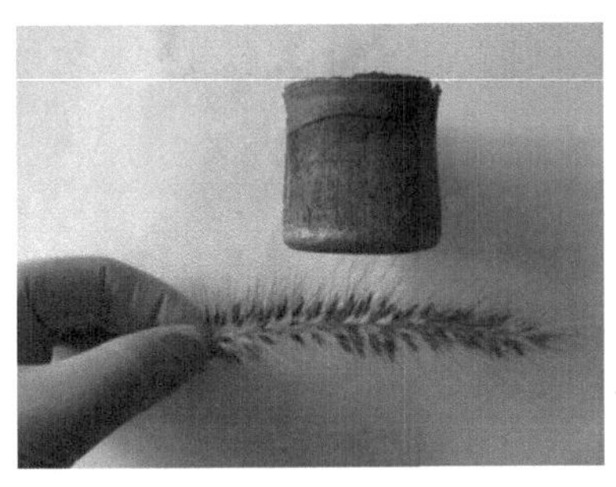

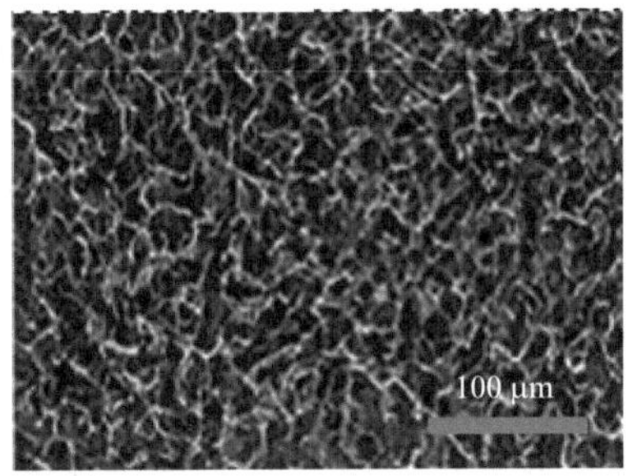

图 4.26　碳凝胶及其微观结构

璃微球的穿透性增大，使得氢气可以在一定压力的作用下进入孔隙中，等压冷却后，材料的穿透性消失，氢被有效地存储在玻璃微球内。使用时，加热玻璃微球便可释放出氢气。

Zr 基合金玻璃态材料[39, 40]是一种常见的储氢材料，此材料较同组成的晶态材料储氢量大，在反复吸储和释放氢气的过程中，几乎不会出现粉末化现象，体积膨胀亦非常小。因此，玻璃微球储氢以其储氢量大、能耗低、安全性好等优点而成为具有发展前途的储氢新技术。

3）氢浆储氢

与由液氢和固氢所组成的浆氢（slush hydrogen）不同，所谓氢浆是指由有机溶剂与金属储氢材料组成的固液混合物[2]，相对于金属储氢材料具有以下特点：氢浆可用泵直接输送，传热特性好；氢浆储氢避免了储氢合金粉化和粉末飞散问题，可降低气-固分离的难度；氢在液相中溶解和传递，再在液相和固相表面吸储或释放，易于除去整个过程的附加热，可以认为氢浆是目前解决储氢材料粉体床传热传质的最佳选择。由于传热传质的改善，储氢合金的利用率得到明显的提高。此外，氢浆储氢还可以改善储氢容器的气密性与润滑性。此外，溶剂的存在不影响储氢材料的储氢性能，并且表现出很好的吸放氢速度。

关于氢浆的储氢机制除了要考虑金属储氢过程，还要考虑有机溶剂能否储氢，对于有机溶剂不储氢的氢浆其储氢的一般过程为

氢溶解进入溶液相：　$$1/2H_2(g) \longrightarrow 1/2H_2(l) \tag{4.32}$$

氢到达液-固界面：　$$1/2H_2(l) \longrightarrow 1/2H_2(l\text{-}s) \tag{4.33}$$

氢在固相表面吸附离解：　$$1/2H_2 \longrightarrow H(*) \tag{4.34}$$

从吸附表面向主体扩散：　$$H(*) \longrightarrow H \tag{4.35}$$

通过α相向β-α界面扩散：　$$H(\alpha) \longrightarrow H(\beta\text{-}\alpha) \tag{4.36}$$

在界面上向β相转移：　$$H(\beta\text{-}\alpha) \longrightarrow H(\beta) \tag{4.37}$$

然而实际情况是，许多有机溶剂本身就可以储氢，这样的氢浆其储氢机制就要复杂多了。

4）冰笼储氢

像天然气水合物(natural gas hydrate)一样，在足够高的压力和低温下，氢分子能够与水分子通过范德瓦耳斯力相互作用，形成非固定化学计量比的笼形晶体化合物，其中水分子(主体分子)借助氢键形成空间点阵结构，氢分子(客体分子)则填充在点阵中的孔穴中，氢分子就像困在“冰笼”中一样。一般在 2000atm，–24℃条件下，水分子与氢分子就形成“笼形物”。目前已发现三种结构类型的水合物，如表 4.9 所示。

表 4.9　不同结构类型的水合物及其分子式

水合物结构类型	分子式
sⅠ	$2(5^{12})6(5^{12}6^{2})\cdot 46H_2O$
sⅡ	$16(5^{12})8(5^{12}6^{4})\cdot 136H_2O$
sH	$3(5^{12})2(4^{3}5^{6}6^{3})1(5^{12}6^{4})\cdot 34H_2O$

注：$5^{12}6^{4}$ 表示由 12 个五面体和 4 个六面体组成的空间结构。

研究表明纯的氢气水合物为 sⅡ型结构，这是由于 sⅡ型结构点阵中的孔穴的尺寸与氢气分子或氢气团簇(H_2 cluster)的尺寸比较吻合，从而形成稳定的水合物，如图 4.27 所示[41]，一个 sⅡ型晶胞(cell unit)是由 136 个水分子形成的框架结构，其中包括 16 个 5^{12} 和 8 个 $5^{12}6^{4}$ 构筑单元。每个 5^{12} 构筑单元中可以容纳 2 个氢分子，而每个 $5^{12}6^{4}$ 构筑单元中可以容纳 4 个氢分子，因此，每个 sⅡ型晶胞中可以容纳 64 个氢分子。

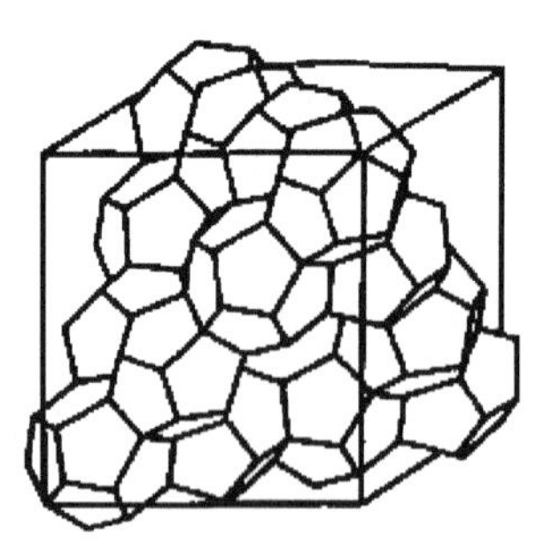

(a) 16个5^{12}和8个$5^{12}6^{4}$构筑单元

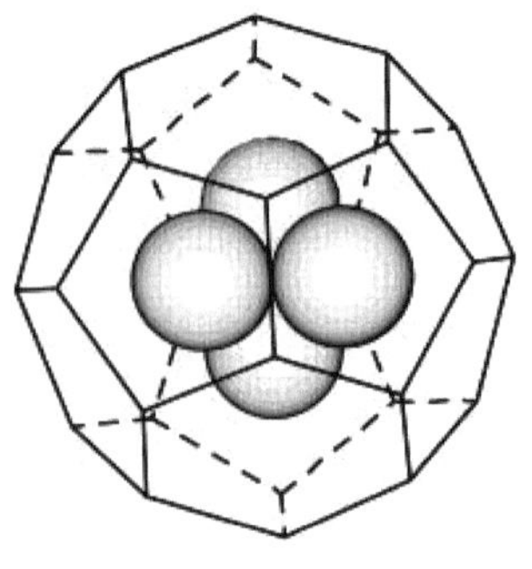

(b) 1个$5^{12}6^{4}$构筑单元中可以容纳由4个氢分子组成的四面体团簇

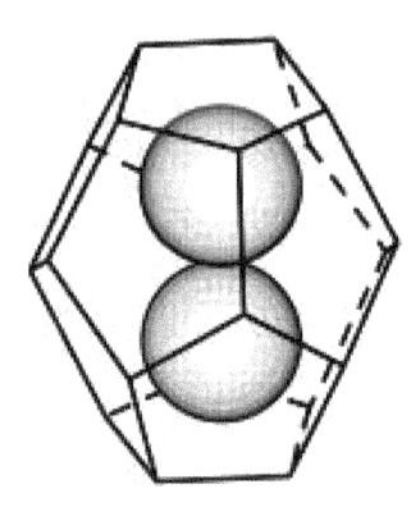

(c) 1个5^{12}构筑单元中可以容纳2个氢分子

图 4.27　sⅡ型晶胞图

氢气水合物作为储氢材料，具有以下优点：①存储材料是纯水。当氢气从水合物中释放出来后，作为主体分子的水又可以重复利用。同时水资源非常丰富。②水合物形成和分解时的动力学过程都非常快。冰从粉状形成水合物需要的时间可以用分钟来计算。③氢气以分子的形式存储，在水合物释放氢气的过程中没有发生化学反应。④吸收和释放氢气无须苛刻的温度。⑤一旦“笼形物”形成，就可以用液氮(–196℃)作为冷却剂在低压下存储氢。液氮比较容易获得，而且不会污染环境，具有良好的发展前景。

5) 氨硼烷储氢

氨硼烷(NH_3BH_3)是一种富含氢的固体材料，含有近 20wt%的氢，常温常压下能稳定存在，不易燃、不易爆，在水中具有高的溶解度(33.6g)。该化合物在 100℃或更低的温度下能释放出 2mol，即 13wt%以上的氢气，在离子液体中脱氢时，氢的释放量和释放速度可以极大地提升，而用镍基催化剂也可以极大地提高氢的释放量。若将氨硼烷改为锂氨基硼烷($LiNH_2BH_3$)，则在 91℃下就能释放 11wt %的氢。不仅如此，这种化合物释放的氢不含来源于氨硼烷的有毒杂质硼嗪[c-(HNBH)$_3$]。锂氨基硼烷放氢反应接近热中性，能量上利于非现场再生，因而被美国能源部列入车载储氢系统目标达成体系。目前氨硼烷及其衍生物作为储氢材料应用的最大技术难题在于其放氢后的再生[42]。

6) 金属有机框架材料储氢

金属有机框架(Metal-Organic Frameworks，MOFs)材料是由无机金属中心与有机官能团通过分子自组装构筑而成的三维多孔晶体材料。MOFs 是一类具有三维多孔网络结构的配位聚合物，具有较强的金属–配体相互作用。由于具有比表面积大、孔体积大、结构及孔道的多样性和可设计性，MOFs 材料在诸多领域都有着潜在的应用前景，是材料科学、配位化学和晶体工程领域的前沿方向。

20 世纪 90 年代中期，MOFs 材料被首次合成出来，MOFs 材料最早主要用于低温催化剂、气体识别以及离子交换等。而在气体吸附方面的应用，起初主要研究对象为 N_2、CO_2 等无机分子和苯及其低分子衍生物等有机分子。直至 2003 年，Rosi 等[43]报道了 MOF-5 的吸氢性能，引发了将 MOFs 材料用于储氢的研究热潮。

MOF-5 是由 Zn^{2+}与对苯二甲基配体构成的 MOFs 化合物，其结构如图 4.28 所示[44]：结构中每个角是一个[$OZn_4(CO_2)_6$]团簇，该类八面体由以 O 为中心的 4 个[ZnO_4]四面体和 6 个占据八面体顶点的羟基 C 原子构成，不同的类八面体通过苯环连接形成网络结构。

MOFs 材料
高效储氢

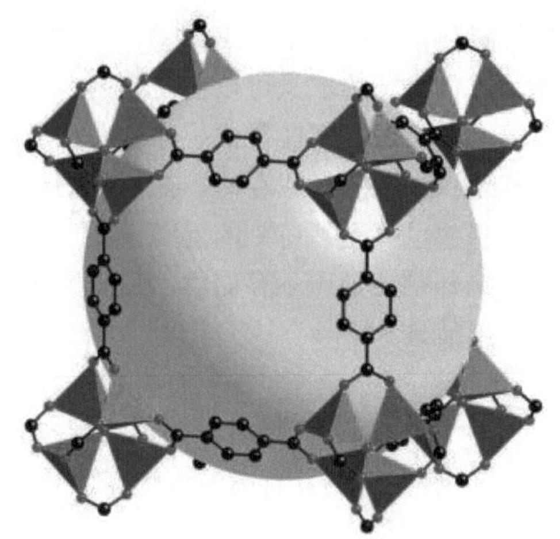

图 4.28　MOF-5 结构图

虽然 MOFs 材料储氢研究已有十余年，但由于其材料的多样性和结构的复杂性，对该大类材料的储氢机理还没有定论。MOFs 材料主要通过物理吸附作用吸附氢气，储氢量主要和吸附材料的比表面积、孔尺寸和孔结构有直接的关系。此外，MOFs 结构中的金属中心与氢气分子存在较强的相互作用，尤其是具有不饱和配位的金属中心的 MOFs，MOFs 材料中不饱和配位的金属中心的存在可以增强材料与气体分子的作用力，以增加吸附热。

由此可见，影响 MOFs 材料储氢性能的因素主要有比表面积、孔体积、孔径大小、不饱和配位的中心和吸附热。在 77K 时，通常孔体积和比表面积是成比例关系的，通过控制 MOFs 的比表面积和孔体积可以改进材料的储氢性能，实验和理论计算的结果表明，在低温 77K、高氢压的条件下 MOFs 材料的储氢量与其比表面积呈一定的线性关系，如图 4.29 所示[45]，即较大的比表面积意味着较高的储氢量。

MOFs 材料的孔径大小对储氢性能也有一定的影响。理想的吸附材料的孔径尺寸应处于微孔的孔径分布，即孔径尺寸小于 2nm，若想取得更为理想的储氢效果，最佳孔径要控制在 0.6～0.7nm。在这种孔径尺寸下，氢气分子与孔表面的吸附作用较强，具有高的吸附热。而吸附热作为评价多孔材料中吸附质与吸附剂之间作用力的一个重要指标，在评价 MOFs 材料的储氢性能方面起着重要的作用。由于大多数的 MOFs 材料只是通过微弱的物理吸附来实现储氢的，吸附热一般为 5～9kJ/mol，随着温度的升高，材料的储氢性能就会下降。若要实现在室温条件下有效储氢，吸附热需要达到 15kJ/mol。目前提高 MOFs 的氢气吸附热的方法除了引入不饱和配位的金属中心，还可以通过在孔道中引入金属离子和掺杂氢溢流的催化剂来实现。目前，MOFs 材料储氢研究主要围绕在保证储氢量的同时，增强材料对氢气的吸附作用，进一步提高工作温度。

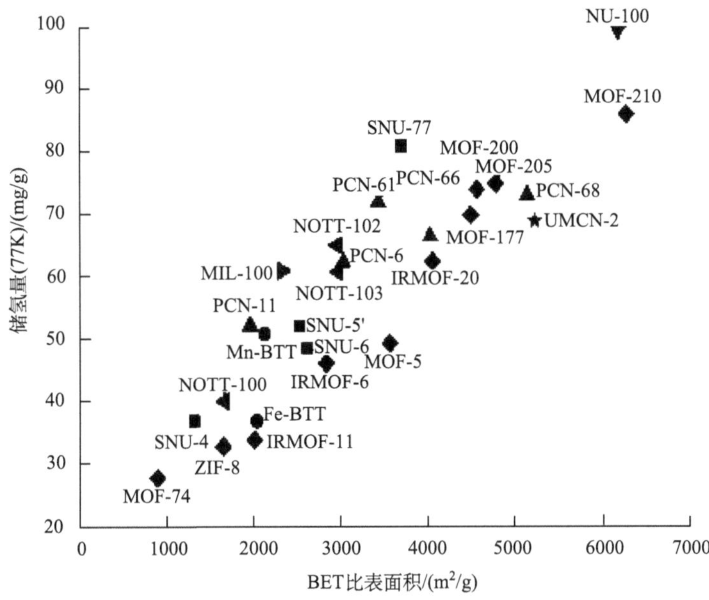

图 4.29 MOFs 材料在 77K 时的储氢量与比表面积的关系

7) 共价有机骨架材料储氢

共价有机骨架[46] (covalent organic frameworks，COFs) 材料是近年来合成的一种新型的骨架结构材料，是由有机配体和 B-O 团簇通过强共价键组装而成的配位聚合物，仅含有 B、O、C 和 H 等轻元素。如图 4.30 所示，COFs 材料主要包括含硼类、亚胺类、三嗪类和其他类的材料。COFs 具有较大的孔隙率和表面积，晶体密度小，且可根据调控有机配体改变孔道结构和化学特性，热稳定性好等特性。

COFs 材料由于有极低的密度，因此在储氢方面被进行了大量的研究。理论研究表明，COF-105 在 77K，80bar 的条件下可以达到 10wt%的氢气的储量，这样的储量远大于经典的 MOF-177（7.0wt%）和 MOF-5（7.1wt%）。COF-102 在 77K，80bar 的条件下最大储氢量达到 40.4g/L，接近了美国 DOE 的 45g/L 目标[47]。Yaghi 等在实验上进行了氢气、甲烷和二氧化碳的吸附研究[48]，如图 4.31 所示。结果表明适中孔径的 COFs 材料具有优异的氢气存储能力，在 77K，85bar 的条件下，COF-102 和 COF-103 的氢气吸附量分别为 7.2wt%和 7.0wt%。这样的储氢量可比肩性质最好的 MOFs 材料和其他多孔材料，结果表明 COFs 材料是非常有潜力的储氢材料。

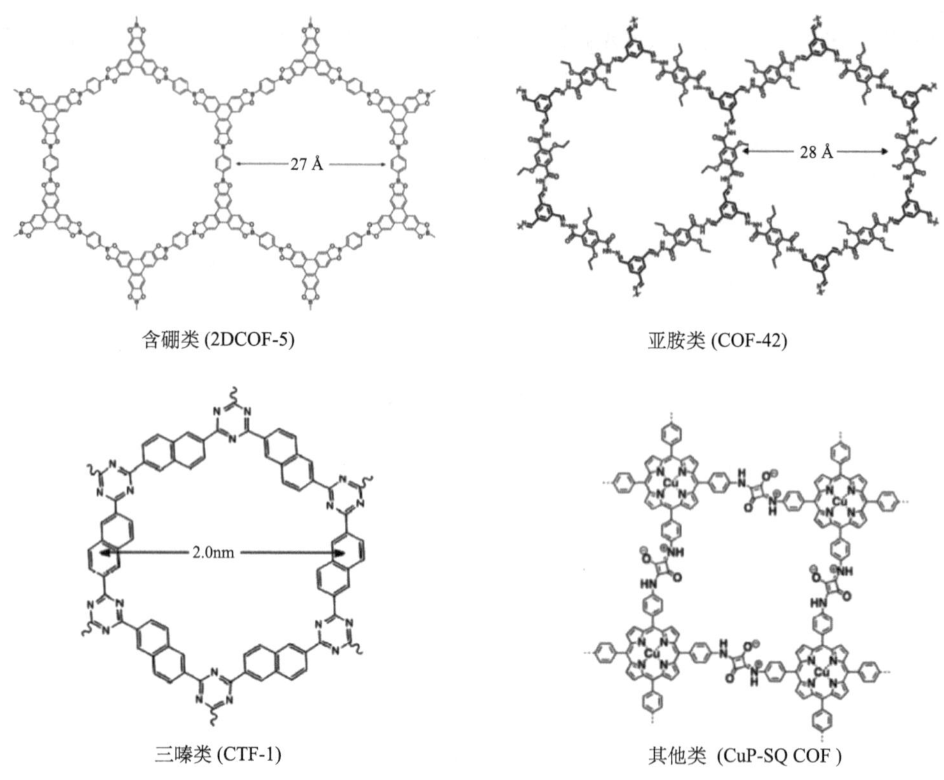

图 4.30　不同类型 COFs 团簇模型图

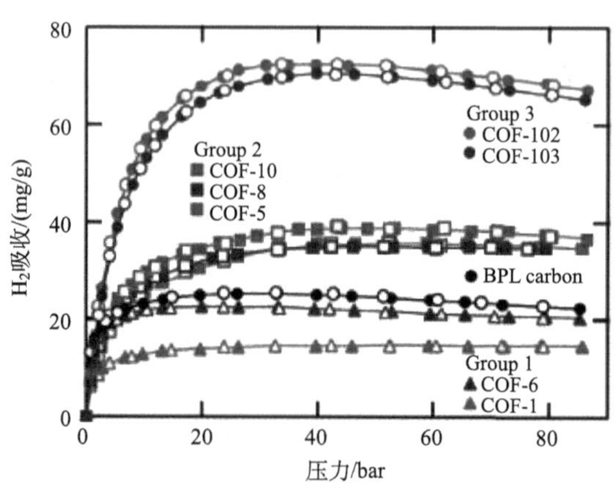

图 4.31　在 77K，85bar 的条件下测得的 COFs 的 H_2 等温吸附线

规模储氢技术是燃料电池走向实用化、规模化的关键。目前亟待解决的关键问题是提高储氢密度、储氢安全性和降低储氢成本。尽管几种常用的储氢技术目前都取得了很大进步，但是离大规模商业化应用还有一定的差距。开展规模储氢

技术的研究，解决相关的技术瓶颈问题，对于促进燃料电池技术的发展和氢能源的应用将具有十分重要的意义。

思　考　题

1. 天然气制氢主要有哪些方法？

2. 简述煤制氢的主要过程，并写出相关化学反应式。

3. 简述电解水制氢(碱性条件)的基本原理，画出其结构原理示意图，并写出电极反应式和总反应式。

4. 硼氢化钠溶液制氢的优点有哪些？

5. 什么是膜分离技术？该技术有什么优点？包括那些纯化方法？

6. 衡量储氢技术好坏的依据是什么？衡量储氢材料性能的主要指标有哪些？如何定义？

7. 什么是低温液态储氢？其面临的主要难题有哪些？

8. 简述金属氢化物储氢的机理，包括哪些类型？存在哪些缺点？

9. 简述有机液体氢化物储氢技术的优缺点。

10. 什么是金属有机框架（MOFs）材料？影响 MOFs 材料储氢性能的因素主要有哪些？

参 考 文 献

[1] 毛宗强. 氢能——21 世纪的绿色能源. 北京: 化学工业出版社, 2005.

[2] 毛宗强, 毛志明. 氢气生产及热化学利用. 北京: 化学工业出版社, 2015.

[3] Otsuka K, Kobayashi S, Takenaka S. Decomposition and regeneration of methane in the absence and the presence of a hydrogen-absorbing alloy $CaNi_5$. Appl. Catal. A: General, 2000, 190: 261-268.

[4] Muradov N. Catalysis of methane decomposition over elemental carbon. Catal. Commun. , 2001, 2: 89-94.

[5] Muradov N. Hydrogen via methane decomposition: an application for decarbonization of fossi. Fuels. Int. J. Hydrogen Energy, 2001, 26: 1165-1175.

[6] 杨旸, 崔一尘, 蔡宁生. 天然气裂解制氢的研究进展. 太阳能学报, 2006, 10: 967-972.

[7] Bromberg L, Cohn D R, Rabinovich A, et al. Plasma catalytic reforming of methane. Int. J. Hydrogen Energy, 1999, 24: 1131-1137.

[8] Kogan M, Kogan A. Production of hydrogen and carbon by solar thermal methane splitting. I. The unseeded reactor. Int. J. Hydrogen Energy, 2003, 28: 1187-1198.

[9] 谢继东, 李文华, 陈亚飞. 煤制氢发展现状. 洁净煤技术, 2007, 13: 77-81.

[10] Imran M, Kumar D, Kumar N, et al. Environmental concerns of underground coal gasification.

Renewable and Sustainable Energy Reviews, 2014, 31: 600-610.

[11] Bhutto A W, Bazmi A A, Zahedi G. Underground coal gasification: From fundamentals to applications. Prog. Energy Combust. Sci. , 2013, 39: 189-214.

[12] 关键. 新型近零排放煤气化燃烧集成利用系统的机理研究. 杭州: 浙江大学, 2007.

[13] Carmo M, Fritz D L, Mergel J, et al. A comprehensive review on PEM water electrolysis. Int. J. Hydrogen Energy, 2013, 38: 4901-4934.

[14] Hauch A, Küngas R, Blennow P, et al. Recent advances in solid oxide cell technology for electrolysis. Science, 2020, 370: 6513-6520.

[15] 吴梦佳, 隋红, 张瑞玲. 生物发酵制氢技术的最新研究进展. 现代化工, 2014, 34: 43-48.

[16] 李永锋, 李雯, 刘琨, 等. 暗发酵制氢的研究进展. 现代化工, 2009, 29: 35-40.

[17] 倪萌, Leung M K H, Sumathy K. 生物质热化学过程制氢技术. 可再生能源, 2004, 117: 37-40.

[18] Kalinci Y, Hepbasli A, Dincer I. Biomass-based hydrogen production: A review and analysis. Int. J. Hydrogen Energy, 2009, 34: 8799-8817.

[19] 关颖, 修志臣, 陈晓敏. 生物质化工制氢技术发展. 化工科技, 2013, 21: 65-69.

[20] 贺雷, 黄延强, 王爱琴, 等. 温和条件下水合肼催化分解制氢研究进展. 化工进展, 2014, 33: 2956-2962.

[21] Kojima Y, Suzuki K, Fukumoto K, et al. Development of 10kW-scale hydrogen generator using chemical hydride. J. Power Sources, 2004, 125: 22-26.

[22] Li P Y, Wang Z, Qiao Z H, et al. Recent developments in membrances in membrances for efficient hydrogen purification. J. Membr. Sci. , 2015, 495: 120-168.

[23] 肖楠林, 叶一鸣, 胡小飞, 等. 常用氢气纯化方法的比较. 产业与科技论坛, 2018, 17(17): 66-69.

[24] Sircar S, Golden T C. Purification of hydrogen by pressure swing adsorption. Separation science and technology, 2000, 35(5): 667-687.

[25] 张伟. 变压吸附方法提纯燃料电池用氢的研究. 大连: 大连海事大学, 2020.

[26] 郭海玲. 分子筛膜和金属有机框架膜的合成和应用. 长春: 吉林大学, 2009.

[27] Yun S, Oyama S T. Correlations in palladium membranes for hydrogen separation: A review. Journal of Membrane Science, 2011, 375(1-2): 28-45.

[28] Li H, Caravellab A, Xu H Y. Recent progress in Pd-based composite membranes. Journal of Materials Chemistry A, 2016, 4: 14069-14094.

[29] Durbin D J, Malardier-Jugroot C. Review of hydrogen storage techniques for on board vehicle applications. Int. J. Hydrogen Energy, 2013, 38: 14595-14617.

[30] Sakintuna B, Lamari-Darkrim F, Hirscher M. Metal hydride materials for solid hydrogen storage: A review. Int. J. Hydrogen Energy, 2007, 32: 1121-1140.

[31] Rusman N A A, Dahari M. A review on the current progress of metal hydrides material for

solid-state hydrogen storage applications. Int. J. Hydrogen Energy, 2016, 41: 12108-12126.

[32] Ströbel R, Garche J, Moseley P T, et al. Hydrogen storage by carbon materials. J. Power Sources, 2006, 159: 781-801.

[33] Simonyan V V, Johnson J K. Hydrogen storage in carbon nanotubes and graphitic nanofibers. J. Alloys Compd. , 2002, 330: 659-665.

[34] Panella B, Hirscher M, Roth S. Hydrogen adsorption in different carbon nanostructures. Carbon, 2005, 43: 2209-2214.

[35] Wang H, Gao Q M, Hu J. High hydrogen storage capacity of porous carbons prepared by using activated carbon. J. Am. Chem. Soc. , 2009, 131: 7016-7022.

[36] Chen B H. Quantum effects on adsorption isotherm of hydrogen in strongly confining twisted carbon nanotubes. Int. J. Hydrogen Energy, 2015, 40: 12993-13002.

[37] He T, Pei Q, Chen P. Liquid organic hydrogen carriers. Journal of Energy Chemistry, 2015, 24: 587-594.

[38] Shukla A, Karmakar S, Biniwale R B. Hydrogen delivery through liquid organic hydrides: Considerations for a potential technology. Int. J. Hydrogen Energy, 2012, 37: 3719-3726.

[39] Eliaza N, Eliezer D, Abramov E, et al. Hydrogen evolution from Zr-based amorphous and quasicrystalline alloys. J. Alloys Compd. , 2000, 305: 272-281.

[40] Tanaka K, Sowa M, Kita Y, et al. Hydrogen storage properties of amorphous and nanocrystalline Zr-Ni-V alloys. J. Alloys Compd. , 2002, 330-332: 732-737.

[41] Mao W L, Mao H K, Goncharov A F, et al. Hydrogen clusters in clathrate hydrate. Science, 2002, 297: 2247-2249.

[42] 朱敏. 先进储氢材料导论. 北京: 科学出版社, 2015.

[43] Rosi N L, Eckert J, Eddaoudi M, et al. Hydrogen storage in microporous metal-organic frameworks. Science, 2003, 300: 1127-1129.

[44] Yaghi O M, O'Keeffe M, Ockwig N W, et al. Reticular synthesis and the design of new materials. Nature, 2003, 423: 705-714.

[45] Suh M P, Park H J, Prasad T K, et al. Hydrogen storage in metal-organic frameworks. Chem. Rev. , 2012, 112: 782-835.

[46] 杨宵, 刘晶, 胡建波. 氢气在共价有机骨架材料中的吸附机理. 化工学报, 2015, 66(7): 2540-2546.

[47] 张淼. 共价有机骨架化合物的合成及性质研究. 济南: 山东大学, 2019.

[48] Furukawa H, Yaghi O M. Storage of hydrogen, methane, and carbon dioxide in highlyporous covalent organic frameworks for clean energy applications. J. Am. Chem. Soc., 2009, 131(25): 8875-8883.

第 5 章 燃料电池汽车

汽车是人类现代文明的象征，但同时也给世界带来了环境污染和石油资源短缺等严峻的问题。为了适应社会发展的要求和实现汽车产业的可持续发展，各国政府和产业界都已将汽车发展方向转向了新能源汽车。

纯电动汽车(Battery Electric Vehicle，BEV)、插电式混合动力汽车(Hybrid Electrical Vehicle，HEV)和燃料电池汽车(Fuel Cell Vehicle，FCV)是中国新能源汽车发展的“三驾马车”。它们的优缺点如表 5.1 所示，与插电式混合动力汽车相比，目前的燃料电池汽车以氢气作为燃料，零污染；与纯电动汽车相比，氢气燃料电池汽车只需 3～5min 就能充满长途行驶所需的气量，而 Tesla Model S 至少需要 20min 才能充满电，但行驶的距离还不到氢气燃料电池汽车的一半。这让燃料电池汽车更方便日常使用。此外，由于燃料电池汽车采用电动机驱动，省去了传统内燃机汽车和混合动力汽车需要的复杂的动力传动装置。采用先进的变频矢量控制方法的驱动电机，可以方便地实现无级变速和再生制动能量的回收[1, 2]。迄今已研发出多种类型的燃料电池中，PEMFC 和 SOFC 是最有希望成为燃料电池汽车的动力源。

表 5.1 不同类型新能源车的优缺点对比

汽车类型	优点	缺点
纯电动汽车	零排放，无污染，高能效	充电时间长、续驶里程较短，电池成本高、废弃电池存在污染
混合动力汽车	内燃机的存在确保了续驶里程，提高了燃料的经济性	由于内燃机的存在依然会有碳排放，污染环境
燃料电池汽车	零排放，无污染，续驶里程可与内燃机媲美，加注氢气时间短	燃料电池昂贵导致整车成本高，加氢站等基础设施不完善，制氢成本较高，还会产生污染

5.1 燃料电池汽车的工作原理

燃料电池汽车是利用燃料电池产生出电能来带动电动机工作，由电动机带动汽车中的机械传动结构，进而带动汽车的前桥(或后桥)等行走机械结构工作，从而驱动电动汽车前进。图 5.1 为燃料电池汽车工作原理。

燃料电池汽车的续驶里程取决于车上所携带的氢的量，燃料电池汽车的行驶特性主要取决于燃料电池动力系统的功率。

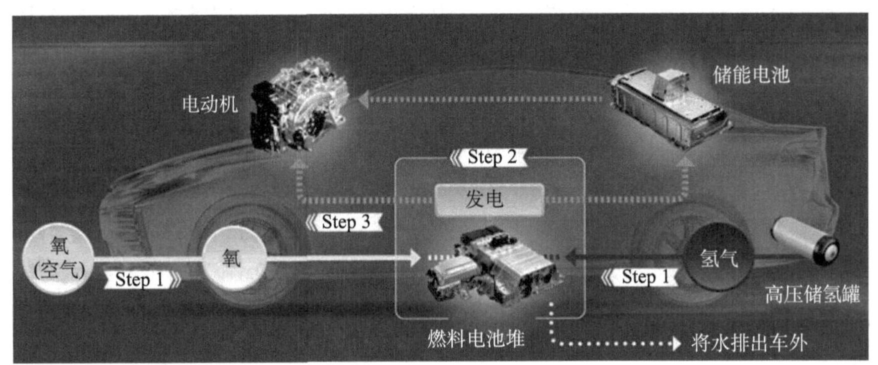

图 5.1　燃料电池汽车工作原理

5.2　燃料电池汽车的重要部件

燃料电池汽车和电动汽车最相似，主要的不同在于用燃料电池发动机代替动力电池组，附加供氢系统、动力系统、氢安全系统。图 5.2 为燃料电池汽车的主要部件图。下面介绍这些系统和特殊部件。

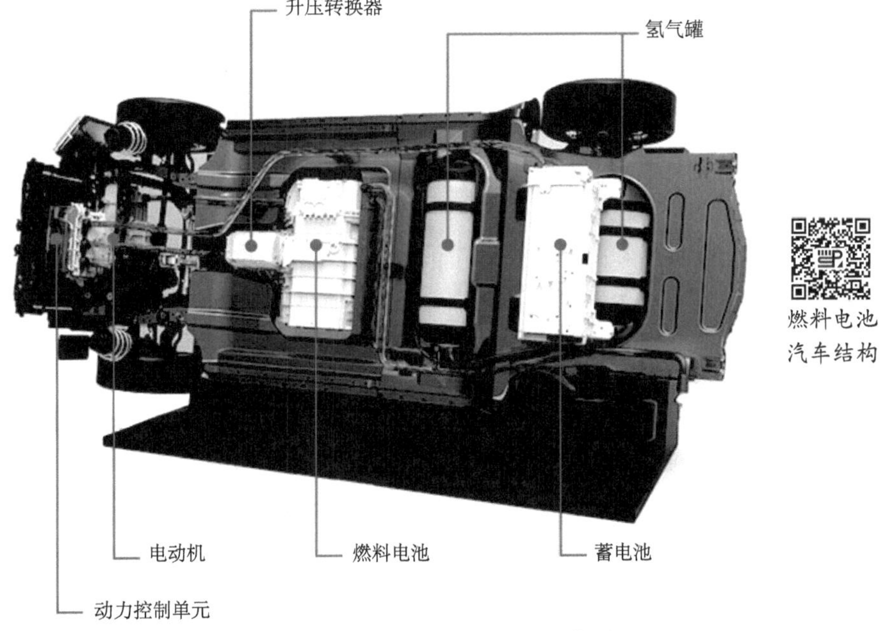

图 5.2　燃料电池汽车的主要部件图

燃料电池
汽车结构

5.2.1　燃料电池发动机

燃料电池发动机是核心部件，主要组成部分包括燃料电池堆、供气系统和水处理系统。储氢瓶中的高压氢气和空气压缩机提供的空气分别经减压阀、喷射泵、增湿器进入燃料电池后进行电化学反应发电，空气尾气直接放空，氢气尾气经气液分离、热交换器后由循环泵混合新鲜氢气作为燃料进入。可见氢气的利用率很高。当大功率燃料堆发电时，大约有相等的能量变成热能，所以需要有冷却水系统，保持燃料电池堆在 80℃左右，由于运行过程中，碳材料为主体的燃料电池堆有各种离子溶解于水，使水的电导率增大，这些水又贯穿电堆的每一块单电池，可能给电池堆造成短路。因此对冷却水的要求很严格，通常系统中都要用到离子交换树脂处理水。

由于燃料电池发动机的功率很大，一般要几十瓦到数百千瓦，因此通常用几个电堆，经过串联或并联，使之互相连接起来，提高汽车所需要的功率。到目前为止，燃料电池发动机一直在不断地改进中。

5.2.2　动力系统

燃料电池汽车的动力系统有很多种，概括起来主要有纯燃料电池驱动系统和燃料电池与辅助动力源组成的混合驱动系统两种形式，可以在燃料电池汽车上应用的辅助动力源主要有动力蓄电池(Traction Battery，TB)、超级电容器(Ultra-Capacitor，UC)。混合驱动系统将燃料电池与辅助动力源相结合，燃料电池可以只满足持续功率需求，借助辅助动力源不仅可以提供加速、爬坡等所需的峰值功率，而且在制动时可以将回馈的能量存储在辅助动力源中，以改进车的经济性[3]。

1)纯 FC 动力系统

纯燃料电池汽车只有燃料电池一个能量源，汽车所有功率负荷都由燃料电池承担。纯燃料电池动力系统结构图如图 5.3 所示。这种系统结构简单，但结构中燃料电池的额定功率很大，成本高，对冷启动时间、耐启动循环次数、负荷变化的响应等提出很高的要求。在 Ballard 公司较早开发的燃料电池大客车上采用此方案。DC/DC 功率变换器(Direct Current/Direct Current power converter)的作用是阻抗匹配，以解决燃料电池发动机输出特性偏软的问题。这种结构主要存在以下四个方面的问题：①由于燃料电池的功率很大，燃料电池制造成本上升及整车质量增加，引起整车消耗的功率增加；②尽管燃料电池系统效率较高，但燃料电池系统的氢气消耗量会增加，进而增加整车单位里程消耗的燃料，增加运营成本；③燃料电池的动态响应时间难以满足车辆的要求；④系统无法实现再生制动。

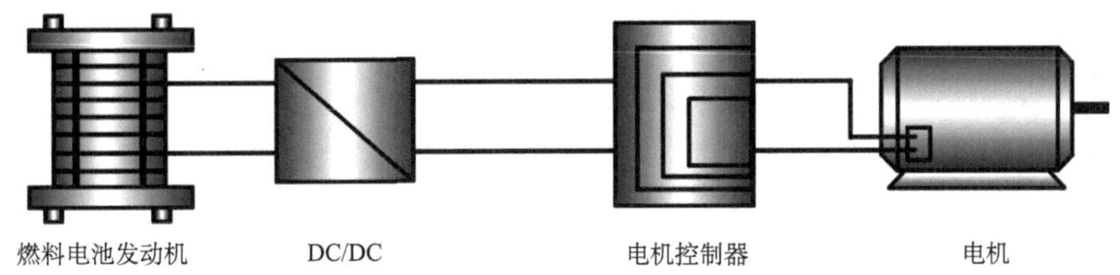

图 5.3　纯燃料电池动力系统结构图

2) FC+TB 混合动力系统

FC+TB 混合动力系统是目前绝大多数燃料电池汽车动力系统都采用的结构形式，如图 5.4 所示。这种结构形式具有很多优点：燃料电池作为主动力源提供持续功率，动力蓄电池提供峰值功率，并且能够回收再生制动的能量；根据工作模式的不同，动力蓄电池还可以单独以纯电动的模式驱动车辆，可以实现在燃料电池出现故障时的跛行返回。这种结构存在的问题主要是对动力蓄电池的功率特性有特殊要求，对于目前动力蓄电池的技术水平有一定的难度，而且增加了动力系统控制的复杂性。

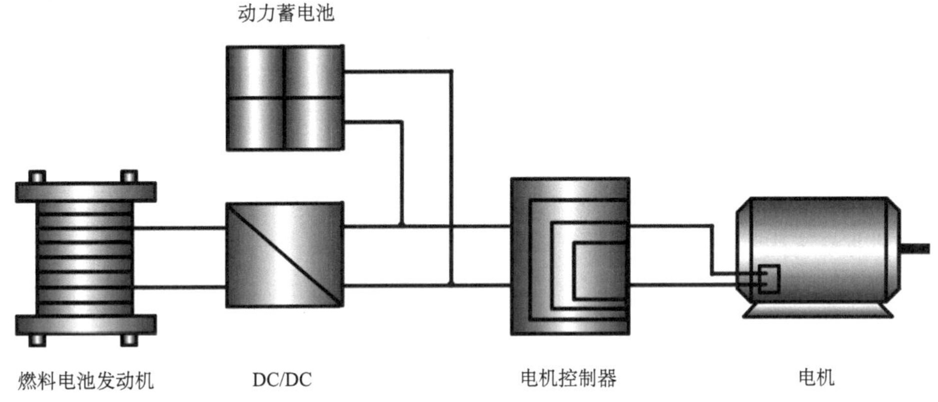

图 5.4　燃料电池加动力蓄电池混合动力系统结构图

3) FC+UC 混合动力系统

德国大众汽车集团推出的 Hypower 燃料电池汽车即采用这种以超级电容器作为能量存储装置的混合驱动结构，超级电容器作为辅助动力源，系统结构图如图 5.5 所示。超级电容器具有优良的功率特性，超级电容能以高放电率释放电能，比功率是铅酸电池的 10 倍左右，充电时间更短，而且循环寿命达到百万次，可以降低使用成本。但是，超级电容器存储的能量有限，只可以提供持续大约 1min 的峰值功率，其电压波动幅度很大，因此在应用中必须增加 DC/DC 进行阻抗匹配，这样会增加系统结构的复杂性。

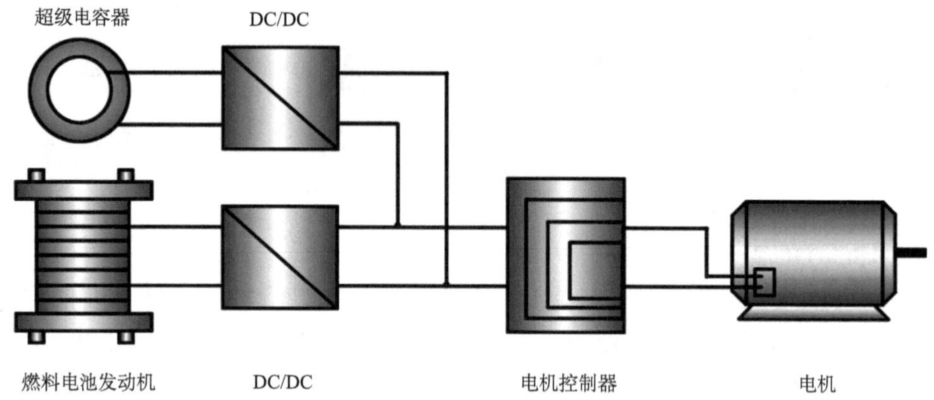

图 5.5　燃料电池加超级电容器混合动力系统结构图

4) FC+TB+UC 混合驱动系统

美国南加利福尼亚大学设计的燃料电池汽车采用了这种混合驱动结构，如图 5.6 所示。这种结构主要有以下三方面优点：①可以进一步降低对燃料电池和动力蓄电池的功率要求；②在寒冷的季节里，动力蓄电池不能产生足够大的电流启动车辆时，动力蓄电池可以对超级电容器进行小电流充电，由超级电容器提供足够的启动功率，这样可以减少动力蓄电池的数量和单个电池的容量，减轻动力蓄电池的负担；③再生制动时，超级电容器接收回馈能量，减少动力蓄电池的充放电次数，延长电池的使用寿命。这种结构形式虽然具有上述优点，但其结构复杂，动力系统控制也相对复杂。

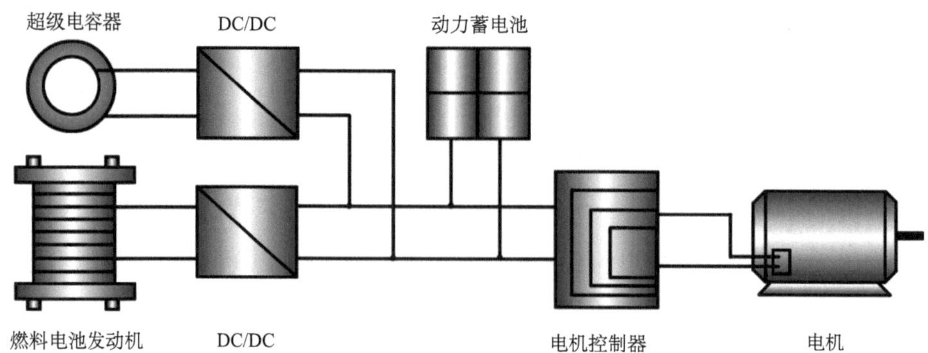

图 5.6　燃料电池加动力蓄电池和超级电容器混合动力系统结构图

由此可见，燃料电池和辅助电池(动力蓄电池或超级电容器)混合驱动是一种比较流行的结构。采用燃料电池和辅助电池的双动力源结构主要基于以下原因：①当前燃料电池的动态性能欠佳，而汽车的工作状态总是在较大的范围内动态变化，燃料电池不能随时满足汽车的功率要求，增加辅助电池可以起到快速调节功率的作用；②燃料电池最佳的负荷率在额定功率范围内，为了实现整车能量效率最佳，增加辅助电池调节燃料电池的功率输出，可使其工作点尽量保持在效率最佳的范围内；③目前燃料电池成本还很高，从降低整车价格方面来考虑，适当减小燃料电池的额定功率，用辅助电池来弥补不足的功率输出，可以在一定程度上降低整车的成本。

综合考虑上述各种结构形式的优缺点，燃料电池与动力蓄电池的混合动力系统方案具有结构和控制相对简单、易于实现、能够较好地提供峰值功率和回收再生制动能量等优点，而且随着动力蓄电池技术水平的不断进步，其比功率特性也得到大幅度的提高，因此目前绝大多数燃料电池汽车动力系统均采用了这种结构形式。

从图 5.7 中可以看出，启动时，由动力蓄电池向驱动电机提供动力输出；一般正常行驶时，燃料电池堆输出，通过逆变器向驱动电机提供动力输出，同时给动力蓄电池充电，在中高速巡航时，仅由燃料电池堆提供能量驱动车辆，动力蓄电池既不充电也不放电；加速过程中，在收到较大动力请求时，燃料电池堆和动力蓄电池同时供电，通过逆变器向驱动电机提供动力输出；在刹车减速时，驱动电机通过逆变器向动力蓄电池回收能量。

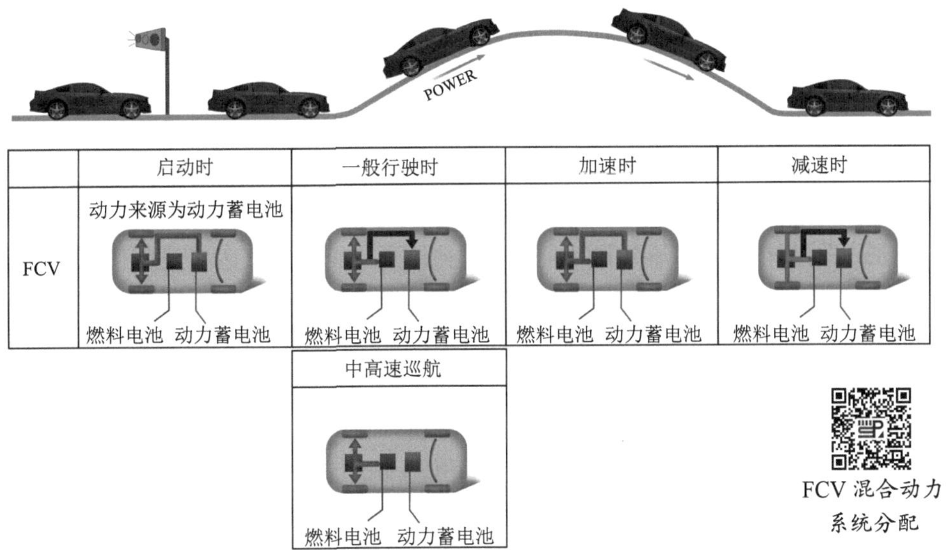

图 5.7　燃料电池与动力蓄电池的混合动力系统动力分配示意图

5.2.3 电动机

电动汽车驱动电机是所有电动汽车必不可少的关键部件。因为车辆的最高车速、加速时间、爬坡能力等整车性能，与驱动电机有着密切的关系。目前，国内外电动机的结构众多，性能不一，工作原理也不尽相同。使用较多的有直流电机、永磁同步电机、交流感应电机和开关磁阻电机四种[4, 5]。

直流有刷电机结构简单，主要由转子、定子、端盖和电刷架四部分组成，利用通电导体在磁场中受力的电磁原理制成。直流电机具有优良的电磁转矩控制特性，启动转矩、转动矩大，易于快速启动、停机；调速比较方便，调速范围宽，易于平滑调节；控制装置简单、价格低；直流电机的磁场和电枢可以分别控制，因此控制性能较好，而且直流电机的容量范围较广，可供选择的也多，所以直到 20 世纪 80 年代中期，仍是国内外电动汽车用电机的主要研发对象。但是，由于直流电机存在电刷、转向器等易磨损的器件，所以必须进行定期的维护和更换；直流电机相对于其他类型的电机，其体积一般较大；并且限于转子电枢的结构，直流电机不适合用于高速旋转的情况等，因此在电动汽车上的应用受到了限制。

永磁无刷直流电机的转子采用永久磁铁，用电子换向装置代替直流有刷电机的机械换向装置，在其工作时直接将方波(梯形波)电流输入永磁无刷直流电机的定子中，控制电机的运转。永磁无刷直流电机具有很高的功率密度(比正弦波电机即永磁同步电机产生高 15%左右的电功率)和宽广的调速范围，同时还具有高转速、高效率(比交流感应电机高 6 个百分点)、体积小、惯性低、响应快等优点。这些显著的优点使其非常适应于电动汽车的驱动系统，有极好的应用前景。但价格较高，耐热性较差。由日本研制的电动汽车主要采用这种电机。

永磁同步电机是将永久磁铁代替他励同步电动机的转子励磁绕组，定子则与普通同步电机一样，转子采用径向永久磁铁做成的多层永久磁铁，形成可同步旋转的磁极，如图 5.8 所示。三相永磁同步电机具有定子三相分布的绕组和永磁转子，在磁路结构和绕组分布上保证反电动势波形为正弦波，为了进行磁场定向控制，输入定子的电压和电流也为正弦波。在新能源汽车领域，永磁同步电机得到广泛使用。通过控制电机的定子绕组输入电流频率，电动汽车的车速将最终得到控制。与其他类型的电机相比较，永磁同步电机的最大优点就是具有较高的功率密度与转矩密度，因此相比于其他种类的电机，在相同质量与体积下，永磁同步电机能够为新能源汽车提供最大的动力输出与加速度。但是，永磁同步电机也有自身的缺点。转子上的永磁材料在高温、震动和过流的条件下，会产生磁性衰退的现象，所以在相对复杂的工作条件下，电机容易发生损坏。此外，永磁材料价格较高，因此整个电机及其控制系统成本较高。目前国产新能源汽车也基本采用永磁同步电机。

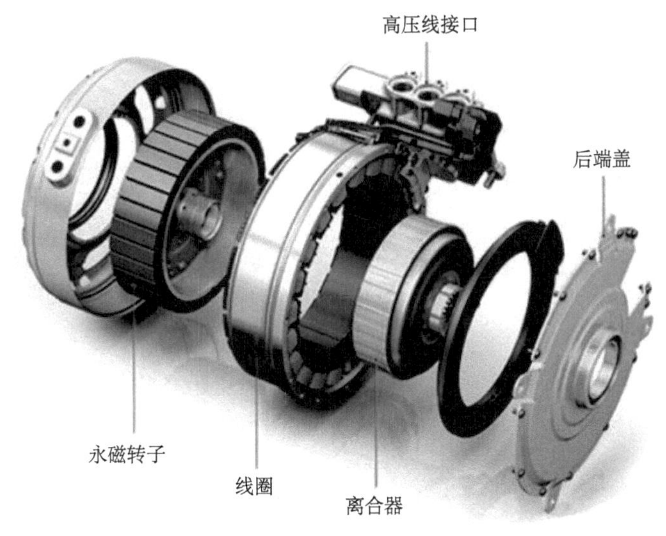

图 5.8　永磁同步电机结构示意图

交流感应电机又称“异步电动机”，通过定子产生的旋转磁场与转子绕组的相对运动，转子绕组切割磁感线产生感应电动势，从而使转子绕组中产生感应电流。转子绕组中的感应电流与磁场作用，产生电磁转矩，使转子旋转。交流感应电机也是较早用于电动汽车驱动的一种电机，它的调速控制技术比较成熟，具有结构简单、体积小、质量小、成本低、运行可靠、转矩脉动小、噪声低、转速极限高和不用位置传感器等优点，但因转速控制范围小、转矩特性不理想，不适合频繁启动、频繁加减速的电动汽车。美国以及欧洲研制的电动汽车多采用这种电机。

开关磁阻(Switch Resistance，SR)电机也称可变磁阻(Variable Reluctance，VR)电机，是双凸极可变磁阻电动机，如图 5.9 所示，其定子和转子的凸极均由普通硅钢片叠压而成。转子既无绕组也无永磁体，定子极上绕有集中绕组，径向相对的两个绕组连接起来，称为“一相”。开关磁阻电机的定子和转子的极数不同，有多种组合方式(表 5.2)形成不同相数的电机，目前应用较多的是四相(8/6)电机和三相(6/4)电机。此类开关磁阻电机具有结构简单、系统可靠、可在较宽转速和转矩范围内高效运行、可适用于频繁起停和正反向转换运行、可控参数多、调速性能好、响应速度快、效率高、损耗小以及成本较低等优点。但实际应用发现，开关磁阻电机存在着转矩波动大、噪声和震动较其他电机大、需要多个出线头和位置检测器等缺点，所以应用受到了限制。

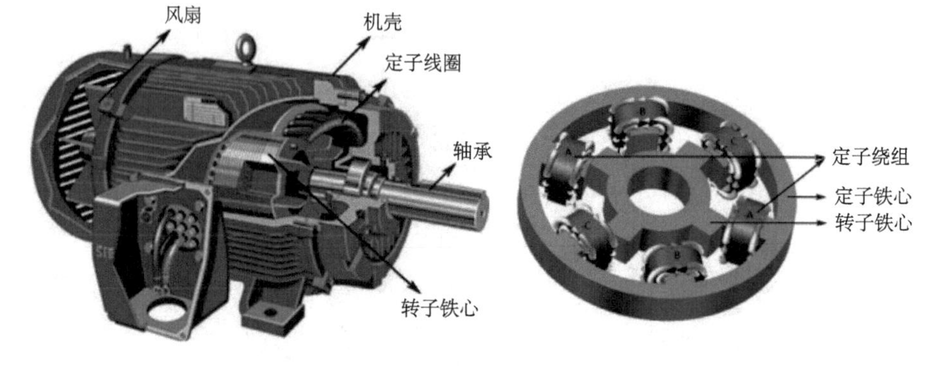

(a) 电机结构示意图　　(b) 三相(6/4)凸极示意图

图 5.9　开关磁阻电机

表 5.2　开关磁阻电机不同相数的组合方式

相数	3	4	5	6	7	8	9
定子凸极数	6	8	10	12	14	16	18
转子凸极数	4	6	8	10	12	14	16

四种电机各有优缺点，但是对于电动汽车而言，由于电能是由各类电池提供的，价格高而弥足珍贵，因此使用相对效率最高的永磁无刷电机是较为合理的，它已广泛应用于功率小于 100kW 的现代电动汽车上。

5.2.4　电子控制系统

燃料电池电动汽车的电子控制系统的主要功能包括燃料电池系统控制、DC/DC 功率变换器控制、辅助储能装置能量管理、电动机驱动控制和整车协调控制等，各控制功能模块通过总线连接。通过电子控制系统可以实现汽车的实时监控和协调控制。

在电动汽车的电子系统中，由于直流总线不可能满足性能各异、种类繁多的元器件对直流电源的电压等级、稳定性等要求，必须采用各种 DC/DC 功率变换器，DC/DC 功率变换器的直流输入电源来自系统中的电池或直流总线。对燃料电池电动车来说，DC/DC 功率变换器的作用更为重要，是燃料电池汽车的关键设备。

一般来说，燃料电池输出的电压比电动汽车的动力总线的电压要低，且随着输出电流的增加，电压下降幅度也比较大。由于燃料电池的输出特性和其动态响应特性决定了直接利用燃料电池作为 FCV 的动力源有一定的困难，所以必须要由

DC/DC 功率变换器来实现燃料电池输出电压与动力总线电压匹配[6]，如图 5.10 所示。

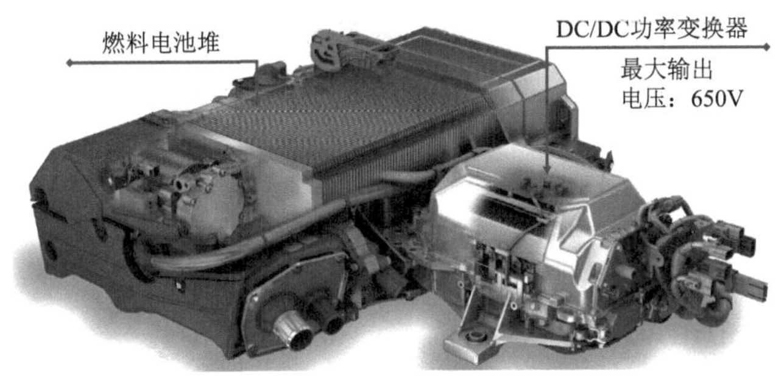

图 5.10　第一代丰田 Mirai 的 DC/DC 功率变换器

对于混合动力型燃料电池汽车而言，其动力系统通常采用燃料电池加动力蓄电池的混合结构。燃料电池系统的输出电压通常为 240～430V，而且燃料电池的输出特性曲线的斜率较大，相反，由于较高的动力总线电压等级可以提高动力系统的效率并减小其体积和质量，动力蓄电池的标称电压一般设计在 380V 以上；而且由于动力蓄电池的充放电特性及其使用安全性的要求，动力蓄电池的端电压应在较小的范围内变化，所以燃料电池难以直接与动力蓄电池并联使用。解决方式就是在燃料电池的输出端串联一个 DC/DC 功率变换器，对燃料电池的输出电压进行升压变换和稳压调节，使 DC/DC 功率变换器输出端的电压与动力蓄电池的工作电压相匹配，并且控制燃料电池的最大输出电流和功率，起到保护燃料电池的作用。

混合动力型燃料电池汽车所采用的电源具有不同的特性，燃料电池只提供电能，电流的方向是单向的。而动力蓄电池和超级电容器在充放电时，电流方向是双向的，因此在燃料电池与电动机之间要装置单向 DC/DC 功率变换器，而在动力蓄电池和超级电容器与电动机之间要装置双向 DC/DC 功率变换器，图 5.11 是不同类型 DC/DC 功率变换器原理图。

5.2.5　燃料供应系统

燃料电池用作汽车动力源时，也需要相应的燃料供应系统。燃料供应系统包括供氢系统和供氧系统。供氢系统的目的是给燃料电池提供压力稳定的氢气，而且保证整个系统的使用安全。燃料电池汽车用供氢系统可分为车载制氢和车载纯氢两大类。

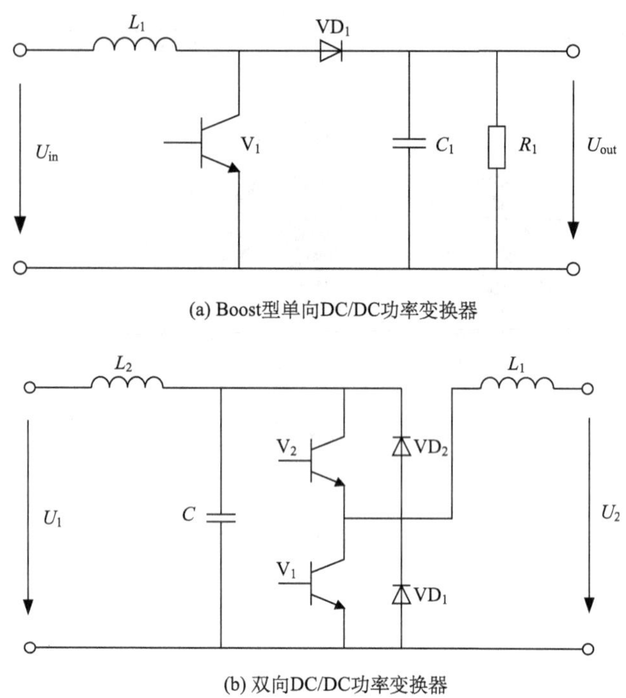

(a) Boost型单向DC/DC功率变换器

(b) 双向DC/DC功率变换器

图 5.11　DC/DC 功率变换器原理图

C-电容；V-导通开关；VD-整流二极管；*L*-电感

1. 车载制氢

车载制氢是利用燃料处理器，提供重整或部分氧化等方式由碳氢燃料中获得氢。适合于车载制氢的燃料可以是醇类(甲醇、乙醇、二甲醚)、烃类(柴油、汽油、甲烷等)。从技术上看，醇类燃料制氢的温度较低，制氢反应容易实现。其中甲醇通常作为最适合的车载制氢燃料[7]。烃类比醇类制氢难度大，主要表现在重整的温度高和硫的脱除。烃类燃料中，选用汽油作为重整原料的最主要原因是可以利用现有的汽油站，便于加注燃料，但从长远看，此法没有前途。重整制氢系统有很大的困难。主要是因为车辆行驶的动态过程对燃料的供应要求很严。汽车加速或上坡时，需要加大氢气供应量，而低速或等待交通信号时，则用很少的氢气，这就需要重整器具有极好的动态响应特性，否则不能满足车辆的要求。而这对于重整器而言太难实现。

目前使用的燃料电池大多数采用质子交换膜燃料电池，其对燃料氢的要求极为苛刻，如 CO 含量要少于 5×10^{-6}，对于 SO_2 的要求要到 10^{-9} 级。加大了重整器的难度。由于以上两点，原本在地面上已经工业化的醇类重整制氢技术遇到难题。

著名的原戴姆勒-克莱斯勒集团公司在其发展 Necar 系列燃料电池车的过程中推出的 Necar3 系列就是甲醇重整车，但推出不久停止了宣传，而宣传其液氢燃料的 Necar4，说明 Necar3 燃料供应不过关。后来推出的 Necar5 虽然是甲醇重整车，也进行了长达 5000 多千米的示范，但现在推出的燃料电池车中，均不采用甲醇重整，而用车载纯氢。其他汽车公司的燃料电池车也使用车载纯氢。

其他制氢方法中，氨作为制氢原料，成本高、有较大的腐蚀性，而且氨完全裂解温度高，因此不适宜选用车载制氢燃料。而金属或金属氢化物水解制氢，由于其面临诸多的技术问题、高能耗、高成本以及原料制备过程中的高排放，只能用于特殊的场合，而不适合于大规模的汽车行业[8]。

2. 车载纯氢

车载纯氢方案主要直接使用液氢或气氢两种，其他储氢的技术如金属氢化物储氢，由于本身技术不过关，目前尚不能应用。储氢罐一般放置于底盘的中部，或后排座椅的下方空间(传统内燃机轿车的油箱位置)，将氢气罐分散存储。

1) 高压氢气储存

车载高压氢气罐是目前最简单和最常用的车载纯氢储存方法。世界已有的燃料电池大客车示范项目中，几乎无一例外地使用压缩气氢。在燃料电池汽车中，高压氢也占了大多数。耐高压的储氢压力容器及材料是这种方法的关键。目前可以供应 35MPa 压力的气体储罐，现在各国燃料电池车基本采用这一方案，使用高压氢气的显而易见的好处是，由地面供应氢气，其质量能得到保证，不会发生氢气中的杂质使燃料电池“中毒”的严重事故。高压容器的密封性好，只要关闭好阀门，可以保存很长时间。还有一点也很重要，即高压气氢罐的动态响应特性极好。需要用大量的氢气，将阀门开大一点就好，不用则关闭阀门，完全能满足燃料电池车的行驶要求。高压气氢的加注也特别方便，和现在汽车加汽油非常相似，加注也很快，十几分钟即可加注完毕。其缺点是，由于使用压力罐影响公众接受心理，当然将氢压缩到高压也要花费能量。

一般的车载高压氢气储存系统由储氢瓶组、压力表、滤清器、减压器、单向阀、电磁阀、手动截止阀及管路等组成。高压气瓶置于车顶（多用于大巴，如图 5.12 所示）或车底，既节省空间也增加安全性。

2) 液态氢储存

原戴姆勒-克莱斯勒集团公司研发的 Necar4 型以及通用汽车公司研发的“氢动一号”燃料电池电动汽车均采用液氢为燃料。理论上，在各种储氢方式中，无论是从体积密度还是质量密度的角度看，只有氢气以液态存储才能达到最高的存储密度。目前，液氢存储的质量密度为 5%～7.5%，体积密度约为 0.04kg/L。不

图 5.12　丰田新一代氢燃料电池大巴 SORA 的剖面示意图

过，由于低温容器的热漏损，液氢的生产、储存、运输、加注以及液氢化消耗的大量能量等问题，大规模在汽车上使用、携带液氢是不可行的。液氢的温度太低，为−253℃，即使用目前最好的保温液氢罐，每天也要约有 1%的液氢因漏热而蒸发，从而导致密闭容器中氢气的压力升高。为了保持液氢罐的安全，就必须通过安全阀将氢气排出到大气中，损耗较大。

因此液氢非常适合短时间使用，如发射航天飞机等，也适合连续不断地长期使用，蒸发的氢可以很快使用完，不存在排空问题。而对于间断使用的交通工具，如家用轿车则不行。有统计表明，家用轿车每天也就行驶 1h 左右，大部分时间是停在那里。所以液氢作为燃料很不适合。当然液氢的价格也会比气态氢气高得多。液氢最大的优点是体积能量密度大，适合汽车的要求，但相比其缺点来讲，还是弊大于利，现在燃料电池车用液氢的越来越少。

此外，燃料电池系统的正常工作也离不开供氧系统。供氧系统主要利用空压机为电堆输送特定压力及流量的洁净空气，为电堆反应提供必需的氧气。燃料电池供氧系统一般包括空气过滤器、空压机、电机、中冷器、增湿器、膨胀机及管道等(图 5.13)。其中，空压机的性能直接影响着燃料电池系统的效率、动态性能、噪声等关键性能指标。

燃料电池专用空压机主要由压缩元件、驱动器、驱动压缩机元件的机械设备等组成。目前对于燃料电池专用空压机的基本要求主要包括效率高，体积小，无油，工作流量及压力范围大，噪音小，耐振动冲击，动态响应快等。针对这些需求，常见的空压机类型有螺杆式、罗茨式、离心式压缩机等。

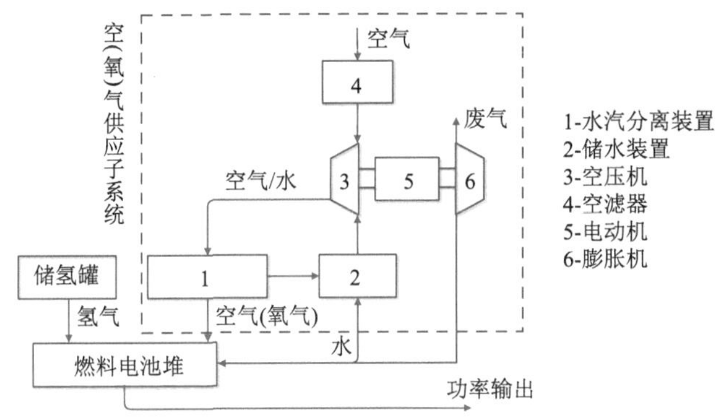

图 5.13　质子交换膜燃料电池供氧系统组成示意

离心式空压机在效率、噪音、体积、无油、功率密度等方面表现出良好的综合效果，是未来燃料电池空压机的主流发展趋势。目前，本田、通用、现代以及上汽在燃料电池系统中使用的空压机都是离心式空压机，而丰田公司也在开发离心式空压机，在新一代 Mirai 燃料电池汽车中就采用了离心式空压机。

目前，空压机是辅助系统中占用电堆寄生功耗最大的零部件，其功耗占电堆输出功率为 10%～20%，占燃料电池系统附件功耗 80%左右，空压机的功耗严重影响着燃料电池系统的效率。为了进一步降低空压机的功耗，涡轮膨胀机被逐渐引入电堆的供氧系统中(图 5.14)。由于电堆入口空气中仅含 21%的 O_2，并含有大量的不参与反应的 N_2，因此，在燃料电池工作过程中，电堆阴极出口气体仍有较

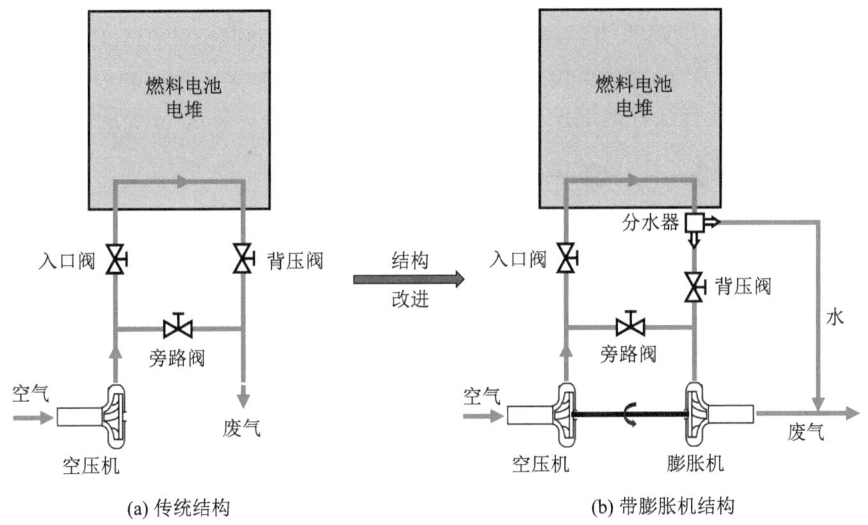

图 5.14　燃料电池电堆空气供应系统原理图

大的流量和压力，在电堆阴极出口设置与空压机同轴机械连接的膨胀机，利用电堆阴极排气驱动膨胀机的涡轮转动，可以有效减少驱动空压机运转电机的负荷，从而达到减少空压机功耗的目的。为了防止电堆阴极排气中含有的水分对叶轮可能产生的冲蚀损伤和低温环境下冷凝水对叶轮产生的冻结损伤，一般需要在电堆出口处加装分水器。

5.2.6　安全系统

由于氢气本身的特性，如泄漏性、爆炸性、氢脆等现象，燃料电池汽车存在着一定的安全隐患，这种新能源动力系统的安全性成为人们首先关心的问题。这些安全问题包括储氢安全、车载供氢系统的安全、燃料电池汽车发生氢气泄漏以及发生碰撞时的安全性等。因此，为了燃料电池汽车的推广使用，必须要建立完善的安全系统[9]。

1) 储氢安全

目前大多数燃料电池汽车都采用高压压缩储氢方法，但是要携带足够行驶500～700km的高压气态氢，容器必须由能经受住高达70MPa以上压力的复合材料制成。

2) 车载供氢系统的安全

为了保证燃料电池汽车的安全稳定运行，需要一套安全有效的供氢系统。在燃料电池汽车上，车载供氢系统安全措施应从预防与监控两方面着手，主要包括电磁阀(solenoid valve)、手动截止阀(manual stop valve)、溢流阀(overflow valve)、单向阀(on-way valve)、过滤网(filter screen)、减压阀(pressure relief valve)、安全阀(safety valve)、温度传感器(temperature sensor)、压力传感器(pressure sensor)等在内的辅助安全装置，这些装置很好地维护了车载氢气系统的安全性，如图5.15所示。

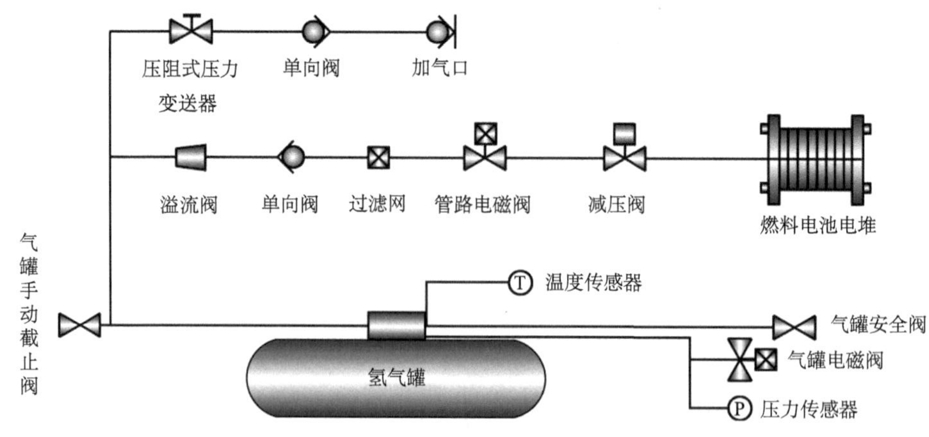

图5.15　车载供氢系统示意图

气罐安全阀、温度传感器和压力传感器一般作为储气罐的附件安装在气罐的出气口。当储气罐中氢气压力超过设定值后，可以通过气罐安全阀自动泄压，当储气罐内的压力由于某种因素突然上升，压力超过安全阀设定值时，安全阀会自动泄压以保证储气瓶在安全的工作压力范围之内。温度传感器用来检测储气罐内气体温度，由这些传感器将储气罐内气体的温度信号发送到驾驶室仪表盘上，通过气体温度的变化来判断外界是否有异常情况发生。例如，气体温度突然急剧上升，在排除温度传感器故障之外，则在储气罐周围可能有火警发生。压力传感器主要用于判断储气罐中剩余氢气量，以保证车辆的正常行驶，当压力低于某值时可以提示驾驶员加注氢气。同时驾驶员可根据仪表盘上的压力读数判断储气罐是否有氢气泄漏发生。

电磁阀包括气罐电磁阀和管路电磁阀，气罐电磁阀为低压直流电源驱动，无电源时处于常闭状态，主要起到开关储气罐的作用，与氢气泄漏报警系统联动，一旦泄漏氢气浓度达到保护值能自动关闭，从而达到切断氢源的目的。手动截止阀，通常处于常开状态，当气罐电磁阀失效时能手动切断氢源。气罐电磁阀和手动截止阀联合作用，可以有效避免氢气的泄漏。管路电磁阀在给气罐充气时，可有效防止气体进入电池。溢流阀在系统正常工作时，阀门关闭。只有当系统压力超过调定压力时开启溢流阀，进行过载保护，使系统压力不再增加。通常使溢流阀的调定压力比系统最高工作压力高 10%～20%。单向阀在加气口或供氢管路出现损坏的情况下防止气体向外泄漏并延长加气口的使用寿命。过滤网可防止管路中的杂质进入燃料电池，以免损坏电池。减压阀则是将氢气的压力调节到电池所需要的压力。当出现危险时安全阀可以将氢气罐中的残余氢气安全放空。

3) 氢气泄漏安全

氢是最轻的元素，比液体燃料和其他气体燃料更容易从小孔中泄漏。在空气中，氢的着火点很低且燃烧范围很宽，一旦发生泄漏，氢气就会迅速扩散并发生燃烧甚至爆炸的危险。因此燃料电池车必须还要包含整车氢安全系统，整车氢安全电气控制包括氢气泄漏检测和报警处理系统。一般氢气泄漏检测系统由安装在储氢罐舱、乘客舱、燃料电池发动机舱以及发动机水箱附近的 4 个催化燃烧型传感器和安装在车体下部的一套监控器组成(图 5.16)，传感器实时监测车内的氢气浓度，当有任何一个传感器检测到的氢浓度超过氢爆炸极限(空气中氢气的爆炸极限为 4.1%～74.2%，体积分数)下限的 10%、30%和 50%时，监控器会分别发出不同等级的声光报警信号，同时通知报警处理系统采取相应的安全措施。

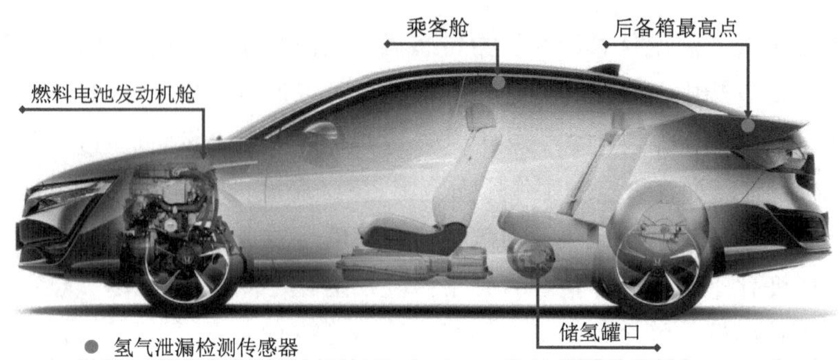

图 5.16　氢气泄漏检测传感器位置布置示意图

对氢燃料电池车而言，四种失效会产生严重的氢泄漏事故：①燃料管路或元件的密封失效；②储气罐上的流量计失效；③监测氢和关断氢流量的氢传感器系统失效；④控制燃料电池氢流量的计算机程序失效。因此对燃料电池车的维护和保养非常重要，除了要定期进行载氢系统的气密性检测，对管路进行定期的保压实验，以减少氢气的泄漏，还要对灵敏的元件传感器进行定期的校正，以确保其能正常工作。

4) 碰撞安全

燃料电池汽车碰撞安全性研究也极其重要。预防并保证燃料电池汽车在发生碰撞时，不会导致其氢气的泄漏、控制系统的失效，以及电路起火，这些都是在燃料电池汽车开发过程中必须考虑的安全性问题。

首先是储气罐保护，除了要防止储氢罐在碰撞过程中直接受损，还要确保高压氢气罐的固定支架和钢带应有足够的强度，以保证在碰撞过程中，高压氢气罐的动态位移不会太大，避免造成连接管路的断裂、变形和氢气的大量泄漏，如图 5.17 所示。其次是控制系统，控制系统是整车控制策略的核心内容，它主要包括动力

图 5.17　捷氢科技 70MPa 燃料电池车载储氢系统的储氢罐固定装置示意图

系统能量管理和功率平衡控制、动力系统各部件协调控制、容错控制和故障诊断、驱动电机转矩控制等，是实现整车动力组织和能量管理的保证，一旦控制系统失效，对整车的安全性都会产生重大影响。此外，还要尽量避免电路起火问题，如果在碰撞过程中产生氢气泄漏，遇上明火，后果不堪设想。

5.3　燃料电池汽车的关键技术

燃料电池汽车是一种电动汽车。电动汽车的关键能源动力技术包括电池技术、电机技术和控制器技术。电池技术、电机技术和控制器技术是电动汽车所特有的技术，这三项技术也是一直制约电动汽车大规模进入市场的关键因素。

5.3.1　电池技术

电池是电动汽车的动力源泉，也是一直制约电动汽车发展的关键因素。电动汽车用电池的主要性能指标是比能量、能量密度、比功率、循环寿命和成本等。要使电动汽车能与燃油汽车相竞争，关键就是要开发出比能量高、比功率大、使用寿命长的高效电池。

电动汽车用电池经过了三代的发展，已经取得了突破性进展。第一代是铅酸电池，主要是阀控铅酸电池，其比能量较高、价格低和能高倍率放电，是目前唯一能大批量生产的电动汽车用电池。第二代是碱性电池，主要有镍镉、镍氢、钠硫、锂离子和锂聚合物等多种电池，其比能量和比功率都比铅酸电池高，因此极大地提高了电动汽车的动力性能和续驶里程，但其价格却比铅酸电池高。第三代是以燃料电池为主的电池，燃料电池直接将燃料的化学能转变为电能，能量转化效率高，比能量和比功率都高，并且可以控制反应过程，能量转化过程可以连续进行，因此是理想的汽车用电池，还处于研制阶段，一些关键技术还有待突破。广泛应用于电动汽车的燃料电池是质子交换膜燃料电池，它以纯氢为燃料，以空气为氧化剂，不经历热机过程，不受热力循环限制，因此能量的转换效率高，是普通内燃机热效率的 2～3 倍。同时，它还具有噪声低、无污染、寿命长、启动迅速、比功率大和输出功率可随时调整等特性，使得 PEMFC 非常适合作为交通工具的动力源。

燃料电池技术的核心是提高燃料电池的功率密度，从而达到提高电池性能、减小电堆提交和降低电堆成本的目的。MEA 和双极板是 PEMFC 电堆的两大核心部件，决定了电堆的性能和成本。水热管理和低温启动技术对于电堆性能的实现和实际应用的推广也起到了至关重要的作用。对于车用电堆，低 Pt 载量催化剂和超薄质子膜是保证经济性和性能的最关键因素。目前，国际先进水平 Pt 载量已经降至 0.125～0.15g/kW，接近 DOE 0.1g/kW 的目标；丰田的新一代 Mirai 已经采用了 8μm 厚的质子膜交换膜。金属双极板的使用使电堆的积功率密度更高(图 5.18)，冷启动性能更好。当然，如何实现更快的动态响应和更高的能量效率还需要更多的工程实践与探索。

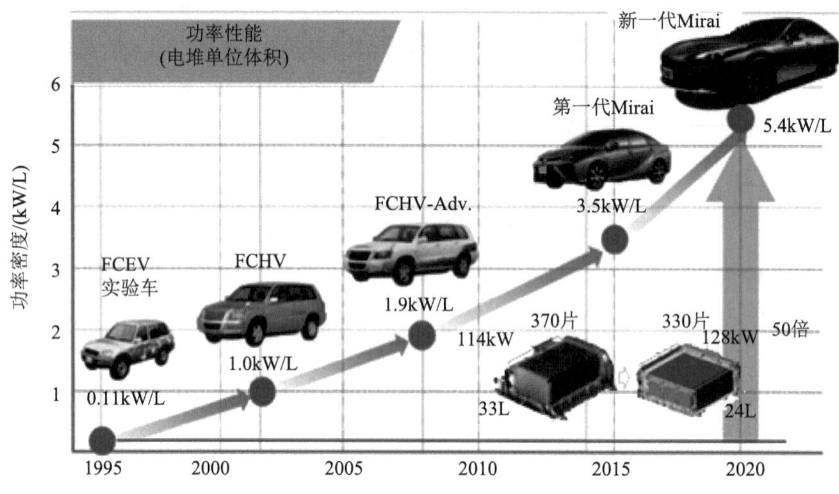

图 5.18　丰田 Mirai 电堆的进化图

5.3.2　电机技术

所谓电机，就是将电能和机械能相互转换的一种电力元器件。当电能转换为机械能时，电机表现出电动机的工作特性；当机械能转换成电能时，电机表现为发电机的工作特性。新能源汽车中，一般情况下是用电机取代发动机并在电动机控制器的控制下，将电能转换为机械能来驱动汽车行驶，并为电池或辅助动力电池回馈充电，因此电机是新能源汽车的核心装置，电机技术的好坏直接影响汽车驱动系统的性能。

电动汽车的特点决定了对所采用的电机必须具有严格的技术规范。为了提升汽车的最高时速，电机应有较高的瞬时功率和功率密度；为了增加单次充电行驶里程，电机应有较高的效率；而且电动汽车是变速工作的，所以电机应具有较宽的调速范围和较高的高低速综合效率；此外电机必须具有很强的过载能力、大的启动转矩和转矩快速响应。电动汽车启动和爬坡时速度较低，但要求力矩较大，正常运行时需要的力矩较小，而速度却很高。另外，电机还应具备体积小、质量轻、坚固安全可靠，有一定的防尘防水能力，且成本不能过高。

由于目前常见的四种电机各有优缺点(表 5.3)，在国外已有越来越多的电动汽车采用性能先进的电动轮(又称轮毂电机，in-wheel motor)，轮毂电机技术又称车轮内装电机技术，它用电机(多为永磁无刷式)直接驱动车轮，其最大特点就是将动力、传动和制动装置都整合到轮毂内，如图 5.19 所示。由于无传统汽车的变速器、传动轴、驱动桥等复杂的机械传动部件，将电动车辆的机械部分极大地简化。除了结构更为简单，采用轮毂电机驱动的车辆可以获得更好的空间利用率，同时传动效率也要高出不少。此外，轮毂电机具备单个车轮独立驱动的特性，因此无论是前驱、后驱还是四驱形式，它都可以比较轻松地实现，全时四驱在轮毂电机

表 5.3　四种电机优缺点比较

电机类型	优点	缺点	应用现状
直流电机	成本低、易控制、调速性能良好	转速低、功率密度低、体积大、可靠性差、维护频繁	已淘汰
异步电机	结构简单、可靠性好、成本易控制	体积较大、效率低、调速性差	主要应用于欧美产的新能源汽车，如 Tesla
永磁同步电机	效率高、结构简单、体积小、质量轻	成本较高、在高温震动和过流条件下会产生磁性衰退	主要应用于国产、日产新能源汽车，如荣威 E50
开关磁阻电机	结构简单坚固、可靠性高、质量轻、成本低、温升低，易于维修	转矩波动大、控制系统复杂、噪声大	主要应用于电动大巴

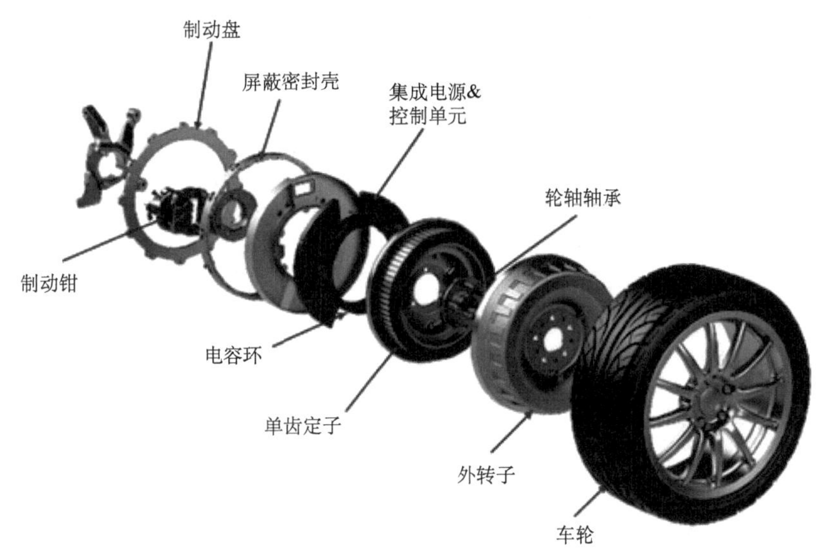

图 5.19　Protean Electric 公司的轮毂电机分解示意图

驱动的车辆上实现起来非常容易。同时轮毂电机可以通过左右车轮的不同转速甚至反转实现类似履带式车辆的差动转向，极大地减小车辆的转弯半径，甚至可以实现原地转向。

对于新能源车型而言，大多采用电驱动，因此轮毂电机驱动也就派上了大用场。无论是纯电动还是燃料电池电动汽车，都可以用轮毂电机作为主要驱动力，即便是对于混合动力车型，也可以采用轮毂电机作为起步或者急加速时的助力。当然，轮毂电机还存在一些缺点，如由于簧下质量和轮毂的转动惯量增大影响了车辆的操控性；电制动性能有限，维持附加的机械制动系统运行需要消耗更多的电量；此外，轮毂电机工作的环境恶劣，因此对密封方面也有较高要求，同时在设计上还需要考虑轮毂电机的散热问题[10]。

5.3.3　控制器技术

控制器技术的变速和方向变换是靠电动机调速控制装置来完成的，其原理是通过控制电动机的电压和电流来实现电动机的驱动转矩和旋转方向的控制。目前电动汽车上应用较广泛的是晶闸管斩波调速，通过均匀改变电机的端电压，控制电机的电流，来实现电机的无级调速。在电子电力技术的不断发展中，它也逐渐被其他电子晶体管(如 GTO、MOSFET、BTR 及 IGBT 等)斩波调速装置所取代。从技术的发展来看，伴随着新型驱动电机的应用，电动汽车的调速控制转变为直流逆变技术的应用将成为必然的趋势。

在驱动电机的旋向变换控制中，直流电机依靠接触器改变电枢或磁场的电流方向，实现电机的旋向变换，这使得控制电路复杂、可靠性降低。当采用交流异步电机驱动时，电机转向的改变只需变换磁场三相电流的相序即可，可使控制电路简化。此外，采用交流电机及其变频调速控制技术，使电动汽车的制动能量回收控制更加方便，控制电路更加简单。

21 世纪以来，由感应电动机驱动的电动汽车大多采用矢量控制和直接转矩控制。矢量控制又有最大效率控制和无速度传感器矢量控制，前者使励磁电流随着电动机参数和负载条件而变化，从而使电动机的损耗最小、效率最大；后者利用电机电压、电流和电机参数来估算出速度，不用速度传感器，从而达到简化系统、降低成本、提高可靠性的目的。直接转矩控制克服了矢量控制中解耦的问题，把转子磁通定向变换为定子磁通定向，通过控制定子磁链的幅值以及该矢量相对于转子磁链的夹角，从而达到控制转矩的目的。由于直接转矩的控制手段直接、结构简单、控制性能优良和动态响应迅速，非常适合电动汽车的控制。

随着电机及驱动系统的发展， 控制系统趋于智能化和数字化。变结构控制、模糊控制、神经网络、自适应控制、专家系统、遗传算法等非线性智能控制技术，都将独立或结合应用于电动汽车的电机控制系统。它们的应用将使系统结构简单，响应迅速，抗干扰能力强，参数变化具有抗变换性(robustness)，可极大地提高整个系统的综合性能。

5.4　质子交换膜燃料电池电动汽车

5.4.1　发展概况

1. 国外研发情况及进展[11,12]

PEMFC 是目前燃料电池电动汽车的首选技术，具有比功率高、工作温度低、启动快等特点。自 20 世纪 90 年代以来，燃料电池电动汽车研发在国际范围内蓬勃兴起。从 2008 年以来，燃料电池的主要瓶颈——成本和寿命取得了重要的进展。

美国和加拿大是燃料电池研发和示范的主要区域，在美国能源部(DOE)、美国交通部(DOT)和美国环境保护局(EPA)等政府部门的支持下，燃料电池技术取得了很大的进步，通用汽车、福特汽车、丰田汽车、戴姆勒-奔驰汽车、日产汽车、现代汽车等整车企业均在美国加利福尼亚州参加燃料电池汽车的技术示范运行，并培育了美国的 UTC(联合技术公司)、加拿大的 Ballard 公司等国际知名的燃料电池研发和制造企业。美国通用汽车公司 2007 年秋季启动的 Project Driveway 计划，将 100 辆雪佛兰 Equinox 燃料电池汽车投放到消费者手中，2009 年总行驶里程达到了 1.6×10^6 km。同年，通用汽车公司宣布开发全新的一代氢燃料电池系统，与雪佛兰 Equinox 燃料电池车上的燃料电池系统相比，新一代氢燃料电池体积缩小了一半，质量减轻了 100kg，铂金用量仅为原来的 1/3。通用汽车公司新一代燃料电池汽车的铂金用量已经下降到 30g，并计划将 100kW 燃料电池发动机的铂金用量进一步降至传统汽油机三效催化器的铂金用量水平。美国在 2006 年专门启动了国家燃料电池公共汽车计划(National Fuel Cell Bus Program，NFCBP)，进行了广泛的车辆研发和示范工作，2011 年美国燃料电池混合动力公共汽车实际道路示范运行单车寿命超过 1.1×10^4 h。

欧洲的燃料电池客车示范计划，完成了第 6 框架计划(Framework Program，2002～2006 年)和第 7 框架计划(2007～2012 年)，目的是突破燃料电池和氢能发展的一些关键性技术难点，在 CUTE (Clean Urban Transport for Europe, 欧洲清洁都市交通)及欧盟其他相关项目支持下，各个城市开展燃料电池公共汽车示范运行，2014 年新的计划 CHIC(Clean Hydrogen in European Cities, 欧洲城市清洁氢)开始实施，欧洲在燃料电池汽车的可靠性和成本控制等方面取得了长足的进步。在德国，2012 年 6 月，主要的汽车和能源公司与政府一起承诺，建立广泛的全国氢燃料加注网络，支持发展激励计划，2015 年至 2020 年，德国建设了 100 座加氢站。戴姆勒–奔驰汽车公司于 2011 年开展燃料电池汽车的全球巡回展示，验证了燃料电池轿车性能已经达到了传统轿车的性能，具备了产业化推广的能力。2007 年德国戴姆勒–奔驰汽车公司、美国福特汽车公司和加拿大 Ballard 公司合作，成立 AFCC（Automotive Fuel Cell Cooperation，车用燃料电池公司），以研发和推广车用燃料电池。2009 年戴姆勒–奔驰汽车公司推出的第二代轮边电机驱动的燃料电池客车，主要性能达到了国际先进水平，其经济性大幅度改善，燃料电池耐久性达到 1.2×10^4 h，2013 年年初，BMW 公司决定与燃料电池技术排名第一的企业——丰田汽车公司合作，由丰田汽车公司向 BMW 公司提供燃料电池技术。奥迪汽车公司在 2016 年底特律车展上也推出一款氢燃料电池 SUV 概念车，整体外观与 e-Tron 相似，最大的区别在于动力方式的不同，而参考 e-Tron 的命名方式，这款氢燃料电池车的名称为 h-Tron。

从全球范围看，日本和韩国的燃料电池研发水平处于全球领先，尤其是丰田、日产和现代汽车公司，在燃料电池汽车的耐久性、寿命和成本方面逐步超越了美国和欧洲。

丰田汽车公司的 2008 版 FCHV-Adv 在实际测试中，实现了在–37℃顺利启动，一次加氢行驶里程达到了 830km，单位里程耗氢量为 0.7kg/(100km)，相当于 3L/(100km)的汽油消耗量。2013 年 11 月，丰田汽车公司在“第 43 届东京车展 2013”上展出了燃料电池概念车，作为技术核心的燃料电池组实现了当时公开的全球最高的 3kW/L 功率密度。该燃料电池组去掉了加湿模块，不但降低了成本、车质量和体积，还减少了燃料电池组的热容量，有利于燃料电池在低温条件下迅速冷启动。丰田汽车公司于 2014 年年底在日本正式上市销售名为 Mirai(第一代)全新燃料电池汽车，加满 5kg 氢气可以连续跑上 640km，当时售价折合人民币 43.2 万元(不计政府补贴)。2021 年丰田新一代 Mirai 面世，新一代 Mirai 车的尺寸要比第一代大一些，储氢罐的数量和位置均发生了变化，由原来的两个增加到三个，并采用 T 型的布置，如图 5.20 所示，氢气的储存量由原来的 122.4L 增加为 142.2L，5min 可以充满 3 个存储罐，该车搭载的燃料电池系统在第一代的基础上进行了大幅改进和优化，在轻量化、布置紧凑性、集成度等各方面均做了明显提升和改善，还新开发了升压变换器，让整体的续航里程提升了 30%。2023 年 11 月 2 日，丰田汽车公司宣布旗下 Crown 皇冠轿车 FCEV 版本发布，这是丰田汽车公司推出的第二款燃料电池轿车，该车采用与新一代 Mirai 相同的燃料电池系统，燃料电池单元最高功率可输出 128kW，3min 即可加满氢气，最高可行驶 820km。

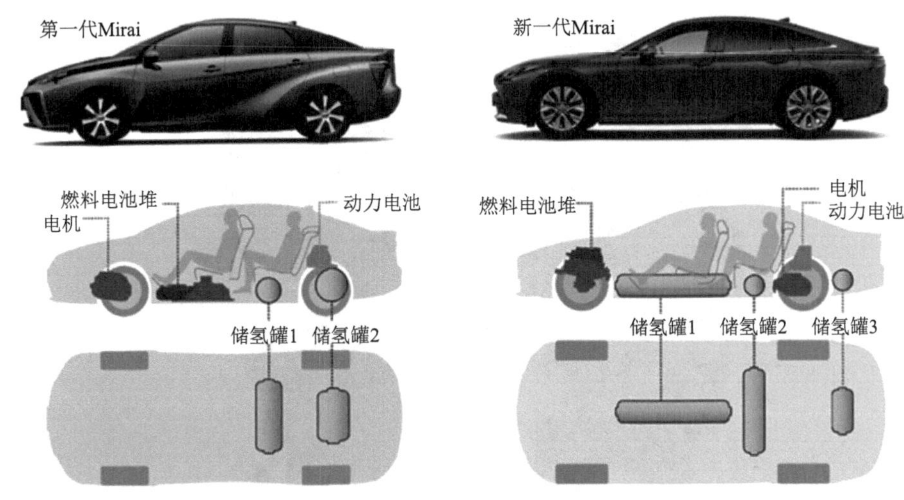

图 5.20　丰田两代 Mirai 的结构对比图

和丰田汽车公司类似，日产汽车公司也投入巨资开展燃料电池电堆和轿车的研发，2011 年日产汽车公司的燃料电池电堆，功率为 90kW，质量仅为 43kg。2012 年，日产汽车公司研发的电堆功率密度达到了 2.5kW/L，这在当时是国际最高水平。另外，本田汽车公司新开发的 FCX Clarity 燃料电池汽车，能够在–30℃顺利启动，续驶里程达到 620km，2014 年，本田汽车公司宣布的新一代燃料电池堆功率密度也达到 3kW/L，于 2016 年 3 月正式推出一款名为 Clarity 的燃料电池汽车，并以租售的形式上市。为了进一步升级燃料电池系统，本田又与通用汽车携手合作共同研发 FCX 燃料电池技术。这次升级主要针对成本和耐久性两大挑战，在电极上应用创新材料，优化电芯密封结构，简化辅助系统，从而提高效率。与 2019 年款“CLARITY FUEL CELL”的燃料电池系统相比，该系统的成本降低了三分之一。同时，采用耐腐蚀材料和劣化控制技术，使得耐久性提升了一倍，低温性能也得到了显著改善。2025 年 3 月 4 日，本田宣布推出全新氢燃料电池系统，这款名为“Honda Next Generation Fuel Cell Module”(本田新一代燃料电池模块)的系统(图 5.21)，性能更强、耐用性更高，体积更小，制造成本也大幅降低，额定功率达 150kW，几乎是此前与通用联合开发的 FCX 燃料电池(78kW)的两倍，输出电压范围提升至 450～850V。最大净效率从 56.8% 提高至 59.8%，体积则由 557L 缩小至 300L。

韩国现代汽车公司从 2002 年开始研发燃料电池汽车，2005 年采用 Ballard 公司的电堆组装了 32 辆运动型多功能车(Sports Utility Vehicle，SUV)，2006 年推出了自主研发的第一代电堆，组装了 30 台 SUV 和 4 辆大客车，并进行了示范运行；

图 5.21　本田新一代燃料电池模块

2009～2012 年，开发了第二代电堆，装配 100 台 SUV，开始在国内进行示范和测试，并对电堆性能进行改进；2012 年，推出了第三代燃料电池 SUV 和客车，开始全球示范；2013 年，韩国现代汽车公司宣布将提前 2 年开展千辆级别的燃料电池 SUV(现代 ix35，如图 5.13 所示)生产，在全球率先进入燃料电池千辆级别的小规模生产阶段。该 SUV 采用了 100kW 燃料电池，24kW 锂离子电池，100kW 电机，70MPa 的氢瓶可以储存 5.6kg 氢气，新欧洲行驶循环(New European Drive Cycle，NEDC) 循环工况续驶里程 588km，最高车速 160km/h。韩国现代汽车公司在 2014 年夏季推出了 Tucson 燃料电池汽车，不过暂时只有美国加利福尼亚州有售，首批仅 100 辆。2018 年，现代汽车成功推出新一代氢燃料电池车 NEXO (图 5.22)，该车被誉为“终极环保车”。NEXO 大幅缩短加氢时间，并延长行驶里程，中国轻型汽车行驶工况(China Light-duty Vehicle Test Cycle，CLTC)下，加氢 100%时可达 550km。时至今日，这款车全球累计销量已经突破 36000 台，稳居全球氢能源车销量之首。

2. 国内研发情况及进展[13,14]

相比于国际研发进展，我国燃料电池汽车的研发工作起步较晚。2001 年，我国才正式启动燃料电池应用领域的研究。在国家“863”高技术项目、“十五”规划的电动汽车重大科技专项与“十一五”规划节能与新能源汽车重大项目的支持下，通过产学研联合研发团队的刻苦攻关，中国的燃料电池汽车技术研发取得重大进展，初步掌握了整车、动力系统与核心部件的核心技术，基本建立了具有自主知识产权的燃料电池轿车与燃料电池城市客车动力系统技术平台，也初步形成了燃料电池发动机、动力电池、DC/DC 功率变换器、驱动电机、供氢系统等关键零部件的配套研发体系，实现了百辆级动力系统与整车的生产能力。中国燃料电池汽车正处于商业化示范运行考核与应用的阶段，已在北京奥运燃料电池汽车规模示范、上海世博燃料电池汽车规模示范、UNDP(United Nations Development Programme，联合国开发计划)燃料电池城市客车示范以及“十城千辆”、广州亚运会、深圳大运会等示范应用中取得了良好的社会效益。

图 5.22　现代汽车新一代氢燃料电池车 NEXO

中国燃料电池轿车采用独具特色的“电-电混合”动力系统平台技术方案，具有“动力系统平台整车适配、电-电混合能源动力控制、车载高压储氢系统、工业副产氢气纯化利用”的技术特征。与“十五”规划燃料电池轿车动力系统相比，“十一五”规划新一代动力系统的性能得到进一步优化与提高。主要表现在：燃料电池发动机功率从 40kW 提高到 55kW；动力蓄电池容量从 48kW·h 减小到 26kW·h ；电机功率从 60kW 提高到 90kW；电机控制器(DC/AC) 功率提高 35%，体积比功率增加 12.5%。同时，动力系统继续保持燃料经济性的技术优势，在车辆整备质量增加近 250kg 的前提下整车动力性明显提高，燃料经济性则仍然保持在 1.2kg/(100km) 的原有水平。由上海大众汽车有限公司、上海燃料电池汽车动力系统有限公司与同济大学联合开发的帕萨特燃料电池轿车在2008年4月获得国家汽车产品公告，20 辆燃料电池轿车组成的车队在 2008 年北京奥运会示范应用并提供交通服务，经受连续 66 天的酷热多雨天气条件与频繁启停城市交通工况的考验。2009 年，完成 2008 年北京奥运示范的 16 辆帕萨特燃料电池轿车赴美国加利福尼亚州，与全球八大品牌(戴姆勒·克莱斯勒、福特、通用、本田、现代、日产、丰田、大众）一起在加利福尼亚州萨克拉门托参与国际化示范运营，持续半年之久。2010 年上海世博会，集成“新一代”自主知识产权的燃料电池轿车动力系统平台，多个国产品牌的燃料电池轿车组成的车队参加了中国最大规模的燃料电池轿车示范应用。燃料电池轿车单车耗氢 0.912kg /(100km)。中国国家“863”高技术项目持续支持燃料电池汽车的技术研发工作，“十二五”规划期间为保持中国电动汽车技术制高点，继续保持了对燃料电池汽车的支持力度。上海汽车集团股份有限公司(简称上汽)制定了燃料电池汽车发展的五年规划，选用新源动力股份有限公司的燃料电池电堆作为汽车的动力系统，开始投入大量资金研发燃料电池汽车，进行第 3 代燃料电池轿车 FCV 的开发。在 2011 年德国柏林举行的第十一届必比登挑战赛中，上汽开发的 FCV 在燃料电池轿车组别中，名列第三，仅次于丰田和奥迪。作为国内唯一可产业化生产燃料电池轿车的厂家，上汽 2014 年年底前推出了 55 辆车入市，通过租赁方式让市民“初体验”。2021 年，上汽推出了国内首款量产氢燃料电池多用途汽车（Multi-Purpose Vehicle，MPV），目前已实现部分车型的小规模量产和商业化示范运营，并计划在 2025 年实现氢燃料电池汽车“万台级”量产。

在城市客车方面，如图 5.23 所示，清华大学从“十五”规划开始承担国家“863”高技术项目中燃料电池城市客车动力系统的研发课题，先后进行了多轮燃料电池客车动力系统的研发，并完成了多次商业化示范，取得了良好的社会效益。

图 5.23　国产燃料电池客车

2008 年 4 月，北汽福田汽车股份有限公司发布了与清华大学联合研制的福田欧 V 燃料电池客车，3 辆燃料电池城市客车圆满完成了包括 2008 年北京奥运示范在内的北京公交线路为期一年的商业化示范运行任务，累计运行超过 60000km。2010 年上海世博会，燃料电池公交客车单车耗氢 9.8kg/(100km)。同年我国研制的燃料电池城市客车在新加坡完成了揭幕和试运行仪式，并作为首届青年奥运会官方新能源示范车。“十一五”规划期间，燃料电池可靠性、寿命等方面取得较大进展，经受住奥运示范等一系列国际示范应用活动的考验。低压燃料电池电堆动态寿命提升，单堆动态循环工况累计运行超过 1500h，性能下降 6.7%，预测寿命可超过 2000h；燃料电池发动机输出功率大幅提升，轿车发动机净输出功率提升到 55kW，客车发动机输出额定功率 80kW、过载功率 110kW，系统最高效率超过 61%，最大功率密度超过 0.7kW/kg，最大体积比功率达 1.0kW/L。整机运行的可靠性、耐久性和低温启动性能，以及环境适应性有较大提高。

自北京奥运会、上海世博会以来，我国以商用车为主的示范运营规模不断扩大，特别是在公交和物流领域积累了丰富的推广运营经验。在各地方政府、企业的大力推动下，根据中国汽车技术研究中心有限公司产量数据，截至 2019 年 9 月，我国燃料电池汽车累计产量达 4890 辆。其中，商用车累计产量达 4817 辆，占燃料电池汽车总产量的 98.5%。我国凭借规模市场优势，积极推动氢能产业发展，在 2019 年已形成了氢能和燃料电池产业发展的三大领跑示范区域，包括以上海、如皋、常熟、张家港和嘉善等为代表的长三角地区；以张家口为代表的京津冀地区和以佛山、云浮等为代表的珠三角地区[15]。2019 年 4 月，由上海重塑能源科技有限公司、丰田汽车公司和苏州金龙共同打造的首批 20 辆苏州金龙海格氢燃料电池公交车在江苏省常熟市虞山高新区正式投运，如图 5.24 所示。2023 年，我国的燃料电池汽车推广量超过 5800 辆，累计保有量超 1.8 万辆。

图 5.24　氢燃料电池公交车

3. 国内外氢燃料电池汽车现状对比

虽然我国的 PEMFC 电动汽车的研发取得了较大的进步，部分领域甚至达到国际同等水平，但总体上与国外还有较大差距，如我国燃料电池轿车在动力性、续驶里程等基本性能指标方面与国外的车型基本相当，最高车速都在 150～170km/h，百公里加速时间也在 10～15s。但由于国外开始采用 70MPa 车载储氢系统，一次加注的续驶里程极大地提高。从动力系统的基本配置来看，最大的差别在于燃料电池发动机的功率输出能力与电机的转矩输出能力上。其中国外燃料电池发动机的功率输出能力基本在 80～100kW，比国内的 55kW 高得多，而且具有很高的质量比功率和体积比功率指标。同等功率输出能力的电机具有更高转矩输出能力，比国内高 50～80N·m，比例达到 25%～40%。此外在冷启动方面，燃料电池发动机研制单位初步实现了燃料电池系统低温（–10℃）储存与启动，与外国–30℃的指标存在很大的差距。同时燃料电池发动机系统寿命也远短于国外。中国与发达国家之间的这些差距主要是技术上的原因造成的，主要体现在以下三个方面。

（1）关键材料未实现国产化。上述关键材料如电催化剂、质子交换膜、炭纸大多采用进口材料，且多数为国际垄断，价格极高；尽管在“十一五”规划中国产替代材料如催化剂、膜、炭纸等取得了一定的成就，然而，尚未形成批量生产能力，或者产品质量不够稳定。

（2）部件制备技术落后。由于缺少先进制备技术与设备，一些主要部件如双极板、MEA 等制造质量得不到保障，一致性较差。

（3）系统耐久性与可靠性有待提高。国内对电堆耐久性的研究不足，对系统优化提升电堆性能与寿命缺乏深刻的认识，造成了辅助系统匹配与控制策略研究过程中思路简单，甚至盲目。

为此，在《中国制造 2025》提出“节能与新能源汽车”作为重点发展领域，对燃料电池汽车做出了以下的规划内容。

（1）关键材料、零部件逐步国产化。到 2020 年，实现燃料电池关键材料批量化生产的质量控制和保证能力；到 2025 年，实现高品质关键材料、零部件实现国产化和批量供应。

（2）燃料电池堆和整车性能逐步提升。到 2020 年，燃料电池堆寿命达到 5000h，功率密度超过 2.5kW/L，整车耐久性到达 150000km，续驶里程 500km，加氢时间 3min，冷启动温度低于–30℃；到 2025 年，燃料电池堆系统可靠性和经济性大幅提高，和传统汽车、电动汽车相比具有一定的市场竞争力，实现批量生产和市场化推广。

（3）燃料电池汽车运行规模进一步扩大。到 2020 年，生产 1000 辆燃料电池汽车并进行示范运行；到 2025 年，制氢、加氢等配套基础设施基本完善，燃料电池汽车实现区域小规模运行。

5.4.2 研发方向和需要解决的问题

从美洲、欧洲和日韩等发达国家的燃料电池汽车发展现状看，全球主要汽车公司大多已经完成了燃料电池汽车的基本性能研发阶段，解决了若干关键技术问题，从整车性能、可靠性、寿命和环境适应性等各方面均已达到了和传统汽车相媲美的水平。随着这些发达国家的燃料电池汽车技术的趋于成熟，提高功率密度、低温冷启动等问题已经基本解决，研究重点逐渐转移到延长燃料电池寿命、降低燃料电池系统成本以及大规模建设加氢基础设施，推广商业化的示范上[14]。

1) 延长燃料电池寿命

燃料电池寿命是制约燃料电池汽车商业化的重要影响因素。根据目前的耐久性水平，燃料电池轻型和重型车辆的单位里程成本比电动和柴油动力汽车等同类产品高出约24.48%和7.47%[16]。国外燃料电池客车的寿命取得了明显的突破，2011年美国燃料电池混合动力公共汽车实际道路示范运行单车寿命超过 1.1×10^4 h；德国戴姆勒集团 2009 年推出的第二代轮边电机驱动的燃料电池客车，寿命达到 1.2×10^4h。但轿车的寿命不超过 5000h，因此，国外下一代技术的研发重点仍然聚焦在如何延长燃料电池的寿命。

影响燃料电池寿命的因素很多，从电极材料到电堆结构，从燃料电池系统到燃料电池汽车动力系统，最后到燃料电池整车，每个方面的设计合理性都直接影响着燃料电池的最终寿命。国外下一代主流技术持续的研究重点主要包括以下诸多方面：①电极材料方面。催化剂活性的变化，膜的质子传导能力的变化。②电堆结构设计方面。散热、内阻、气体扩散、水汽交换等能力。③燃料电池系统。空气再循环技术、稳定工况控制、启停机策略等。④燃料电池动力系统。动力系统构型设计与优化，车辆动力性指标确定，DC/DC 的控制逻辑，动力电池匹配等。

2) 降低燃料电池系统成本

图 5.25 是燃料电池汽车与燃料电池系统中各个零部件的成本比例示意图。整个燃料电池系统的成本中，电堆占总成本的三分之二；而电堆的总成本中，膜电极的成本占一半以上，膜电极的主要成本是含铂等贵金属催化层(46%)。由此可见，电堆中最主要的成本来源于与膜电极相关的原材料的成本。持续的原材料研究与开发，是实现电堆成本控制的重要方式[13]。

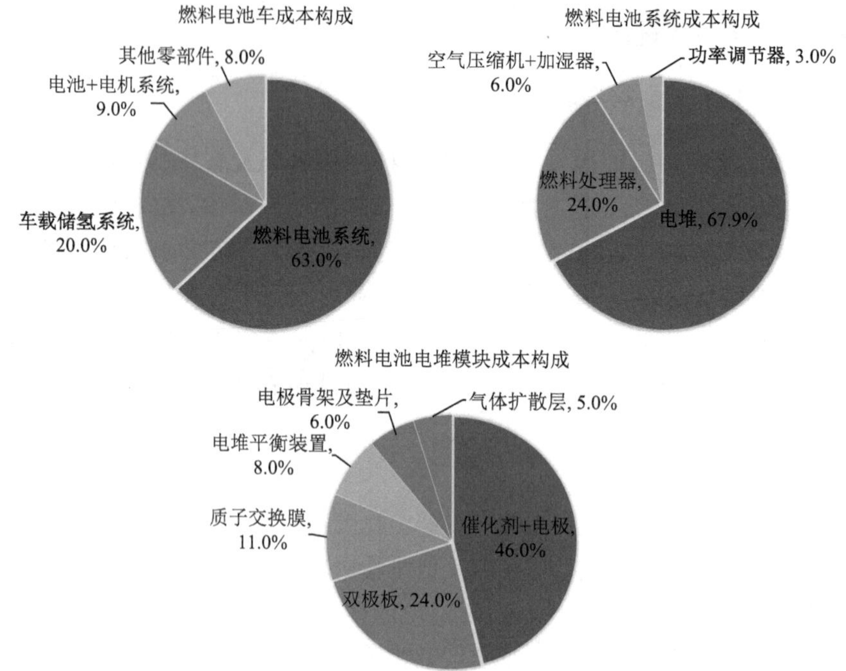

图 5.25　PEM 燃料电池汽车与系统零部件成本比例图

除了通过燃料电池原材料的持续研究实现成本控制，简化和集成燃料电池系统的研究也是降低成本的重要途径。国外最先进的技术是实现空压机及其控制器的一体化，DC/DC 等电力电子器件的一体化；同时，简化系统零部件，去掉增湿器，消减传感器；在确保系统稳定的情况下，降低系统成本，降低系统故障率。

车用燃料电池系统的另外一个重要成本因素是高压储氢气瓶及电磁阀的成本。随着燃料电池电堆的成本下降，高压气瓶及电磁阀的相对成本明显提高，丰田通过先进的碳纤维缠绕复合瓶的研制，大幅度降低了 70MPa 气瓶的成本，实现了储氢系统的低成本。

3) 大规模建设加氢基础设施

与纯电动车相比，燃料电池汽车可以像普通内燃机汽车一样迅速补充燃料后继续使用。然而与遍布全球的加油站相比，目前投入使用的加氢站很难满足燃料电池汽车推广的需求。从国际上公布的加氢站建设数量来看，到 2024 年年底全球建成投入运营的加氢站也不足 1200 座。另外，中国在加氢站的站内制氢方面，尤其是利用可再生能源制氢技术方面与国外存在明显的差距。

5.5　固体氧化物燃料电池汽车

5.5.1　发展概况

虽然 PEMFC 在低温快速启动、比功率能量转换效率等方面的优越性能使其成为运载工具的首选电源，但是由于 PEMFC 只能使用纯氢气作为燃料气，其供应是个大问题，必须建立像现在的汽车加油站一样的供应链，这将极大地降低 PEMFC 电动汽车的推广使用程度。此外，由于制造工艺及使用贵重稀有金属作为催化剂材料，其制造成本很高，不利于它的市场化。而 SOFC 是一种全陶瓷结构燃料电池，其能量转化效率最高，操作方便，无腐蚀，与 PEMFC 相比，燃料适用面广，可以用煤气、天然气、石油气、沼气、甲醇等重整作为燃料气，也可以直接采用天然气、汽油、柴油作为燃料。不需用贵金属催化剂，而且不存在 DMFC 的液体燃料渗透问题。同时当 SOFC 汽车的能量耗尽后，不用像传统的蓄电池电动汽车那样需要长时间充电，而只需补充燃料即可继续工作，这一点对汽车驾驶者来说尤为方便。因此无论是从技术还是从成本来看，低温 SOFC 汽车在未来的汽车发展中会占有一席之地。SOFC 在汽车上的应用主要有三个方面[16-18]。

1) 作为车用辅助电源

SOFC 作为车用辅助电源(Auxiliary Power Unit，APU)具有很好的应用前景。目前，一些大汽车生产商如奔驰、BMW、丰田汽车公司以及美国通用汽车公司均已经成功地将 SOFC 系统用于汽车上，作为辅助设备如空调系统、加热器、电视、收音机、计算机和其他电气设备的供能系统，这样可以减少蓄电池和发动机的负荷。城市交通系统使用该技术具有更加重大的意义。奔驰汽车制造公司 1996 年对 2.2kW 级模块的试运行达 6000h。2001 年 2 月，由 BMW 与 Delphi Automotive System Corporation 合作近两年研制的第一辆用 SOFC 作为辅助电源系统的汽车在慕尼黑问世。作为第一代 SOFC/APU 系统，其功率为 3kW，电压输出为 21V，其燃料消耗比传统汽车降低 46%。丰田汽车公司和美国通用汽车公司也在设计和优化 SOFC 系统以便应用于车用辅助电源。加拿大的 Global 公司 2004 年已经开始向市场提供 5kW 的 SOFC 汽车辅助电源。城市公交车或出租车行驶速度慢，而且经常停车，当发动机处于怠速状态时，不但浪费能量，而且增加排污。当遇到这种情况时，可以让发动机熄火，使用 SOFC 为汽车空调等辅助设备提供能量，将极大地降低城市公交系统的排污。

丹麦的 TopSoe Fuel Cell 公司则是欧洲处于 SOFC-APU 技术开发前列的公司，在欧盟燃料电池和氢能联合组织(EU-FCH JU)的 DESTA 项目的资助下，该公司与 AVL、Eberspächer、Volvo 和 Forschungszentrum Jülich 合作，研发的 SOFC-APUs

可通过传统燃料以 30%的发电效率提供 3kW 的电力输出，该项目通过 Volvo 提供的 8 级重型卡车进行示范性运行（图 5.26）。该卡车总共行驶了约 2500km，并在各种条件下进行了测试，如性能表征、耐久性、负载循环、振动和盐雾等，运行非常可靠且噪音低[20]。

图 5.26　安装 SOFC-APU 的示范重型卡车

2）和蓄电池组成混合动力

随着 SOFC 研究的进展，采用新型低温固体电解质和高活性的电极材料，使工作温度降至 500℃以下，若将其再与蓄电池或超级电容器联用，就可以作为汽车的动力源。SOFC 可以增加电动汽车的行驶里程到 400～650km 或更高(增加的行驶里程由油箱的尺寸决定)。

微管结构的设计有利于实现 SOFC 的小型化、低温化、便携化、移动化，拓宽了其应用领域。在电动汽车用动力电源方面，MT-SOFC 具有潜力替代当前的质子交换膜燃料电池汽车发动机。特别是将其与 Na-S 电池或 Zebra 电池等储能电池结合，形成新型全固态陶瓷电池发动机的电动汽车概念，如图 5.27 所示，为非铂燃料电池汽车的研究拓展了一条新思路[21]，不仅可以完全摆脱车载燃料电池系统对铂的依赖，而且其功率密度将比质子交换膜燃料电池高 2～3 倍，甚至可以直接为电动汽车加充汽油、醇类、液化气等含碳液态燃料，从而摆脱对纯氢燃料的依赖。

3）直接作为车用动力源

SOFC 直接作为汽车的动力源时，相对于 PEMFC 电动汽车，SOFC 电动汽车在寒冷的气候下的行驶里程和效率不受影响。2011 年马里兰大学能源研究中心通过改变固体电解质的材料和电池的设计，制造出体积更加紧凑的 SOFC 新电池在同等体积下的发电效率是普通固体氧化电池的 10 倍，在产生相同电量的情况下体积又要比汽油发电机小，换算下来，一颗 10cm×10cm 的新电池就可以替代原先体积庞大的电池组驱动电动车。

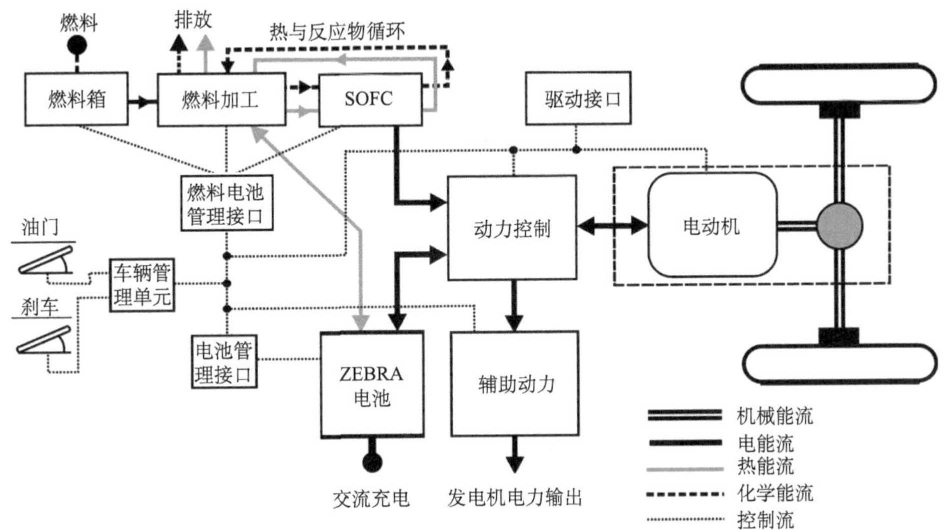

图 5.27　SOFC/Zebra 电池混合电动汽车的模块结构设计

2016 年 8 月，日产公司在巴西推出了世界首款由 SOFC 驱动的原型车 e-Bio Fuel-Cell，如图 5.28 所示。该车配备一个 24kW·h 的电池和一个 30L 的燃料箱，使用生物乙醇而不是液态氢作为燃料。乙醇经重整器产生氢，在 SOFC 中与空气中的氧结合，产生电能，排放出水。据日产称，该系统比现有的氢燃料电池系统更高效，续航里程约 600km。

图 5.28　世界首款由 SOFC 驱动的原型车 e-Bio Fuel-Cell

当前，我国能源的发展将兼顾经济性和清洁性的双重要求，尽量减少能源开发利用给环境带来的负面影响，努力实现能源与环境的协调发展。因此具有能量密度高、燃料范围广和结构简单等优点的 SOFC 是其他燃料电池无法比拟的。随着 SOFC 的生产成本和操作温度进一步降低，碳氢燃料的直接利用，能量密度的增加和启动时间进一步缩短，可以预见，SOFC 在今后的新能源汽车发展中有非常广阔的发展前景。

5.5.2 SOFC 电池应用于汽车所面临的挑战

SOFC 应用于新能源汽车依然面临着严峻的挑战，目前 SOFC 研究总的趋势是实现 SOFC 的低温化、低成本以及对燃料气的高催化活性，发展新型材料和新型的制备技术。只有这样才能降低 SOFC 的成本，从而实现作为新能源汽车动力的 SOFC 的商业化生产。在目前的 SOFC 的研究开发中，面临着以下一些关键问题。

1) SOFC 电池材料及密封技术

电池材料包括电解质材料、电极材料、连接体材料以及密封材料等。电解质材料的选择对电池性能的影响很大，必须具有高的离子电导率和氧离子传递系数。电解质材料的选择和制备(具有较高离子电导率的电解质材料的开发与电解质层的薄膜化)对 SOFC 的低温化具有很重要的作用。阳极材料在低温范围内对燃料气有高的电催化活性。当以碳氢气体作为燃料时，阳极材料还必须具备抗碳沉积等能力。连接体材料将 SOFC 单电池连接起来组成大功率电堆，以输出满足 SOFC 汽车要求的功率。作为车用 SOFC 时，还必须考虑电解质材料、连接体材料、密封材料的机械强度，以提高整个 SOFC 系统的稳定性和寿命。

2) 电堆的热管理

由于电极的放热反应和散热条件不同，SOFC 电池堆在整个三维空间中存在着严重的过热区域，该区域的性能衰减显著高于其他位置，同时局部的热应力会导致单电池和相关材料的局部损坏。因此，SOFC 的热管理问题对于电池的运行性能有着至关重要的影响，不当的热管理会使电池的输出功率降低，效率变差，甚至会影响 SOFC 的运行寿命。

3) 启动慢

目前 SOFC 受电解质所限，需高温(1000℃左右)工作，导致启动慢，这是 SOFC 在汽车上应用的致命弱点。随着 SOFC 技术的发展，当其工作温度降至 700～800℃，与碳基燃料的重整条件接近时，可以实现燃料的直接内重整获得氢气，将生成的氢气与氧结合，输出电能和水。不仅降低了电堆成本，而且简化了热管理。

4) 成本高

要想实现燃料电池电动汽车的商业化，必须使燃料电池电动汽车的性能相当于甚至优于现在的内燃机汽车，同时价格与现在的内燃机汽车价格持平甚至比其更低。目前，作为车用辅助电源 SOFC 系统制造成本在 400～1000$/kW，显然高昂的成本阻碍了其商业化。虽然 SOFC 从其在汽车方面的应用前景来看要优于 PEMFC，但由于其诸多技术还有待解决，短期内还很难达到 PEMFC 在电动汽车上应用的高度。

5.6　燃料电池汽车的基础设施建设

新能源汽车是解决目前汽柴油汽车严重的污染排放、缓解环境问题与资源问题的必然选择，也是汽车产业的发展趋势。清洁的燃料电池汽车必将会在未来新能源汽车的发展和应用上占有重要的地位。然而在将燃料电池汽车完全推向市场化的进程中，除了要克服小型高效燃料电池发动机和高储氢车载罐设计的技术难题，其相应的配套基础设施——氢气加注站的建设和分布规划也是不容忽视的重大问题。

近年来，PEMFC 电池堆和发动机的研制方面取得了很大的进展，不仅燃料电池的功率密度有了很大的提高，而且铂催化剂的用量也极大地降低，同时水热管理也得到了很大的优化。此外，耐压 70MPa 以上的轻质复合材料储氢瓶的成功商业化，使得氢气加注站的建设更加迫切。

5.6.1　氢气加注站

氢气加注站[22] (hydrogen fuelling station) 是指储存氢气和加注氢气的站点，其主要用途是为燃氢汽车补充氢气。一个典型的加氢站与压缩天然气加气站相似，由制氢系统、压缩系统、储存系统、加注系统和控制系统等部分组成，如图 5.29 所示。

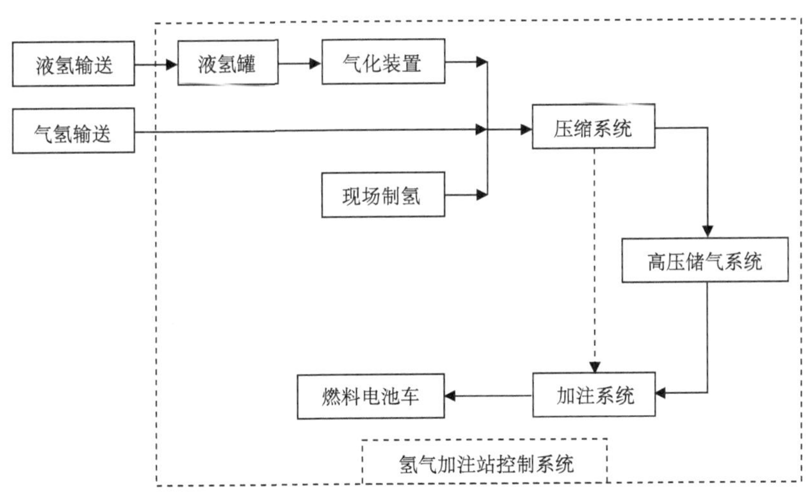

图 5.29　氢气加注站组成示意图

根据供氢方式不同，加氢站各系统的设备组成及配置可能有所不同，大致相仿。当氢气从站外运达或站内制取纯化后，通过氢气压缩系统压缩至一定压力，加压后的氢气储存在固定式高压容器中，当需要加注氢气时，氢气在加氢站固定容器与储氢容器之间高压差的作用下，通过加注系统快速充装至车载储氢容器内。

1)制氢系统

加氢站氢的来源有两种：一种是集中制氢，再通过拖车、管道等方式输送到加氢站；另一种是在加氢站内直接制氢。制氢的方法很多，既可通过化学方法对化合物进行重整、分解、光解或水解等方式获得，也可通过电解水制氢，或利用产氢微生物进行发酵或光合作用来制得氢气。工业制氢的方法主要有化石燃料催化重整制氢和水电解制氢等。目前，这些制氢技术已基本成熟，而生物制氢、太阳能制氢、金属制氢等新型制氢技术也将成为一种潜在的制氢路径。

氢气加注站输送系统

2)压缩系统

为了使氢燃料车一次充氢续驶里程达到 400km 以上，结合车载储氢系统的容积要求，比较理想的车载氢气储存压力为 40～75MPa。有两种方法将氢气压缩至车载容器所需的压力，一种方法是先用氢气压缩机把氢气升压后储存在站内高压储罐内，为充分利用储气瓶中所储存的氢气，加注时按瓶中压力的不同将储气瓶分为低、中、高压三种瓶组，在加注机压力逻辑控制器的作用下，依次向车辆进行加注(图 5.30)；另一种方法是先将氢气压缩至较低的压力(如 25MPa)储存起来，加注时，先用此气体部分充压，然后启动增压机，使车载容器达到规定的压力。

加氢站用的氢气压缩机为高纯无油氢气压缩机，属于将氢气压缩注入储气系统的核心装置，其中输出压力和气体封闭性能是最重要的性能指标。从全球范围来看，各种类型的压缩机都有使用。高纯无油氢气压机主要分为隔膜式压缩机和高纯无油增压压缩机。隔膜式压缩机是一种特殊结构的容积式压缩机，气缸内有一组膜片，缸盖和膜片之间所包含的空间构成气体压缩室，膜片的另一侧为油压室。国内外生产中和应用的隔膜式压缩机很多，但是提供的压力达 45MPa 以上的不是很多。而高纯无油增压氢气压缩机也称液压驱动无油氢气往复活塞压缩机，标准设计产品的最高排气压力可达 100MPa。林德公司的 TWIN IC90 离子压缩机(图 5.31)采用离子液技术对氢气进行 5 级压缩，排气压力为 45～90MPa，最高可达 100MPa。

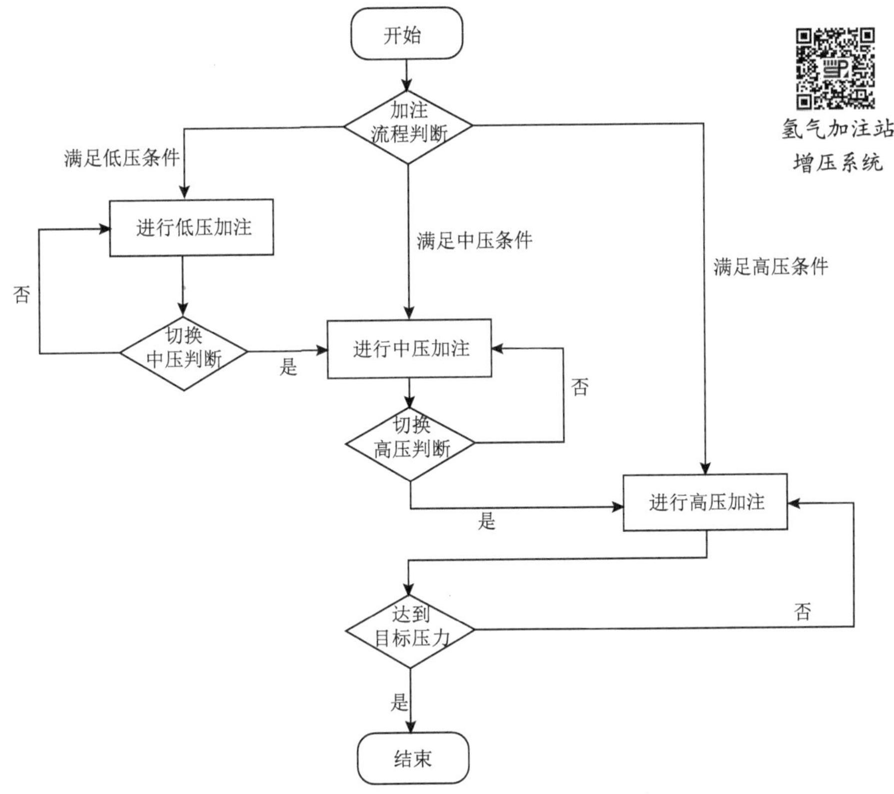

氢气加注站增压系统

图 5.30　氢气分级加注流程图

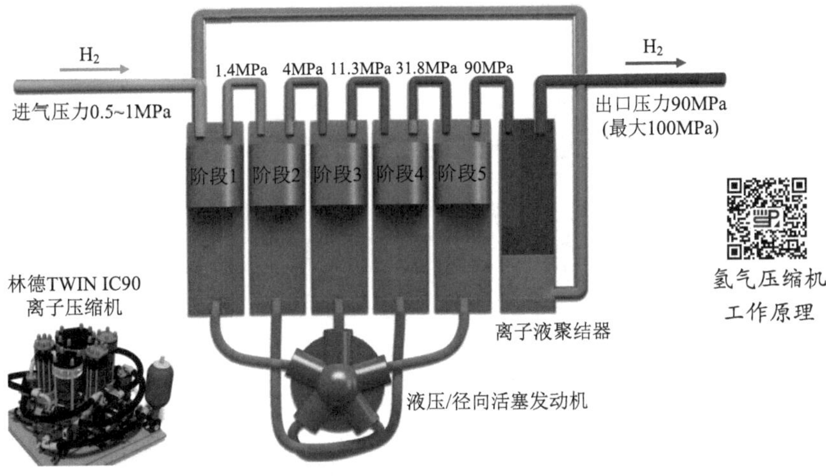

氢气压缩机工作原理

图 5.31　林德 TWIN IC90 离子压缩机工作原理图

3）储存系统

氢气的储存方法很多，目前用于加氢站的主要有三种：高压气态储存、液氢储存和金属化合物储存。部分加氢站还采用多种方式储存氢气，如同时液氢和气氢储存，这多见于同时加注液氢和气态氢气的加氢站。采用金属氢化物储存的加氢站主要位于日本，这些加氢站同时也采用高压氢气储存作为辅助。高压氢气储存期限不受限制，不存在氢气蒸发现象，氢气的压缩压力为20～35MPa，是加氢站内氢气储存的主要方式。

氢气加注站
储氢系统

4）加注系统

氢气加注系统是一个相对独立的装置，与压缩天然气加气站加注系统的原理是一样的。但是其操作压力更高，安全性要求更高。加注系统主要包括高压管路、阀门、加气枪、计量系统、计价系统等。加气枪上要安装压力传感器、温度传感器，同时还应具有过压保护、环境温度补偿、软管断裂保护及优先顺序加气控制系统等功能。当一台加氢机为两种不同储氢压力的燃料电池汽车加氢时，还必须使用不可互换的独立喷嘴。如图 5.32 所示，加氢机目前主要有 35MPa 与 70MPa 两种。德国林德、美国空气化工公司、日本岩谷和龙野等企业生产的加氢机安全性与可靠性均较高，并已实现量产。

氢气加注站
加氢系统

图 5.32　带有两种加注压力喷嘴的加氢机

氢气的加注系统主要体现在氢气加注机上，是加氢站面向用户的一个窗口。为了易于为公众所接受，目前大多数氢气加注机的外观设计与传统的汽柴油加油机相仿。氢气加注机与被加注车辆之间的连接包括加注枪、通信电缆和防静电接地线。在给车辆进行加注时，按连接接地线、接通通信电缆、插入并锁死加注枪的顺序进行加注机和加注车辆之间的连接，连接后打开加注枪上的加注开关即可开始加注。当加注完成后，按上述的相反顺序脱离车辆和加注机。为防止加注过程中车辆移动对加注机和用氢安全造成的危害，在加注枪软管和加注机的连接处设有拉断阀。

为保障氢气加注过程的安全，国际标准 ISO 19887-1：2024 和美国汽车工程学会标准 SAE J2601—2016 均对车载高压储氢系统定义了不超温与不超压的双重安全加注边界要求。SAE J2601 轻型燃料电池汽车的氢气加注协议是当前全球通用的氢气加注协议，目前市场上出售的 70MPa 加氢机都满足 SAE J2601—2016 加注协议的标准。

5) 控制系统

控制系统是加氢站的神经中枢，指挥着整个加氢站的运作，对于保证加氢站的正常运行非常重要，必须具有全方位的实时监控能力。加氢站的控制系统，将现场设备(包括压缩机系统、储气系统、加注系统等)的各种实时数据(如压力、温度、差压、气体浓度、流量、售气量、售气金额等)传送到后台工控机进行流量计算和数据保存，并经管理信息系统系统处理后进行实时显示、数据查询、数据保存、售气累计、报表打印、自动报警、自动加载、故障停机等。

氢气加注站控制系统

6) 安全系统

氢气属易燃易爆气体，且在加氢站上以高压形式储存，在加氢站中存在爆炸危险场所区域(图 5.33)，因此，加氢站的用氢安全就显得极为重要，都会设有安全系统。

加氢站的安全系统应该包括消防给水系统和足够的灭火器材。若加氢站同周边建筑物之间的距离无法满足当地消防安全规定中所要求的安全距离，则需要在加氢站主要设备周围设置防火墙。氢气加氢站氢气进气总管上要设紧急切断阀，而且手动紧急切断阀的位置应便于发生事故时及时切断氢气源。

氢气加氢站内固定车位停放的氢气长罐拖车要设置安全保护措施。储氢罐或氢气储气瓶组与加氢枪之间，应设置切断阀、氢气主管切断阀、吹扫放空装置、紧急切断阀、供气软管和加氢切断阀等。储氢罐或氢气储气瓶组应设置与加氢机相匹配的加氢过程自动控制的测试点、控制阀门、附件等。

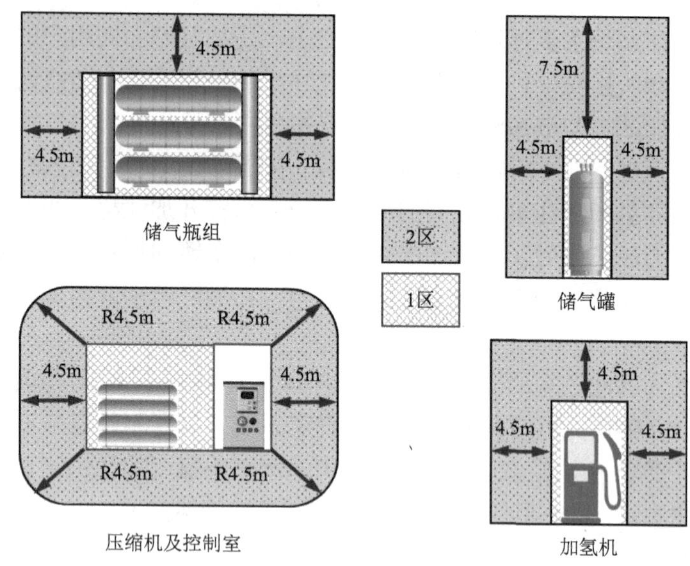

图 5.33　加氢站爆炸危险区域的划分

1 区-正常运行时可能出现爆炸性气体混合物的环境；

2 区-正常运行时不可能出现爆炸性气体混合物的环境，或即使出现也仅是短时存在的爆炸性气体混合物的环境

此外，在加氢站的主要设备上都要设有紧急制动开关，一旦加氢站出现紧急情况，操作人员无须对所有的设备进行单独操作，只需按动这些开关，即可迅速地发出警报，关闭加氢站，并启动安全保护装置。

加氢站的安全至关重要，对此我国工业和信息化部先后制定了《加氢站技术规范》(GB 50516—2010)和《加氢站安全技术规范》(GB/T 34584—2017)，2024 年，国家标准化管理委员会又发布了《加氢站通用要求》(GB/T 43674—2024)，对氢气加注站的建设和安全提出了明确的要求。

5.6.2　全球氢气加注站的发展概况

氢气加注站的建设始于 20 世纪 90 年代的欧美和日本等发达国家。1999 年 5 月，世界上首座应用于氢能汽车的氢气加注站在德国慕尼黑国际机场建成。随着燃料电池汽车的发展，这些发达国家对氢气加注站的投入和建设速度有所加快，并于 2003 年 11 月成立了由 15 个国家和欧盟参与的国际氢能经济伙伴计划(International Partnership for the Hgdrogen Economy，IPHE)的政府间国际组织，以推动氢气加注站的建设。如表 5.4 所示[23]，2013 年世界上共有 224 座氢气加注站分布在世界各地。其中北美最多，有 94 座氢气加注站，包括美国的 81 座和加拿大的 13 座，欧洲有 77 座氢气加注站分布在 17 个国家，亚洲中的 9 个国家拥有

51 座氢气加注站。另外南美洲也有 2 座。而大洋洲仅有的一座氢气加注站于 2007 年关闭。

表 5.4 2013 年全球氢气加注站分布情况表 （单位：座）

加注站类型	地区				总计
	北美	南美	欧洲	亚洲	
现场制氢加注站	49	2	31	27	109
集中制氢加注站	22	0	22	15	59
未明确类型加注站	23	0	24	9	56
总计	94	2	77	51	224

2013 年，全球氢气加注站中有 49%采用的是加注站内直接制氢的方式，另外有 26%采用的是集中制氢后运输到加注站的方式，还有 25%的加注站制氢方式未明确。而在现场制氢加注站中，已有超过 1/4 的加注站利用可再生能源来制氢，如表 5.5 所示[23]，这些零排放的氢气加注站绝大部分位于美国和欧洲，亚洲只有一座，位于日本。

表 5.5 现场制氢加注站制氢方式统计表 （单位：座）

加注站制氢方式	地区				总计
	北美	南美	欧洲	亚洲	
利用可再生能源制氢	12	0	15	1	28
部分利用可再生能源制氢	2	0	0	0	2
利用电网电解制氢	23	2	7	5	37
重整制氢	12	0	9	21	42
总计	49	2	31	27	109

随着丰田 Mirai 氢燃料电池汽车于 2014 年上市，各大汽车生产商都推出了燃料电池汽车商业化的时间表。然而氢燃料电池汽车应用的最大障碍是缺乏氢气加注站。建造加氢站是氢燃料电池汽车发展的关键，目前一些主要国家和地区都已经启动大规模加氢基础设施建设计划，并在加速建造加氢站，以期逐步实现加氢站的网络化。

据研究机构 EVTank 联合伊维经济研究院共同发布的《中国加氢站建设与运营行业发展白皮书(2024 年)》数据显示，截至 2024 年上半年，全球累计加氢站数量达到了 1262 座，其中中国有 456 座，占比高达 36.1%，成为全球加氢站最多的国家。其余主要分布在日本、韩国、欧洲和北美等国家和地区。我国的加氢站主要分布在广东、山东、河北、浙江等省。例如，广东省已建成 68 座加氢站，山东省有 38 座，河北省有 33 座，浙江、江苏、河南等省均超过 25 座。此外，全国已有 28 个省(市)出台相关政策支持氢能基础设施建设。

经济难题是目前各国实施建设计划所面临的主要障碍。加氢站建设的设备投入巨大，根据日本新能源产业的技术综合开发机构(New Energy and Industrial Technology Development Organization，NEDO)发布的数据，如图 5.34 所示，加氢站建设费用中，储压器、冷却机、管道及气液传输装置的占比高达 63%。加上土木工程和设备调试安装等费用，一座加氢站的建设成本为普通加油站的 5～6 倍。

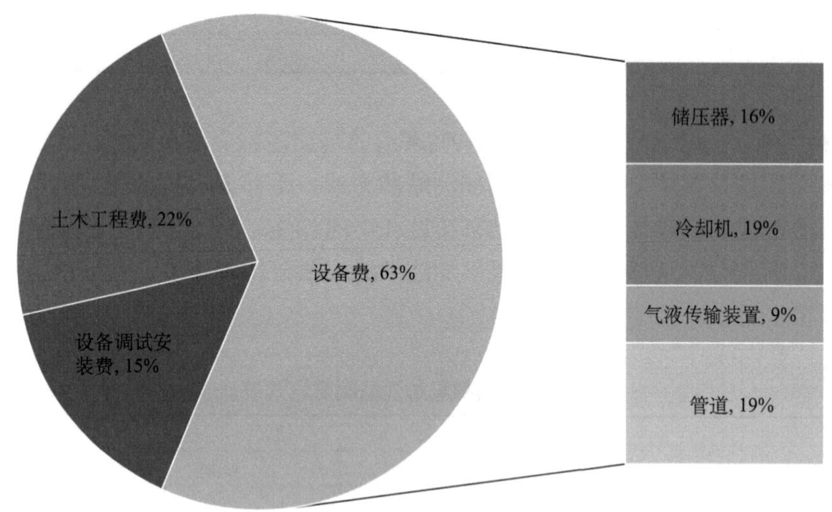

图 5.34　氢气加注站建设成本分布图

氢能作为清洁的二次能源，在应对气候变化、保护环境等方面具有支撑作用。目前世界各国纷纷调整能源发展结构，将氢能作为未来能源的重要组成部分。在区域层面，因地制宜推行试点项目，积极建立氢能示范区和氢气集群；在国家层面，氢能发展战略等全国规划引导性文件已经发布或提上日程；在国际合作方面，美日欧形成的全球氢能联盟和日澳氢能供应链项目等，将成为全球氢能革命的有效助推剂。我国紧随国际氢能源发展大潮流，结合自身条件积极开展示范，并取得阶段性的成就。

目前我国氢气推广主要面临的问题是氢成本高，加氢站等基础设施缺乏，关键核心技术水平有待进一步提高，氢能发展相关政策和公众氢能意识不足等。综合国际氢能源发展情况，结合我国自身条件优势，为推进中国氢能健康、协调、有序发展，需要做到以下几点[15]。

(1)加强顶层设计。进一步明确氢能在我国能源发展中的战略地位，研究出台促进燃料电池汽车技术及产业发展的政策措施，明确并系统评估阶段发展目标。完善政策扶持体系，加大研发支持力度，促进燃料电池汽车技术进步和产业化发展。健全顶层规划与地方支持政策联动机制，形成区域间、产业间有效协同。

(2) 推进氢能供应体系建设。引导地方和企业根据氢燃料供给、消费需求，合理布局加氢基础设施。支持利用现有场地和设施，开展油、气、氢、电综合供给服务。加快加氢站网络布局规划与建设，大幅降低车用氢能成本，破解燃料电池汽车示范运行瓶颈。吸取电动汽车充电基设施建设经验，结合示范应用项目，推动制氢、储运氢、加氢产业链性发展，促进形成完善的车用氢能供应体系。

(3) 稳步实施燃料电池汽车试点示范工程。重点在积极性高、经济基础好、具备氢能和燃料电池汽车产业基础、有市场需求的地区开展试点示范，实现万辆级氢燃料电池汽车规模化示范运行。着重解决氢能基础设施规模化建设及运营中的问题，促进整车及关键零部件技术产业化，营造燃料电池汽车推广应用的良好环境，降低燃料电池汽车生命周总成本，为燃料电池汽车大规模商业化应用奠定基础。

(4) 加快实施燃料电池汽车技术创新工程。通过国家科技计划、专项等渠道，加大对燃料电池汽车技术研发和产业化支持力度，突破燃料电池汽车动力系统的关键核心技术，技术水平基本与国际同步，并实现部分技术指标领先；填补氢能及燃料电池汽车产业链空白，产业链重点环节提质增效，基本实现全产业链的自主化，基本建立起能够支撑产业发展的研发能力及生产制造体系。

(5) 加快氢能标准法规体系建设。完善车用氢气制备、储运、加注等关键环节技术条件及产品认证标准体系。制定适用于车用燃料电池相关的制造、测试及加氢等氢安全技术标准体系。完善加氢基础设施立项、审批、建设、验收及投运等环节的管理规范。建立促进氢燃料制、储、运协调发展的政策机制。明确将氢能作为能源管理。

(6) 强化合作交流赋能产业链高质量发展。推动氢能全产业链核心技术材料装备和国际项目创新合作。中国技术和产业龙头应积极拓展国际市场，提升中国氢能产业的国际竞争力。探索构建氢能绿色价值实现机制，推动清洁低碳氢能标准制定、碳减排效应核算。以国际项目示范为抓手，推动在氢能装备、清洁低碳氢能贸易与产品碳足迹等方面标准规则互认和认证体系互联互通[24]。

5.7 燃料电池汽车的测试评价体系

5.7.1 燃料电池汽车相关标准

环境和能源是全球共同关心的问题，燃料电池汽车作为能源结构调整的重要举措，是未来能源技术的重要发展方向。标准法规用于规范燃料电池行业，引起社会各界的重视，也为燃料电池的推广应用奠定基础。

1) 国际燃料电池相关标准发展情况

自从丰田第一款氢燃料电池车 Mirai 发布以来，不同厂商研发和生产的多种氢燃料电池车型相继问世，掀起了氢燃料电池车发展的热潮，各国也纷纷出台相关政策、法规鼓励燃料电池行业的发展。国际上现已形成比较完备的标准体系来规范和引领产业的发展。

目前国际上燃料电池及相关标准主要由国际标准化组织(International Organization for Standardization，ISO)和国际电工委员会(International Electrotechnical Commission，IEC)两大组织制定。如表 5.6 所示，两个组织虽然分工不同，但协调合作，共同为燃料电池标准体系完善而努力。

表 5.6　国际上燃料电池及相关标准制定组织统计表

名称组织	编号	分工
国际电工委员会燃料电池技术委员会	IEC/TC 105	负责燃料电池的术语、性能、通用要求和试验方法等领域的标准化工作
国际标准化组织/道路车辆技术委员会	ISO/TC 22	负责燃料电池电动汽车相关标准化工作
国际氢能技术委员会	ISO/TC 197	负责氢能生产、储运、利用等领域的标准化工作

为了规范本国燃料电池行业发展，世界主要国家和经济体纷纷成立自己的标准化组织，完善标准体系。主要包括美国汽车工程学会(SAE International)的燃料电池汽车标准委员会、日本汽车研究所的日本电动汽车协会(JARI/JEVA)以及欧盟的欧洲标准化技术委员会的电驱动道路车辆技术委员会(CEN/TC301)、欧洲电工标准化委员会的电动车辆电气系统委员会(CENELEC/TC69X)和联合国欧洲经济委员会(UNECE)。国际燃料电池标准体系目前已经覆盖系统性能、安全、可靠性 3 大层面。在燃料电池系统性能方面，标准 SAE J2615—2011《汽车用燃料电池系统性能测试》，其中对燃料电池系统的启动特性、额定功率、峰值功率、动

态响应特性和稳态特性试验做出了明确规定。在燃料电池安全性方面，标准 GTR 13《氢和燃料电池车辆全球技术法规》对安全性进行了全面的约束，确保燃料电池汽车安全性等级与传统汽车相当。在可靠性方面，标准 GB/T 29838—2013《燃料电池 模块》对不同环境条件与不同运行条件对燃料电池安全性的影响进行考核，适用于碱性燃料电池、聚合物电解质燃料电池和固体氧化物燃料电池等。

2) 国内燃料电池相关标准发展情况

早在 2002 年，我国便开始了燃料电池相关标准的制定。燃料电池涉及的产业链比较长，相关的标准化技术委员会也比较多，鉴于燃料电池技术此前一直处于研发阶段，真正制定燃料电池相关标准的技术委员会并不多，主要是与燃料电池直接相关的标准化技术委员会，如表 5.7 所示，包括全国燃料电池及液流电池标准化技术委员会(SAC/TC342)、全国氢能标准化技术委员会(SAC/TC309)、全国汽车标准化技术委员会电动车辆分技术委员会(SAC/TC114/SC27)、全国气瓶标准化技术委员会车用高压燃料气瓶分技术委员会(SAC/TC31/SC8)。在全国标准化技术委员会的统一领导下，各个标委会协同合作，共同推进产业发展，随着燃料电池产业的不断发展，截至 2024 年底，我国已发布了一百余项燃料电池产业相关的国家及行业标准(详见附录)，其中涉及氢能与基础设施、燃料电池整车和电堆等方面。

表 5.7　我国燃料电池及相关标准制定组织统计表

名称组织	编号	分工
全国燃料电池及液流电池标准化技术委员会	SAC/TC342	负责制定除了车用以外的燃料电池标准
全国氢能标准化技术委员会	SAC/TC309	负责与氢能相关的标准的制定，包括制氢、运氢、加氢站等
全国汽车标准化技术委员会电动车辆分技术委员会	SAC/TC114/SC27	负责制定车用燃料电池的标准，包括燃料电池汽车相关的强制检测标准
全国气瓶标准化技术委员会车用高压燃料气瓶分技术委员会	SAC/TC31/SC8	负责制定气瓶的标准

我国燃料电池汽车及相关技术标准制定工作已经取得很大进展，形成一系列标准，部分已经走在了国际标准的前列，但与部分发达国家完善的标准相比，我国标准体系建设仍存在不足。工业和信息化部在 2018 年 3 月发布的《2018 年新能源汽车标准化工作要点》指出，新能源汽车的标准体系制定的三个要点是：①开展重点标准研究，优化体系建设，包括基础通用领域研究、整车领域、关键系统部件领域、充电基础设施领域、标准体系优化改善；②加强国际交流协调，

推动中国标准国际化；③强化组织保障，积极发挥行业力量。加快建立完善的燃料电池汽车标准体系，促进燃料电池汽车产业快速高效发展。

5.7.2 燃料电池汽车测试评价

随着燃料电池汽车的发展与推广，包括我国在内的很多国家已制定安全方面的法规标准，用于规范燃料电池汽车行业。为更好地促进我国燃料电池汽车行业的发展，必须做好相关法规标准研究分析，做好测试评价。

1)燃料电池堆

作为燃料电池汽车产业技术的核心，燃料电池堆要经过充分的测试验证，才能实现燃料电池技术的商业化。燃料电池堆的测试验证可以大致分为四类：安全类测试、性能类测试、可靠性和环境适应性类测试以及寿命耐久类测试[25]。

安全类测试指涉及使用安全的测试，特别是氢安全和电安全。测试项目主要包含电堆模块外观、电气和机械检查，气密性测试，绝缘测试，氢泄露测试等。安全类测试是在燃料电池堆使用前必须测试的项目，同时，在使用过程中和使用后也要做测试确认。

性能类测试主要是对燃料电池堆各项性能指标进行测试。测试项目主要包含活化测试、极化曲线性能测试、气体压力敏感性测试、气体流量敏感性测试、温度敏感性测试、湿度敏感性测试、组装力敏感性测试、许可工作压力测试、压差测试、一致性工况测试、水热状态测试、怠速功率长时间稳定运行测试(图 5.35)、峰值功率长时间稳定运行测试、离子释放速率测试和电磁兼容测试等，其目的主要是在燃料电池堆设计完成后对其设计目标进行充分的验证。

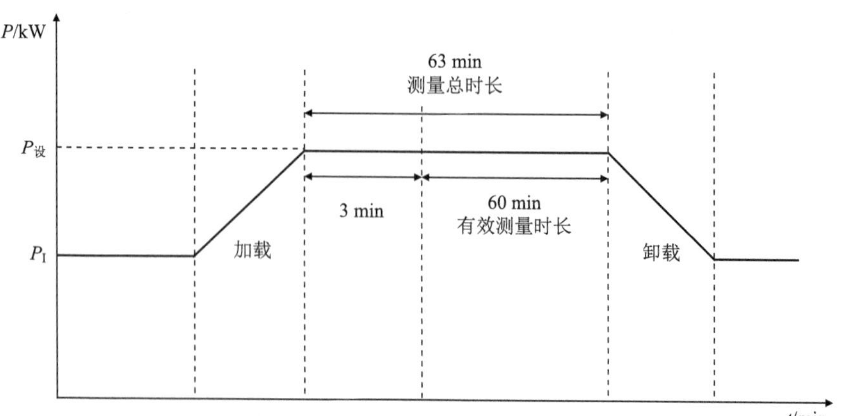

图 5.35　额功率测量过程示意图

$P_{设}$-设定的加载功率；P_1-怠速功率或最低功率点

可靠性和环境适应性类测试主要是对燃料电池堆各项可靠性和环境适应性设计目标、产品指标进行测试，体现其抵抗严酷外部环境的能力。测试项目主要包含高温试验、低温试验、–30℃冷启动测试、温度变化试验、恒定湿热试验、交变湿热试验、空气中热冲击试验、喷水后热冲击试验、低气压试验、防护等级试验、浸渍试验、喷热水试验、振动试验、冲击试验、自由跌落试验、碎石撞击试验、锤击试验、倾跌与翻倒试验、盐雾试验、太阳辐射试验、长霉试验、化学试剂耐抗性试验、抗有害气体试验等。因为燃料电池堆在使用过程中会长期受严酷的外在环境和气候的影响，导致性能衰减以致失效，或影响其寿命。模拟环境试验的验证方法可以充分认识到燃料电池堆在各种严酷环境和气候下的表现，对其性能优化起到重要作用。

寿命耐久类测试主要指各种评估燃料电池堆使用寿命的测试。测试项目主要包含常规寿命测试、加速寿命测试、耐污染大气寿命测试。主要目的是认识燃料电池堆工作的寿命特征，失效规律等。常规寿命测试是评价燃料电池堆的使用寿命，长寿命是燃料电池商业化的必要条件之一，因此合理评估燃料电池堆的使用寿命是势在必行的。

要特别指出的是，绝缘测试是燃料电池堆安全使用的最基本要求。随着燃料电池堆的集成度升高，绝缘间隙和爬电距离过短等问题导致在特殊情况下容易出现。燃料电池堆绝缘易受环境温度、环境湿度、气体成分以及模块状态的影响，所以绝缘测试必须贯穿燃料电池堆测试的全过程。

2) 燃料电池汽车

我国在 2020 年新能源汽车规划中，将燃料电池汽车作为未来的重要发展路线。由于氢气易燃易爆的特性以及氢气的高压储存，对燃料电池汽车的安全性要求应该更加严格。我国燃料电池汽车标准化的工作经过多年努力，已经制定了多项国家标准，基本形成了整个燃料电池汽车的安全体系。根据现行的燃料电池汽车安全法规，主要的测试项目如下[26]：

(1) 一般要求测试，即燃料电池汽车除满足传统汽车、电动汽车的国家相关法规、标准要求外，还要求在外部应标有明显的标识燃料电池车辆类型的警示标识。

(2) 压缩氢气储存系统测试，要求储氢容器内应该装有温度的传感器，显示罐内气体温度。同时要求安装过压和低压的保护装置，能够及时显示内部压力，及时进行安全报警并及时切断燃料的输出。当系统发生氢气泄漏时，要求燃料系统应能及时关闭氢气总开关。

(3) 加氢口测试，汽车的燃料系统通过加氢口进行燃料的加注，要求在燃料的加注口应有能够防尘防土、防止液体和污染物等进入的防尘盖。防尘盖旁边要注明燃料加注口的最大加注压力(图 5.36)，并有消除静电的措施。由于加氢口在加注时可能会受到车体意外拉伸的原因，因此要求燃料加注口能够承受来自任意方向的 670N 的载荷，且气密性完好。《燃料电池电动汽车加氢口》(GB/T 26779—2021)最新国家标准于 2021 年 10 月 1 日正式实施。

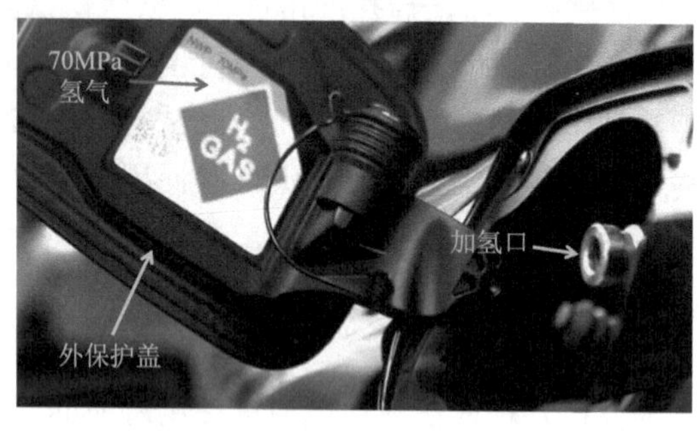

加氢口外保护盖内侧应有明显的工作压力、氢气标志

图 5.36　燃料电池汽车加氢口标识

(4)排气装置测试，当发生故障或意外事故时，燃料系统需要通风放气。气体流动的方位、方向应远离人、电源、火源。放气装置要求应尽可能安装在汽车的高处，且应防止排出的氢气对人员造成危害，避免流向暴露的电气端子、电气开关器件或点火源等部件。要求所有压力释放装置排气时，不应直接排到乘客舱和行李舱，不应排向车轮所在的空间，不应排向露出的电气端子、电气开关器件及其他点火源，不应排向其他氢气容器。要求连接管道的材料都应该是熔点较高的金属材料。

(5)氢气泄漏的检测，由于氢气具有易挥发性和较低的爆炸下限，要求汽车应有与氢气浓度探测器联动的安全措施。当泄漏发生时，探测器应能及时探测到，氢气积聚浓度达到 50% LFL（着火下限浓度）之前，就能够利用声响报警装置或者紧急显示等方法，提示驾驶员或者汽车使用者注意；氢气积聚浓度达到 75%LFL 时，要求能够自动切断氢气源和电源。

(6)电安全测试，燃料电池汽车的安全标准对汽车动力电路的电压级别、标识、触电防护、绝缘性等提出了具体要求。在触电防护要求中提出了防止与动力电路系统中带电部件直接接触，防止与动力系统中外漏可导电部件的间接接触的规定。燃料电池电动汽车的每个电路和电平台及其他电路之间应保持绝缘。

此外，积极吸取国外法规标准的优点，在《燃料电池电动汽车　安全要求》(GB/T 24549－2020)完善了对关键部件如氢气传感器的灵敏度测试、整车的泄漏检测与防护以及在线绝缘监测等方面的工作，必将推动我国燃料电池汽车不断向前发展。

党的二十大报告指出，“推动绿色发展，促进人与自然和谐共生”，“积极稳妥推进碳达峰碳中和”。在新一轮科技革命和产业变革中，氢能和燃料电池汽车都备受关注。氢能是多种能源传输及融合交互的纽带，是未来清洁低碳能源系统的核心之一，推动氢能产业发展，有助于节能减排和碳中和目标的实现。氢能与燃料电池能实现能源的多元化来源以及高效、零排放的利用，正成为全球能源转型发展的重要方向，也是主要国家能源战略的重要组成部分。燃料电池汽车具有续航里程长、燃料加注时间短等突出优势，是全球汽车动力系统转型升级的重要方向和构建低碳交通体系的重要组成部分，也被认为是未来汽车产业格局重构的关键变量之一[15]。

发展新能源汽车是我国从汽车大国迈向汽车强国的必由之路。目前，我国已经初步具备发展氢能经济的资源基础、技术积累和市场空间，需要大力推动氢能经济发展。燃料电池汽车作为氢能利用的关键领域，燃料电池汽车产业必将成为我国汽车产业转型发展的重要方向。通过突破关键核心技术和补齐关键领域短板提升产业链的层次和水平；通过完善标准法规体系提高测试评价能力；通过建立氢能供给体系夯实燃料电池产业发展基础；通过国际合作提升产业国际竞争力；通过推进示范运营和工作宣传教育凝聚起产业发展的社会共识，从而为我国的氢能和燃料电池产业的快速发展提供强大动力。

思　考　题

1. 简述不同类型新能源车的优缺点。
2. 燃料电池汽车的主要部件有哪些？
3. 目前燃料电池汽车的主要采用什么动力系统？为什么？
4. 燃料电池汽车采用高压储氢的好处有哪些？
5. 燃料电池汽车的车载供氢系统示意图(图 5.15)中各个部件的主要作用是什么？
6. 对于燃料电池汽车而言，哪些失效性问题会导致严重的氢泄漏事故？
7. 如何推进我国氢能健康协调有序发展？
8. 作为燃料电池汽车的核心部件，燃料电池堆需要通过哪些测试验证？

参 考 文 献

[1] Chen C C. The state of the art of electric, hybrid, and fuel cell vehicles. Proceeding of the IEEE, 2007, 95: 704-718.

[2] Pollet B G, Staffell I, Shang J L. Current status of hybrid, battery and fuel cell electric vehicles: From electrochemistry to market prospects. Electrochim. Acta, 2012, 84: 235-249.

[3] 贠海涛. 燃料电池汽车动力系统控制技术研究. 上海: 同济大学, 2006.

[4] 王斌. 新能源汽车驱动电机性能研究. 汽车使用技术, 2014, 5: 76-80.

[5] 臧杰. 新能源汽车. 北京: 机械工业出版社, 2013.

[6] Kolli A, Gaillard A, De Bernardinis A, et al. A review on DC/DC converter architectures for power fuel cell applications. Energy Conversion and Management, 2015, 105: 716-730.

[7] 邱彤, 孙柏铭, 洪学伦, 等. 发展以天然气为原料的燃料电池汽车. 天然气工业, 2003, 23(5): 1-4.

[8] Aardahl C L, Rassat S D. Overview of systems considerations for on-board chemical hydrogen storage. Int. J. Hydrogen Energy, 2009, 34: 6676-6683.

[9] 王琦, 罗马吉, 罗仲. 燃料电池汽车车载氢气安全研究. 武汉理工大学学报·信息与管理工程版, 2011, 33(2): 232-235.

[10] 褚文强, 辜承林. 电动车用轮毂电机研究现状与发展趋势. 电机与控制应用, 2007, 34(4): 1-5.

[11] Dell R, Moseley P T, Rand D A J. Towards Sustainable Road Transport. Oxford: Elseriver Inc. , 2014.

[12] Sharaf O Z, Orhan M F. An overview of fuel cell technology: Fundamentals and applications. Renewable and Sustainable Energy Reviews, 2014, 32: 810-853.

[13] 曹建国, 廖然, 杨利花. 燃料电池电动汽车发展现状与前景. 新材料产业, 2015, 4: 58-63.

[14] 李建秋, 方川, 徐梁飞. 燃料电池汽车研究现状及发展. 汽车安全与节能学报, 2014, 5(1): 17-29.

[15] 中国汽车工程学会. 世界氢能与燃料电池产业发展报告(2019). 北京：机械工业出版社, 2019.

[16] Zhang F, Zu B F, Wang B W, et al. Developing long-durabilityproton-exchange membrane fuel cells. Joule, 2025, 9: 1-19.

[17] Cassir M, Gourba E. Reduction in the operating temperature of solid oxide fuel cells—potential use in transport applications. Annales de Chimie Science des Matériaux, 2001, 26(4): 49-58.

[18] 梁立明, 简弃非. 固体氧化物燃料电池技术进展及其在汽车上的应用. 能源工程, 2005, 5: 5-12.

[19] Bernay C, Marchand M, Cassir M. Prospects of different fuel cell technologies for vehicle applications. J. Power Sources, 2002, 108: 139-152.

[20] 王志成, 顾毅恒, 张惠国. 图说燃料电池汽车. 北京: 化学工业出版社, 2023.

[21] Aguiar P, Brett D J L, Brandon N P. Feasibility study and techno-economic analysis of an SOFC/battery hybrid system for vehicle applications. J. Power Sources, 2007, 171: 186-197.

[22] 毛宗强, 毛志明. 氢气生产及热化学利用. 北京: 化学工业出版社, 2015.

[23] Alazemi J, Andrews J. Automotive hydrogen fuelling stations: An international review. Renewable and Sustainable Energy Reviews, 2015, 48: 483-499.

[24] 国家能源局能源节约和科技装备司, 北京国氢中联氢能科技研究院. 中国氢能发展报告 2023. 北京: 人民日报出版社, 2024.

[25] 王俊. 燃料电池堆的“炼丹炉”. [2021-01-28]. https://mp.weixin.qq.com/s/TIfBt0ygDagyQiHCIedT0w.

[26] 郭婷, 杨沄芃, 王金伟, 等. 燃料电池汽车氢电安全法规标准的研究. 客车技术与研究, 2018, 4: 57-59.

附录　燃料电池与氢能相关国家标准

附录 1　燃料电池相关国家标准

序号	标准号	标准名称	标准分类号（CCS）	发布日期	实施日期	主管部门	归口单位
1	GB/Z 21742—2008	便携式质子交换膜燃料电池发电系统	K82	2008-5-20	2009-1-1	中国电器工业协会	全国燃料电池及液流电池标准化技术委员会（SAC/TC342）
2	GB/T 20042.4—2009	质子交换膜燃料电池　第 4 部分：电催化剂测试方法	K82	2009-4-21	2009-11-1	中国电器工业协会	全国燃料电池及液流电池标准化技术委员会（SAC/TC342）
3	GB/T 20042.5—2009	质子交换膜燃料电池　第 5 部分：膜电极测试方法	K82	2009-4-21	2009-11-1	中国电器工业协会	全国燃料电池及液流电池标准化技术委员会（SAC/TC342）
4	GB/T 23645—2009	乘用车用燃料电池发电系统测试方法	K82	2009-4-21	2009-11-1	中国电器工业协会	全国燃料电池及液流电池标准化技术委员会（SAC/TC342）
5	GB/T 23751.1—2009	微型燃料电池发电系统　第 1 部分：安全	K82	2009-5-6	2009-11-1	中国电器工业协会	全国燃料电池及液流电池标准化技术委员会（SAC/TC342）
6	GB/T 25319—2010	汽车用燃料电池发电系统　技术条件	K82	2010-11-10	2011-5-1	中国电器工业协会	全国燃料电池及液流电池标准化技术委员会（SAC/TC342）
7	GB/Z 27753—2011	质子交换膜燃料电池膜电极工况适应性测试方法	K82	2011-12-30	2012-5-1	中国电器工业协会	全国燃料电池及液流电池标准化技术委员会（SAC/TC342）
8	GB/T 28183—2011	客车用燃料电池发电系统测试方法	K82	2011-12-30	2012-6-1	中国电器工业协会	全国燃料电池及液流电池标准化技术委员会（SAC/TC342）

续表

序号	标准号	标准名称	标准分类号（CCS）	发布日期	实施日期	主管部门	归口单位
9	GB/T 29838—2013	燃料电池 模块	F19	2013-11-12	2014-3-7	中国电器工业协会	全国燃料电池及液流电池标准化技术委员会（SAC/TC342）
10	GB/T 30084—2013	便携式燃料电池发电系统 安全	K82	2013-12-17	2014-4-9	中国电器工业协会	全国燃料电池及液流电池标准化技术委员会（SAC/TC342）
11	GB/T 20042.7—2014	质子交换膜燃料电池 第 7 部分：炭纸特性测试方法	K82	2014-12-5	2015-7-1	中国电器工业协会	全国燃料电池及液流电池标准化技术委员会（SAC/TC342）
12	GB/T 31035—2014	质子交换膜燃料电池电堆低温特性试验方法	K82	2014-12-5	2015-7-1	中国电器工业协会	全国燃料电池及液流电池标准化技术委员会（SAC/TC342）
13	GB/T 31036—2014	质子交换膜燃料电池备用电源系统 安全	K82	2014-12-5	2015-7-1	中国电器工业协会	全国燃料电池及液流电池标准化技术委员会（SAC/TC342）
14	GB/T 31037.1—2014	工业起升车辆用燃料电池发电系统 第 1 部分：安全	K82	2014-12-5	2015-7-1	中国电器工业协会	全国燃料电池及液流电池标准化技术委员会（SAC/TC342）
15	GB/T 31037.2—2014	工业起升车辆用燃料电池发电系统 第 2 部分：技术条件	K82	2014-12-5	2015-7-1	中国电器工业协会	全国燃料电池及液流电池标准化技术委员会（SAC/TC342）
16	GB/T 31886.1—2015	反应气中杂质对质子交换膜燃料电池性能影响的测试方法 第 1 部分：空气中杂质	K82	2015-9-11	2016-4-1	中国电器工业协会	全国燃料电池及液流电池标准化技术委员会（SAC/TC342）
17	GB/T 31886.2—2015	反应气中杂质对质子交换膜燃料电池性能影响的测试方法 第 2 部分：氢气中杂质	K82	2015-9-11	2016-4-1	中国电器工业协会	全国燃料电池及液流电池标准化技术委员会（SAC/TC342）

续表

序号	标准号	标准名称	标准分类号（CCS）	发布日期	实施日期	主管部门	归口单位
18	GB/T 20042.1—2017	质子交换膜燃料电池 第1部分：术语	K82	2017-5-12	2017-12-1	中国电器工业协会	全国燃料电池及液流电池标准化技术委员会（SAC/TC342）
19	GB/T 23751.2—2017	微型燃料电池发电系统 第2部分：性能试验方法	K82	2017-7-12	2018-2-1	中国电器工业协会	全国燃料电池及液流电池标准化技术委员会（SAC/TC342）
20	GB/T 27748.4—2017	固定式燃料电池发电系统 第4部分：小型燃料电池发电系统性能试验方法	K82	2017-7-12	2018-2-1	中国电器工业协会	全国燃料电池及液流电池标准化技术委员会（SAC/TC342）
21	GB/T 33978—2017	道路车辆用质子交换膜燃料电池模块	K82	2017-7-12	2018-2-1	中国电器工业协会	全国燃料电池及液流电池标准化技术委员会（SAC/TC342）
22	GB/T 33979—2017	质子交换膜燃料电池发电系统低温特性测试方法	K82	2017-7-12	2018-2-1	中国电器工业协会	全国燃料电池及液流电池标准化技术委员会（SAC/TC342）
23	GB/T 33983.2—2017	直接甲醇燃料电池系统 第2部分：性能试验方法	K82	2017-7-12	2018-2-1	中国电器工业协会	全国燃料电池及液流电池标准化技术委员会（SAC/TC342）
24	GB/T 27748.1—2017	固定式燃料电池发电系统 第1部分：安全	K82	2017-7-31	2018-2-1	中国电器工业协会	全国燃料电池及液流电池标准化技术委员会（SAC/TC342）
25	GB/T 33983.1—2017	直接甲醇燃料电池系统 第1部分：安全	K82	2017-7-31	2018-2-1	中国电器工业协会	全国燃料电池及液流电池标准化技术委员会（SAC/TC342）
26	GB/T 27748.3—2017	固定式燃料电池发电系统 第3部分：安装	K82	2017-9-7	2018-4-1	中国电器工业协会	全国燃料电池及液流电池标准化技术委员会（SAC/TC342）
27	GB/T 34582—2017	固体氧化物燃料电池单电池和电池堆性能试验方法	K82	2017-9-29	2018-4-1	中国电器工业协会	全国燃料电池及液流电池标准化技术委员会（SAC/TC342）

续表

序号	标准号	标准名称	标准分类号（CCS）	发布日期	实施日期	主管部门	归口单位
28	GB/T 34593—2017	燃料电池发动机氢气排放测试方法	T10	2017-10-14	2018-5-1	工业和信息化部	全国汽车标准化技术委员会（SAC/TC114）
29	GB/T 34872—2017	质子交换膜燃料电池供氢系统技术要求	K82	2017-11-1	2018-5-1	中国电器工业协会	全国燃料电池及液流电池标准化技术委员会（SAC/C342）
30	GB/T 36288—2018	燃料电池电动汽车 燃料电池堆安全要求	K82	2018-6-7	2019-1-1	中国电器工业协会	全国燃料电池及液流电池标准化技术委员会（SAC/C342）
31	GB/T 36544—2018	变电站用质子交换膜燃料电池供电系统	K82	2018-7-13	2019-2-1	中国电器工业协会	全国燃料电池及液流电池标准化技术委员会（SAC/C342）
32	GB/T 28816—2020	燃料电池 术语	K82	2020-6-2	2020-12-1	中国电器工业协会	全国燃料电池及液流电池标准化技术委员会（SAC/C342）
33	GB/T 38914—2020	车用质子交换膜燃料电池堆使用寿命测试评价方法	K82	2020-6-2	2020-12-1	中国电器工业协会	全国燃料电池及液流电池标准化技术委员会（SAC/C342）
34	GB/T 38954—2020	无人机用氢燃料电池发电系统	K82	2020-6-2	2020-12-1	中国电器工业协会	全国燃料电池及液流电池标准化技术委员会（SAC/C342）
35	GB/T 41134.1—2021	电驱动工业车辆用燃料电池发电系统 第 1 部分：安全	K82	2021-12-31	2022-7-1	中国电器工业协会	全国燃料电池及液流电池标准化技术委员会（SAC/C342）
36	GB/T 41134.2—2021	电驱动工业车辆用燃料电池发电系统 第 2 部分：性能试验方法	K82	2021-12-31	2022-7-1	中国电器工业协会	全国燃料电池及液流电池标准化技术委员会（SAC/C342）
37	GB/T 28817—2022	聚合物电解质燃料电池单电池测试方法	K82	2022-03-9	2022-10-1	中国电器工业协会	全国燃料电池及液流电池标准化技术委员会（SAC/C342）
38	GB/T 27748.2—2022	固定式燃料电池发电系统 第 2 部分：性能试验方法	K82	2022-03-9	2022-10-1	中国电器工业协会	全国燃料电池及液流电池标准化技术委员会（SAC/C342）

续表

序号	标准号	标准名称	标准分类号（CCS）	发布日期	实施日期	主管部门	归口单位
39	GB/T 20042.3—2022	质子交换膜燃料电池 第 3 部分：质子交换膜测试方法	K82	2022-03-9	2022-10-1	中国电器工业协会	全国燃料电池及液流电池标准化技术委员会（SAC/C342）
40	GB/T 20042.2—2023	质子交换膜燃料电池 第 2 部分：电池堆通用技术条件	K82	2023-3-17	2023-10-1	中国电器工业协会	全国燃料电池及液流电池标准化技术委员会（SAC/C342）
41	GB/T 42847.2—2023	储能系统用可逆模式燃料电池模块 第 2 部分：可逆模式质子交换膜单池与电堆性能测试方法	K82	2023-8-6	2024-3-1	中国电器工业协会	全国燃料电池及液流电池标准化技术委员会（SAC/C342）
42	GB/T 42847.3—2023	储能系统用可逆模式燃料电池模块 第 3 部分：电能储存系统性能测试方法	K82	2023-9-7	2024-4-1	中国电器工业协会	全国燃料电池及液流电池标准化技术委员会（SAC/C342）
43	GB/T 43691.1—2024	燃料电池模块 第 1 部分：安全	K82	2024-3-15	2024-10-1	中国电器工业协会	全国燃料电池及液流电池标准化技术委员会（SAC/C342）
44	GB/T 23751.3—2024	微型燃料电池发电系统 第 3 部分：燃料容器互换性	K82	2024-3-15	2024-10-1	中国电器工业协会	全国燃料电池及液流电池标准化技术委员会（SAC/C342）
45	GB/T 20042.6—2024	质子交换膜燃料电池 第 6 部分：双极板特性测试方法	K82	2024-3-15	2024-10-1	中国电器工业协会	全国燃料电池及液流电池标准化技术委员会（SAC/C342）
46	GB/T 20042.5—2024	质子交换膜燃料电池 第 5 部分：膜电极测试方法	K82	2024-12-31	2025-7-1	中国电器工业协会	全国燃料电池及液流电池标准化技术委员会（SAC/C342）
47	GB/T 20042.7—2024	质子交换膜燃料电池 第 7 部分：炭纸特性测试方法	K82	2024-12-31	2025-7-1	中国电器工业协会	全国燃料电池及液流电池标准化技术委员会（SAC/C342）

附录 2　燃料电池汽车相关国家标准

序号	标准号	标准名称	标准分类号（CCS）	发布日期	实施日期	主管部门	归口单位
1	GB/T 24548—2009	燃料电池电动汽车　术语	T04	2009-10-30	2010-7-1	国家发展和改革委员会	全国汽车标准化技术委员会（SAC/TC114）
2	GB/T 29124—2012	氢燃料电池电动汽车示范运行配套设施规范	T04	2012-12-31	2013-7-1	工业和信息化部	全国汽车标准化技术委员会（SAC/TC114）
3	GB/T 29123—2012	示范运行氢燃料电池电动汽车技术规范	T04	2012-12-31	2013-7-1	工业和信息化部	全国汽车标准化技术委员会（SAC/TC114）
4	GB/T 30718—2014	压缩氢气车辆加注连接装置	F19	2014-6-9	2014-10-1	国家标准化管理委员会	全国氢能标准化技术委员会（SAC/TC309）
5	GB/T 35178—2017	燃料电池电动汽车　氢气消耗量　测量方法	T47	2017-12-29	2018-7-1	工业和信息化部	全国汽车标准化技术委员会（SAC/TC114）
6	GB/T 37154—2018	燃料电池电动汽车　整车氢气排放测试方法	T10	2018-12-28	2019-7-1	工业和信息化部	全国汽车标准化技术委员会（SAC/TC114）
7	GB/T 37244—2018	质子交换膜燃料电池汽车用燃料　氢气	G86	2018-12-28	2019-7-1	国家标准化管理委员会	全国氢能标准化技术委员会（SAC/TC309）
8	GB/T 24549—2020	燃料电池电动汽车　安全要求	T09	2020-9-29	2021-4-1	工业和信息化部	全国汽车标准化技术委员会（SAC/TC114）
9	GB/T 39132—2020	燃料电池电动汽车定型试验规程	T47	2020-10-11	2021-5-1	工业和信息化部	全国汽车标准化技术委员会（SAC/TC114）
10	GB/T 26779—2021	燃料电池电动汽车　加氢口	T47	2021-3-9	2021-10-1	工业和信息化部	全国汽车标准化技术委员会（SAC/TC114）

续表

序号	标准号	标准名称	标准分类号（CCS）	发布日期	实施日期	主管部门	归口单位
11	GB/T 24554—2022	燃料电池发动机性能试验方法	T47	2022-12-30	2023-7-1	工业和信息化部	全国汽车标准化技术委员会（SAC/TC114）
12	GB/T 42855—2023	氢燃料电池车辆加注协议技术要求	F19	2023-8-6	2023-12-1	国家标准化管理委员会	全国氢能标准化技术委员会（SAC/TC309）
13	GB/T 26990—2023	燃料电池电动汽车 车载氢系统技术条件	T47	2023-11-27	2023-11-27	工业和信息化部	全国汽车标准化技术委员会（SAC/TC114）
14	GB/T 43255—2023	燃料电池电动汽车低温冷起动性能试验方法	T47	2023-11-27	2023-11-27	工业和信息化部	全国汽车标准化技术委员会（SAC/TC114）
15	GB/T 43252—2023	燃料电池电动汽车能量消耗量及续驶里程试验方法	T47	2023-11-27	2023-11-27	工业和信息化部	全国汽车标准化技术委员会（SAC/TC114）
16	GB/T 26991—2023	燃料电池电动汽车动力性能试验方法	T47	2023-12-28	2024-7-1	工业和信息化部	全国汽车标准化技术委员会（SAC/TC114）
17	GB/T 34425—2023	燃料电池电动汽车加氢枪	T47	2023-12-28	2024-7-1	工业和信息化部	全国汽车标准化技术委员会（SAC/TC114）
18	GB/T 44131—2024	燃料电池电动汽车碰撞后安全要求	T09	2024-5-28	2024-5-28	工业和信息化部	全国汽车标准化技术委员会（SAC/TC114）
19	GB/T 44262—2024	质子交换膜燃料电池汽车用氢气采样技术要求	F19	2024-7-24	2024-11-1	国家标准化管理委员会	全国氢能标准化技术委员会（SAC/TC309）
20	GB/T 44238—2024	质子交换膜燃料电池汽车用氢气氦、氩、氮和烃类的测定 气相色谱法	F19	2024-7-24	2024-11-1	国家标准化管理委员会	全国氢能标准化技术委员会（SAC/TC309）

附录3　氢气制取相关国家标准

序号	标准号	标准名称	标准分类号(CCS)	发布日期	实施日期	主管部门	归口单位
1	GB/T 19773—2005	变压吸附提纯氢系统技术要求	F19	2005-5-25	2005-11-1	国家标准化管理委员会	全国氢能标准化技术委员会（SAC/TC309）
2	GB/T 19774—2005	水电解制氢系统技术要求	F19	2005-5-25	2005-11-1	国家标准化管理委员会	全国氢能标准化技术委员会（SAC/TC309）
3	GB/T 3634.1—2006	氢气　第1部分:工业氢	G86	2006-1-23	2006-11-1	中国石油和化学工业联合会	全国气体标准化技术委员会（SAC/TC206）
4	GB 4962—2008	氢气使用安全技术规程	G86	2008-12-11	2009-10-1	应急管理部	全国安全生产标准化技术委员会（SAC/TC288）
5	GB/T 16942—2009	电子工业用气体　氢	G86	2009-10-30	2010-5-1	国家标准化管理委员会	全国半导体设备和材料标准化技术委员会(SAC/TC203)
6	GB/T 26915—2011	太阳能光催化分解水制氢体系的能量转化效率与量子产率计算	F19	2011-7-19	2012-3-1	国家标准化管理委员会	全国氢能标准化技术委员会（SAC/TC309）
7	GB/T 3634.2—2011	氢气　第2部分:纯氢、高纯氢和超纯氢	G86	2011-12-30	2012-10-1	中国石油和化学工业联合会	全国气体标准化技术委员会（SAC/TC206）
8	GB/T 29411—2012	水电解氢氧发生器技术要求	F19	2012-12-31	2013-10-1	国家标准化管理委员会	全国氢能标准化技术委员会（SAC/TC309）

续表

序号	标准号	标准名称	标准分类号（CCS）	发布日期	实施日期	主管部门	归口单位
9	GB/T 29412—2012	变压吸附提纯氢用吸附器	F19	2012-12-31	2013-10-1	国家标准化管理委员会	全国氢能标准化技术委员会（SAC/TC309）
10	GB 32311—2015	水电解制氢系统能效限定值及能效等级	F01	2015-12-10	2017-1-1	国家标准化管理委员会	全国能源基础与管理标准化技术委员会（SAC/TC20）
11	GB/T 34540—2017	甲醇转化变压吸附制氢系统技术要求	F19	2017-10-14	2018-5-1	国家标准化管理委员会	全国氢能标准化技术委员会（SAC/TC309）
12	GB/T 34539—2017	氢氧发生器安全技术要求	F19	2017-10-14	2018-5-1	国家标准化管理委员会	全国氢能标准化技术委员会（SAC/TC309）
13	GB/T 37563—2019	压力型水电解制氢系统安全要求	F19	2019-6-4	2019-10-1	国家标准化管理委员会	全国氢能标准化技术委员会（SAC/TC309）
14	GB/T 37562—2019	压力型水电解制氢系统技术条件	F19	2019-6-4	2020-1-1	国家标准化管理委员会	全国氢能标准化技术委员会（SAC/TC309）
15	GB/T 42857—2023	变压吸附提纯氢气系统安全要求	F19	2023-08-06	2023-12-01	国家标准化管理委员会	全国氢能标准化技术委员会（SAC/TC309）
16	GB/T 45092—2024	电解水制氢用电极性能测试与评价	F19	2024-11-28	2025-03-01	国家标准化管理委员会	全国氢能标准化技术委员会（SAC/TC309）

附录 4　氢能储运基础设施相关国家标准

序号	标准号	标准名称	标准分类号(CCS)	发布日期	实施日期	主管部门	归口单位
1	GB/T 26466—2011	固定式高压储氢用钢带错绕式容器	J74	2011-5-12	2011-12-1	国家标准化管理委员会	全国锅炉压力容器标准化技术委员会（SAC/TC262）
2	GB/T 33292—2016	燃料电池备用电源用金属氢化物储氢系统	F19	2016-12-13	2017-7-1	国家标准化管理委员会	全国氢能标准化技术委员会（SAC/TC309）
3	GB/T 34542.1—2017	氢气储存输送系统 第 1 部分：通用要求	F19	2017-10-14	2018-5-1	国家标准化管理委员会	全国氢能标准化技术委员会（SAC/TC309）
4	GB/T 34544—2017	小型燃料电池车用低压储氢装置安全试验方法	G86	2017-10-14	2018-5-1	国家标准化管理委员会	全国氢能标准化技术委员会（SAC/TC309）
5	GB/T 35544—2017	车用压缩氢气铝内胆碳纤维全缠绕气瓶	J74	2017-12-29	2018-7-1	国家标准化管理委员会	全国气瓶标准化技术委员会（SAC/TC31）
6	GB/T 34542.2—2018	氢气储存输送系统 第 2 部分：金属材料与氢环境相容性试验方法	F19	2018-5-14	2018-12-1	国家标准化管理委员会	全国氢能标准化技术委员会（SAC/TC309）
7	GB/T 34542.3—2018	氢气储存输送系统 第 3 部分：金属材料氢脆敏感度试验方法	F19	2018-5-14	2018-12-1	国家标准化管理委员会	全国氢能标准化技术委员会（SAC/TC309）
8	GB/T 36669.1—2018	在用压力容器检验 第 1 部分：加氢反应器	J74	2018-9-17	2019-4-1	国家标准化管理委员会	全国锅炉压力容器标准化技术委员会（SAC/TC262）
9	GB/T 40297—2021	高压加氢装置用奥氏体不锈钢无缝钢管	H48	2021-8-20	2022-3-1	中国钢铁工业协会	全国钢标准化技术委员会（SAC/TC183）

续表

序号	标准号	标准名称	标准分类号（CCS）	发布日期	实施日期	主管部门	归口单位
10	GB/T 42536—2023	车用高压储氢气瓶组合阀门	J74	2023-5-23	2024-6-1	国家标准化管理委员会	全国气瓶标准化技术委员会（SAC/TC31）
11	GB/T 42610—2023	高压氢气瓶塑料内胆和氢气相容性试验方法	J74	2023-5-23	2024-6-1	国家标准化管理委员会	全国气瓶标准化技术委员会（SAC/TC31）
12	GB/T 29918—2023	稀土系储氢合金 压力-组成等温线（PCI）的测试方法	H14	2023-8-6	2024-3-1	国家标准化管理委员会	全国稀土标准化技术委员会（SAC/TC229）
13	GB/T 44007—2024	纳米技术 纳米多孔材料储氢量测定 气体吸附法	G04	2024-4-25	2024-8-1	中国科学院	全国纳米技术标准化技术委员会（SAC/TC229）
14	GB/T 44754—2024	固态储氢用稀土系储氢合金	H65	2024-10-26	2025-05-01	国家标准化管理委员会	全国稀土标准化技术委员会（SAC/TC229）

附录 5　加氢基础设施相关国家标准

序号	标准号	标准名称	标准分类号（CCS）	发布日期	实施日期	主管部门	归口单位
1	GB 50177—2005	氢气站设计规范	P47	2005-4-15	2005-10-1	工业和信息化部	
2	GB 50516—2010	加氢站技术规范	P47	2010-5-31	2010-12-1	工业和信息化部	
3	GB/T 30719—2014	液氢车辆燃料加注系统接口	F19	2014-3-27	2014-10-1	国家标准化管理委员会	全国氢能标准化技术委员会（SAC/TC309）

续表

序号	标准号	标准名称	标准分类号(CCS)	发布日期	实施日期	主管部门	归口单位
4	GB/T 31139—2014	移动式加氢设施安全技术规范	F19	2014-9-3	2015-1-1	国家标准化管理委员会	全国气瓶标准化技术委员会（SAC/TC309）
5	GB/T 34583—2017	加氢站用储氢装置安全技术要求	F19	2017-10-14	2018-5-1	国家标准化管理委员会	全国氢能标准化技术委员会（SAC/TC309）
6	GB/T 34584—2017	加氢站安全技术规范	F19	2017-10-14	2018-5-1	国家标准化管理委员会	全国氢能标准化技术委员会（SAC/TC309）
7	GB/Z 34541—2017	氢能车辆加氢设施安全运行管理规程	F19	2017-10-14	2018-5-1	国家标准化管理委员会	全国氢能标准化技术委员会（SAC/TC309）
8	GB/T 31138—2022	加氢机	F19	2022-10-12	2022-10-12	国家标准化管理委员会	全国氢能标准化技术委员会（SAC/TC309）
9	GB/T 42177—2022	加氢站氢气阀门技术要求及实验方法	F19	2022-12-30	2023-04-01	国家标准化管理委员会	全国氢能标准化技术委员会（SAC/TC309）
10	GB/T 43674—2024	加氢站通用要求	F19	2024-03-15	2024-10-01	国家标准化管理委员会	全国氢能标准化技术委员会（SAC/TC309）
11	GB/T 44457—2024	加氢站用储氢压力容器	J74	2024-08-23	2025-03-01	国家标准化管理委员会	全国锅炉压力容器标准化技术委员会（SAC/TC262）

附录 6　氢能其他相关国家标准

序号	标准号	标准名称	标准分类号(CCS)	发布日期	实施日期	主管部门	归口单位
1	GB/T 18288—2000	蜂窝电话用金属氢化物镍电池总规范	K82	2000-12-28	2001-7-1	工业和信息化部	中国电子技术标准化研究所
2	GB/T 23606—2009	铜氢脆检验方法	H13	2009-4-15	2010-2-1	中国有色金属工业协会	全国有色金属标准化技术委员会（SAC/TC243）
3	GB/T 24185—2009	逐级加力法测定钢中氢脆临界值试验方法	H22	2009-6-25	2010-4-1	中国钢铁工业协会	全国钢标准化技术委员会（SAC/TC183）
4	GB/T 24499—2009	氢气、氢能与氢能系统术语	F19	2009-10-30	2010-5-1	国家标准化管理委员会	全国氢能标准化技术委员会（SAC/TC309）
5	GB/T 26916—2011	小型氢能综合能源系统性能评价方法	F19	2011-7-19	2012-3-1	国家标准化管理委员会	全国氢能标准化技术委员会（SAC/TC309）
6	GB/T 31963—2015	金属氢化物-镍电池负极用稀土镁系超晶格贮氢合金粉	H65	2015-9-11	2016-8-1	国家标准化管理委员会	全国稀土标准化技术委员会（SAC/TC229）
7	GB/T 33062—2016	镍氢电池材料废弃物回收利用的处理方法	Z05	2016-10-13	2017-5-1	中国石油和化学工业联合会	全国废弃化学品处置标准化技术委员会（SAC/TC294）

续表

序号	标准号	标准名称	标准分类号(CCS)	发布日期	实施日期	主管部门	归口单位
8	GB/T 33291—2016	氢化物可逆吸放氢压力-组成-等温线（P-C-T）测试方法	F19	2016-12-13	2017-7-1	国家标准化管理委员会	全国氢能标准化技术委员会（SAC/TC309）
9	GB/T 34537—2017	车用压缩氢气天然气混合燃气	F19	2017-10-14	2018-5-1	国家标准化管理委员会	全国氢能标准化技术委员会（SAC/TC309）
10	GB/T 40045—2021	氢能汽车用燃料　液氢	F19	2021-4-30	2021-11-1	国家标准化管理委员会	全国氢能标准化技术委员会（SAC/TC309）
11	GB/T 29729—2022	氢系统安全的基本要求	F19	2022-12-30	2023-4-1	国家标准化管理委员会	全国氢能标准化技术委员会（SAC/TC309）